基礎生物学テキストシリーズ 10

遺伝子工学
GENETIC ENGINEERING

近藤 昭彦　芝崎 誠司 編著

化学同人

◆ 「基礎生物学テキストシリーズ」刊行にあたって ◆

　21世紀は「知の世紀」といわれます．「知」とは，知識（knowledge），知恵（wisdom），智力（intelligence）を総称した概念ですが，こうした「知」を創造・継承し，広く世に普及する使命を担うのは教育です．教育に携わる私たち教員は，「知」を伝達する教材としての「教科書」がもつ意義を認識します．

　近年，生物学はすさまじい勢いで発展を遂げつつあります．従来，解析が困難であったさまざまな問題に，分子レベルで解答を見いだすための新たな研究手法が次々と開発され，生物学が対象とする領域が広がっています．生物学はまさに躍動する生きた学問であり，私たちの生活と社会に大きな影響を与えています．生物学に関する正しい知識と理解なしに，私たちが豊かで安心・安全な生活を営み，持続可能な社会を実現することは難しいでしょう．

　ところで，生物学の進展につれて，学生諸君が学ぶべき事柄は増える一方です．理解しやすく，教えやすい，大学のカリキュラムに即したよい「生物学の教科書」をつくれないか．欧米の翻訳書が主流で日本の著者による教科書が少ない現状を私たちの力で打開できないか．こうした思いから，私たちは既存の類書にはない新しいタイプの教科書「基礎生物学テキストシリーズ」をつくり上げようと決意しました．

　「基礎生物学テキストシリーズ」が目指す目標は，『わかりやすい教科書』に尽きます．具体的には次の3点を念頭に置きました．①多くの大学が提供する生物学の基礎講義科目をそろえる，②理学部および工学部の生物系，農学部，医・薬学部などの1, 2年生を対象とする，③各大学のシラバスや既刊類書を参考に共通性の高い目次・内容とする．基本的には15時間2単位用として作成しましたが，30時間4単位用としても利用が可能です．

　教科書には，当該科目に対する執筆者の考え方や思いが反映されます．その意味で，シリーズを構成する教科書はそれぞれ個性的です．一方で，シリーズとしての共通コンセプトも全体を貫いています．厳選された基本法則や概念の理解はもちろん，それらを生みだした歴史的背景や実験的事実の理解を容易にし，さらにそれらが現在と未来の私たちの生活にもたらす意味を考える素材となる「教科書」，科学が優れて人間的な営みの所産であること，そして何よりも，生物学が面白いことを学生諸君に知ってもらえるような「教科書」を目指しました．

　本シリーズが，学生諸君の勉学の助けになることを希望します．

シリーズ編集委員　　中村　千春

奥野　哲郎

岡田　清孝

基礎生物学テキストシリーズ 編集委員

中村　千春　神戸大学名誉教授，前龍谷大学特任教授　Ph.D.
奥野　哲郎　京都大学名誉教授，前龍谷大学農学部教授　農学博士
岡田　清孝　京都大学名誉教授，基礎生物学研究所名誉教授，総合研究大学院大学名誉教授　理学博士

「遺伝子工学」執筆者

上田　宏	東京工業大学科学技術創成研究院化学生命科学研究所教授　博士(工学)		6章
岡村　好子	広島大学大学院総合生命科学研究科教授　博士(工学)		11章
片倉　啓雄	関西大学化学生命工学部教授　農学博士		5章
木野　邦器	早稲田大学理工学術院教授　工学博士		13章
栗原　達夫	京都大学化学研究所教授　博士(工学)		2章
◇近藤　昭彦	神戸大学大学院科学技術イノベーション研究科教授　工学博士		1章, 15章
◇芝崎　誠司	東洋大学経済学部教授　博士(工学)		4章, 10章, 13章
清水　浩	大阪大学大学院情報科学研究科教授　工学博士		12章
竹山　春子	早稲田大学理工学術院教授　博士(工学)		11章
田中　勉	神戸大学大学院工学研究科准教授　博士(工学)		1章, 15章
田丸　浩	東北大学グリーンクロステック研究センター教授　学術博士		9章
津本　浩平	東京大学医科学研究所教授　博士(工学)		8章
中野　秀雄	名古屋大学大学院生命農学研究科教授　博士(工学)		3章
長棟　輝行	東京大学名誉教授　工学博士		6章
中村　達夫	横浜国立大学大学院環境情報研究院准教授　博士(バイオサイエンス)		14章
吉田　健一	神戸大学大学院科学技術イノベーション研究科教授　博士(農学)		16章
吉野　知子	東京農工大学大学院工学研究院教授　博士(工学)		7章

(五十音順，◇は編著者)

はじめに

　今日，世界中でバイオテクノロジーに対する期待は確実に大きくなってきている．わが国では，20世紀においてもバイオテクノロジーに対する期待感が二度高まった．1970年代には，遺伝子組換えを利用した医薬品の生産が注目を集めた．80年代には，工業関連企業などによる微生物，植物，水産領域での生物の機能を利用した効率的な物質生産をめざす試みが盛んになった．いわゆる「バイオブーム」である．これらの流れで，われわれのライフスタイルを大きく変えるほどの技術に結びついた顕著な例は，それほど多くなく，むしろバイオテクノロジーの実用化のハードルが高いという印象を与えたように思われる．しかし今世紀，現代における「バイオブーム」は，明らかに過去のものとは様相が異なる．それは，限られた産業やメーカーだけが関与してきた以前のブームとは異なり，われわれの生活を取り巻く環境，医療，食糧，エネルギー分野など，広範な領域に関係してきている．このような状況に至った背景の一つに，ゲノム（個体の全遺伝情報）の解読への挑戦がある．

　1990年代からさまざまな生物のゲノムを解読するプロジェクトが進められるなか，ヒトゲノムに関しては2003年に完了した．それから約10年が経過した現在，生命の設計図を手にした人類は，どれほど進歩したであろうか．まだ，これらの情報を駆使した科学技術の入り口に立ったところである．確実にいえることは，各種ゲノム解読が猛烈な勢いで進むなかで，遺伝子を扱う技術，すなわち「遺伝子工学」が格段に進歩したことである．もちろん，ゲノム解読が始まる以前に，遺伝子増幅装置やDNA配列解析装置の誕生が必要であった．一方で，遺伝子解読に必要なツールを手にした生命科学研究者たちは，遺伝子やタンパク質の機能や構造の謎を明らかにし始め，分子生物学や細胞生物学を発展させてきた．これらの研究を通して，さまざまな解析装置や生体試料の処理装置，実験手法も次々に生まれ，遺伝子工学という技術的側面を扱う領域も誕生した．

　基礎生物学テキストシリーズの10巻目となる本書を始めるにあたり，まずタイトルの「遺伝子工学」について説明しておきたい．本シリーズでは「遺伝学」，「微生物学」，「発生生物学」などをはじめとし，今日の生物学の根幹をなす分野が網羅されている．これらはどれもライフサイエンスの基礎的概念を学ぶために不可欠な分野である．生命情報の源である「遺伝子」の機能を応用した「遺伝子工学」（genetic engineering）は，遺伝子の操作により，自然界に存在する生命や生体成分にさらに付加価値をつけるために生まれた領域である．そもそも工学「engineering」が意味するところは，engineの操作をする人engineer（技師）から派生した「技術」である．応用的意味合いのある「工学」がタイトルにつく本書が基礎生物学テキストシリーズに含まれることを疑問に思われるかもしれないが，生物学の知識に付加価値をつける「技術」をゴールに置いた基礎生物学の集大成として位置づけたい．

　わが国の経済成長に目を向けてみると，利用可能な鉱物資源が少ない日本では，「ものつくり」という言葉が示すように，工学や技術が大きな原動力の役割を果たしてきた．その中心は，重工業，自動車産業，電器産業をはじめとする輸出産業である．しかし，今日の日本は産業構造の変革期にあり，貿易赤字や海外への生産拠点移転による国内産業の空洞化など，将来への危機感が拭えないでいる．産業界では，新しい切り札の一つとして，遺伝子工学が次世代のものつくりの一大分野となることに期待が集まっている．先進国だけでなく，新興国においても遺伝子工学を利用した産業発展の動きは活発であり，安穏とはしていられない状況である．しかし，技術の進歩は一朝一夕になされるもので

はなく，それを活用する人々が一足飛びに育たないのも確かなことであり，わが国は現時点で十分にアドバンテージを有しているといえる．今後，新しい技術を開発し世界のなかでわが国の存在感を示せるよう，これまでの成長期において蓄積してきたシーズを十二分に活かす必要がある．そのため，基礎知識と幅広い視点を身につけた遺伝子工学の専門家，技術者が数多く誕生するとともに，他の分野の人々にも「遺伝子工学」の基礎知識を広く習得していただきたい．

　本書の内容は，前半（1章～8章）では基礎的事項を扱い，後半（9章～16章）では応用的事項を扱っている．

　前半の「基礎編」では，遺伝子工学で用いられる基本技術について解説する．1章では，遺伝子工学を学ぶために必要な生化学，分子生物学的知識についてまとめている．とくに遺伝情報の流れや，生体分子についてのポイントを取り上げている．2章では，遺伝子組換え技術に必要な「酵素」にスポットを当て，DNA分子の化学的扱いについて詳述している．3章では，核酸，タンパク質分子の解析手法について解説している．4章では，遺伝子の調製と宿主への導入方法について解説している．5章では，前章までの技術を駆使した遺伝子クローニング，ライブラリーの作製について説明している．6章では，各種遺伝子発現系について取り扱い，ディスプレイ技術についても紹介している．7章では，遺伝子工学の研究に必要な細胞や分子の機能解析手法についてまとめている．8章では，遺伝子組換えを利用したタンパク質の機能創出をめざすタンパク質工学について紹介している．

　後半の「応用編」では，遺伝子工学を利用したさまざまなバイオテクノロジーについて学ぶことができる．日々新しい技術が生まれているが，なかでも学んでおきたい汎用性の高い技術や，現時点で実現性が期待される技術を厳選してある．9章では，発生工学という個体レベルでの遺伝子操作技術について学ぶ．胚性幹細胞（ES細胞）や人工多能性幹細胞（iPS細胞）の作成過程についても取り上げている．10章では，遺伝子工学を活用した医療として，遺伝子診断，遺伝子治療をはじめ，遺伝子情報を駆使した医薬品開発についても解説している．11章では，ライフサイエンスと分析技術の融合分野といえるバイオ計測に関する手法を学ぶ．12章では，ゲノム情報解析の基礎や，これに基づいたゲノミクス，プロテオミクスなどの生命分子の動態について解説している．13章では，細胞の機能を利用した物質生産，バイオプロダクションについて，アミノ酸発酵や医薬品生産などの具体例を挙げて説明している．14章では，植物バイオテクノロジーにおける遺伝子工学の基礎から始め，いくつかの応用事例について学ぶ．15章では，バイオエネルギー，バイオ材料など工業的な話題を中心に扱い，日常生活の根幹をなす部分についてスポットを当て解説している．16章では，前章までの技術中心の解説とは異なり，遺伝子工学の発展を振り返りつつ，これまで社会で取り上げられてきた諸問題について呈示している．

　以上のように本書は，遺伝子工学のなかでも基礎的事項を中心に解説を行っているが，次世代の遺伝子工学・生命科学の研究，産業を担う学生の知識を深めることはもとより，多くの読者の関心をさらに高めることができれば幸いである．

　最後に，本書の出版にあたり多くのご支援をいただきました，化学同人の関係者の皆様に深く御礼申し上げる．

2012年2月

著者を代表して
近藤昭彦　芝崎誠司

目　次

1章　遺伝子工学序論

1.1　原核生物と真核生物 1
1.2　DNA, RNA とタンパク質 2
　Column　身近な遺伝子工学　7
● 練習問題　14

2章　遺伝子工学で用いる酵素

2.1　制限酵素 16
2.2　DNA メチラーゼ 17
2.3　DNA リガーゼ 20
2.4　アルカリホスファターゼ 21
2.5　ポリヌクレオチドキナーゼ 22
2.6　DNA ポリメラーゼ 23
2.7　DNA 依存性 RNA ポリメラーゼ 26
2.8　ヌクレアーゼ 27
2.9　タンパク質解析用酵素 29
　Column　遺伝子組換え実験の安全性とアシロマ会議　24
● 練習問題　29

3章　遺伝子工学における分子解析手法

3.1　電気泳動法 31
3.2　ハイブリダイゼーション 33
3.3　PCR 34
3.4　DNA 塩基配列解析 36
3.5　タンパク質の構造解析 39
　Column　1000 ドルゲノムプロジェクト　40
● 練習問題　46

4章　遺伝子の調製

- 4.1　遺伝子運搬体「ベクター」 ……………………………………… 48
- 4.2　形質転換 …………………………………………………………… 55
- 4.3　DNA 回収と精製 …………………………………………………… 61
- 4.4　DNA の改変 ………………………………………………………… 63
    - Column　今なおヒトのモデルであり続ける酵母　56／日焼けと酵素　64
- ●練習問題　67

5章　遺伝子クローニング

- 5.1　遺伝子クローニングを始める前に ………………………………… 68
- 5.2　遺伝子クローニングの概略 ………………………………………… 71
- 5.3　PCR によるクローニング …………………………………………… 72
- 5.4　ゲノムライブラリーの作製 ………………………………………… 76
- 5.5　cDNA ライブラリーの作製 ………………………………………… 77
- 5.6　ライブラリーのスクリーニング …………………………………… 79
    - Column　組換え微生物の違法処理事件　70／メタゲノムライブラリー　76／スクリーニングロボット　81
- ●練習問題　82

6章　遺伝子発現

- 6.1　はじめに ……………………………………………………………… 83
- 6.2　原核微生物を用いた発現系 ………………………………………… 83
- 6.3　真核微生物を用いた発現系 ………………………………………… 87
- 6.4　動物細胞を用いた発現系 …………………………………………… 90
- 6.5　そのほかの発現系 …………………………………………………… 91
- 6.6　レポーター遺伝子 …………………………………………………… 92
- 6.7　ディスプレイ技術 …………………………………………………… 94
    - Column　異種タンパク質の大量発現　86／可溶性発現と不溶性発現　88／無細胞タンパク質合成系　92／タンパク質につけられた荷札　96
- ●練習問題　97

7章　機能解析手法

- 7.1　mRNAの解析手法 …… 100
- 7.2　タンパク質の解析手法 …… 103
- 7.3　タンパク質間相互作用の解析 …… 107
- 7.4　顕微鏡を用いた解析 …… 110
  - Column　クラゲの光で，がんを見る ── GFPの発見から利用まで　*109*
- ●練習問題　113

8章　タンパク質工学

- 8.1　タンパク質の基本構造 ── 階層構造 …… 115
- 8.2　タンパク質の設計と解析 …… 120
- 8.3　抗体工学 …… 125
  - Column　革新的な治療薬開発 ── バイオ医薬，次世代抗体　*127*
- ●練習問題　129

9章　発生工学

- 9.1　動物細胞への外来遺伝子の導入法 …… 131
- 9.2　クローン動物 …… 133
- 9.3　幹細胞生物学とiPS細胞の開発 …… 141
  - Column　「試験管ベビー」がノーベル賞に！　*133*
- ●練習問題　142

10章　医療における遺伝子工学

- 10.1　遺伝子診断 …… 143
- 10.2　遺伝子の制御による治療 …… 149
- 10.3　遺伝子工学を用いた医薬品 …… 151
  - Column　微生物は薬の玉手箱!?　美容医学にも　*152*／なぜDNA鑑定から冤罪が生じたのか？　*154*
- ●練習問題　155

11章　バイオ計測

- 11.1　アレイ　………………………………………………………………………… 156
- 11.2　次世代シークエンサーによる高速ゲノム配列決定 ……………………… 161
- 11.3　一細胞計測 ……………………………………………………………………… 164
- 11.4　ハイスループット技術 ……………………………………………………… 167
  - Column　微小量でさまざまな生化学反応を可能にする技術　*168*
- ●練習問題　169

12章　ゲノム・生物情報工学

- 12.1　ゲノム工学 ── 歴史とデータベース ……………………………………… 170
- 12.2　ゲノム配列の決定 ……………………………………………………………… 171
- 12.3　ゲノム情報工学 ………………………………………………………………… 172
- 12.4　系統解析と進化 ………………………………………………………………… 175
- 12.5　オミクス解析への展開 ……………………………………………………… 176
- 12.6　トランスクリプトミクス …………………………………………………… 176
- 12.7　プロテオミクス ………………………………………………………………… 178
- 12.8　メタボロミクスと代謝フラックス解析 …………………………………… 178
  - Column　ゲノム情報を基盤とする代謝工学　*180*
- ●練習問題　181

13章　バイオプロダクション

- 13.1　L-グルタミン酸生産菌の発見と発酵工業の始まり ……………………… 182
- 13.2　アミノ酸生産菌の育種 ……………………………………………………… 183
- 13.3　アミノ酸誘導体の生産菌育種 ── 新規合成系の導入 …………………… 187
- 13.4　アミノ酸誘導体の生産 ……………………………………………………… 188
- 13.5　医薬品のバイオプロダクション …………………………………………… 190
  - Column　近代微生物利用工業の原点 ── 代謝制御発酵　*186*／ゲノム情報活用による酵素探索　*190*
- ●練習問題　194

14章　植物バイオテクノロジー

14.1　従来育種による植物の改良 195
14.2　遺伝子組換えによる植物の改良 197
14.3　アグロバクテリウムを用いた遺伝子組換え植物の作製技術 198
14.4　市場に流通している遺伝子組換え植物 201
14.5　開発段階にある遺伝子組換え植物 202
14.6　遺伝子組換え植物の展望 205
　　Column　発展途上国を救うゴールデンライス　203／カルタヘナ議定書とカルタヘナ法　204
●練習問題　205

15章　バイオエネルギー，バイオ材料

15.1　バイオ燃料 207
15.2　バイオプラスチック，バイオ繊維 212
15.3　まとめ 215
　　Column　期待されるバイオ燃料電池　215
●練習問題　216

16章　遺伝子工学と未来社会

16.1　生物多様性と遺伝子組換えをめぐる国際的ルール 217
16.2　遺伝子組換え微生物 222
16.3　遺伝子組換え作物 223
16.4　遺伝子組換えと医療 224
16.5　未来社会を担う諸君へ 225
　　Column　カルタヘナという街　219

■参考図書 226
■付　録 228
■索　引 234

練習問題の解答は，化学同人ホームページ上に掲載されています．
https://www.kagakudojin.co.jp

1章 遺伝子工学序論

　遺伝情報を担う DNA や RNA，タンパク質のそれぞれにおいて，新しい分析法や改変技術が数多く開発されてきた．多くの生物の遺伝子配列が次々と明らかになり，また遺伝子を自由にデザインすることで，微生物や植物，そして動物までをも自由に改変できるようになった．既存の遺伝子を改変するだけではなく，遺伝子をゼロから合成して遺伝子の仕組みを理解しようという合成生物学の試みも進んでいる．また，ES（embryonic stem）細胞や iPS（induced pluripotent stem）細胞の発見により，遺伝子をうまく操作することで，たった一つの細胞からすべての細胞・組織をつくりだす技術も開発されつつある．このように**遺伝子工学**（genetic engineering）は，生物学の領域を大きく発展させ，医療，産業そして社会に大きく貢献できる基幹技術として，なくてはならないものとなっている．本章では，これから遺伝子工学を学ぶにあたり必要な基礎知識として，遺伝情報の伝達と，これに関与する分子の諸性質ついて概説する．

1.1　原核生物と真核生物

　生物はすべて，**細胞**（cell）からできている．菌などの小さな微生物から，植物，動物，そしてヒトに至るまで，すべての生物は細胞が集まってできている．生物を構成している細胞は，その形も機能も多種多様であるが，いくつかの共通した性質ももっている．細胞の外側は脂質の膜で囲まれており，細胞内には遺伝情報をもつ DNA，RNA，生化学反応を担うタンパク質，および種々の生化学物質が含まれている．
　遺伝子工学においては，生物を**原核生物**（prokaryote）と**真核生物**（eukaryote）に分類するのが最もわかりやすい．原核生物とは核をもたない

*1 Archaea. 始原菌ともいう．2章の*2参照．

生物であり，真正細菌と古細菌*1を含んでいる．大腸菌や乳酸菌，枯草菌などはこちらに分類される．原核生物は真核生物に比べて内部構造も比較的単純であり，また培養が容易であり増殖も早いため，以前から遺伝子工学のモデル生物として用いられてきた．とくに，大腸菌は遺伝子工学の基本となるプラスミドやベクター(4章参照)を構築するうえで必要不可欠である．

真核生物とは，その細胞内に核をもつ生物であり，ヒトを含む動物，植物などがこれにあたる．原核生物と比べて細胞構造も多種多様であり，また遺伝子の仕組みもより複雑である．酵母は最も単純な真核生物であり，真核生物の遺伝子の仕組みの解明は酵母の遺伝子工学の発展とともにもたらされてきた．酵母は真核生物が行う作業をほぼすべて行い，酵母の研究はヒトを含む真核生物にほぼ適用できる．植物においては，シロイヌナズナ(*Arabidopsis thaliana*)がよく研究されている．このシロイヌナズナをモデル植物として植物の遺伝子工学技術も大きく発展してきた．また動物においては，線虫(*Caenorhabditis elegans*)やキイロショウジョウバエ(*Drosophila melanogaster*)がおもに用いられている．以下では，これら生物を構成する核酸とタンパク質について，その化学的構造と性質を述べる．

1.2 DNA，RNAとタンパク質

1.2.1 遺伝子とDNA

(1) 核酸の構成成分

ヌクレオチド(nucleotide)は核酸の構成単位であり，糖，塩基，リン酸でできている(図1.1)．糖がデオキシリボースのものを**デオキシリボヌクレオチド**(deoxyribonucleotide)といい，DNAの構成成分である．糖がリボースのものは**リボヌクレオチド**(ribonucleotide)といい，RNAの構成成分である．DNAに用いられる塩基は，アデニン(A)，チミン(T)，グアニン(G)，シト

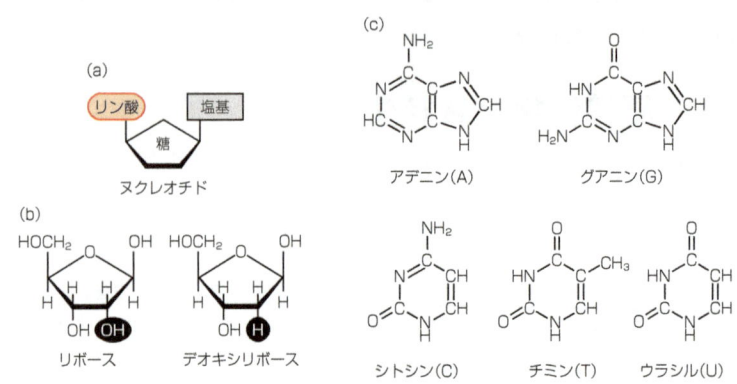

図 1.1　核酸の構成成分
(a)ヌクレオチド，(b)糖，(c)塩基．

シン(C)の4種類であり，RNAに用いられる塩基はアデニン(A)，ウラシル(U)，グアニン(G)，シトシン(C)の4種類である．これらヌクレオチドは，二つの糖のリン酸基とヒドロキシ基の間でホスホジエステル結合を形成し，次々とつながり，長い重合体をつくる(図1.2)．ホスホジエステル結合では，デオキシリボース(あるいはリボース)の5'炭素原子と，隣りのデオキシリボース(あるいはリボース)の3'炭素原子が結ばれる．この結合の並びは，5'末端のほうから書き，アルファベット1文字の略号を用いて表すことになっている．

(2) DNAの構造

DNAは，**DNA鎖**(DNA chain あるいは DNA strand)と呼ばれる2本の長いポリヌクレオチド鎖でできている．2本のDNA鎖はそれぞれ4種類のヌクレオチドで構成され，向かい合ったヌクレオチドの塩基部分の間にできた水素結合で結びついている(図1.3)．この2本のDNA鎖は，互いに逆向きで，二重らせん構造を形成している．塩基は互いにらせんの内側にあり，必ずAとT，GとCのペアで水素結合をつくる[*2](図1.4)．**ワトソン**[*3]**・クリック**[*4]**型塩基対**(Watson-Crick base pairing)と呼ばれるこの相補的塩基対のおかげで，DNA二重らせん構造はエネルギー的にも，その立体構造的にも安定である．2本のDNA鎖は互いにより合わさり，らせん1回転あた

*2 これを相補性(complementarity)という．DNAの塩基組成について，AとTの含量およびGとCの含量がそれぞれ等しいことはシャルガフ(E. Chargaff)によって明らかにされた(シャルガフの経験則)．

*3 J. D. Watson．1962年，ノーベル生理学・医学賞受賞．

*4 F. H. C. Crick．ワトソンとともにノーベル生理学・医学賞受賞．

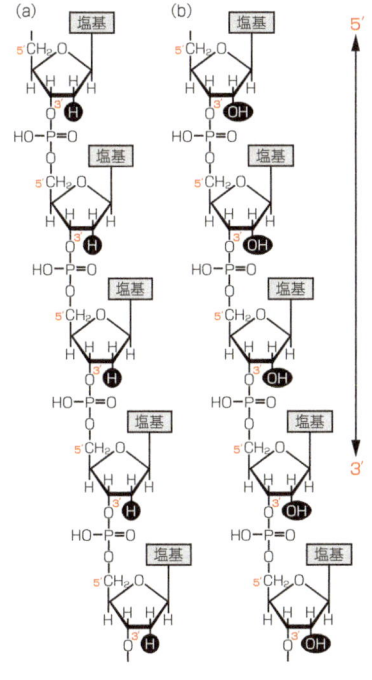

図1.2 核酸の構造
(a)DNA，(b)RNA．

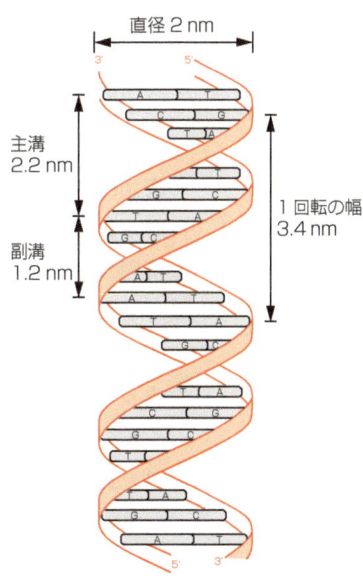

図1.3 二本鎖DNAのリボン型モデル

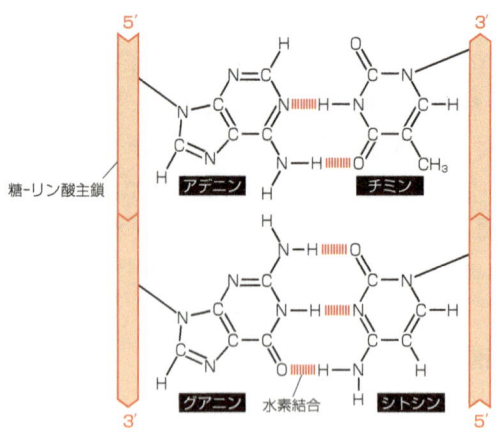

図 1.4 DNA 二重らせん中の相補的塩基対

り 10 塩基を含む．このように，エネルギー的，立体的に安定な構造は決まっているため，DNA 鎖は他方の鎖と相補的な配列をもつ．これは，片方の鎖の塩基配列が決まれば，必然的にもう一方の DNA 鎖の塩基配列も決まることを意味しており，遺伝情報の伝達において非常に重要な意味をもつ（次項参照）．たとえば，DNA の二本鎖を煮沸（高温処理）すると，水素結合が破断し，二本鎖が解離して 1 本の鎖となる．しかし温度を下げると，また元の二本鎖に再会合する．このとき，さまざまな配列の DNA 鎖を混合しておいても，自分と相補的な配列をもつ DNA 鎖とのみ，二本鎖を形成する．

1.2.2 遺伝情報の伝達 ── DNA の複製と相同組換え

(1) 半保存的複製

　一つの親細胞が分裂して二つの娘細胞になるとき，遺伝情報である DNA の塩基配列は，親細胞とまったく同じものとして二つの娘細胞にそれぞれ受け継がれる．この仕組みでは，二本鎖 DNA が互いにもう一方の鎖と相補的な配列になっていることが重要である．つまり，どちらの鎖も，新しい相補鎖を合成するための鋳型として利用できる．DNA 複製においては，1 組の二本鎖 DNA から，それとまったく同じ塩基配列をもつ DNA 二本鎖が 2 組できる．2 本の親 DNA 鎖がそれぞれ鋳型となって新しい 2 組の DNA 鎖をつくるので，どちらの DNA 鎖にも，親由来の DNA 鎖 1 本と，新しく合成された鎖（娘鎖）1 本が含まれている．このような複製方式を**半保存的複製**（semiconservative replication）という（図 1.5）．

(2) DNA ポリメラーゼ

　DNA 複製は，**DNA ポリメラーゼ**（DNA polymerase）という酵素が中心となって触媒する．この DNA ポリメラーゼは元の鎖を鋳型にして，それと相

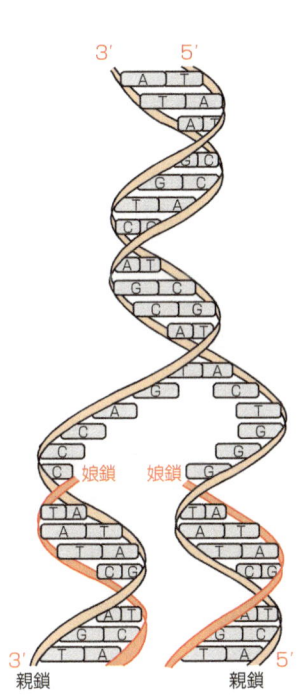
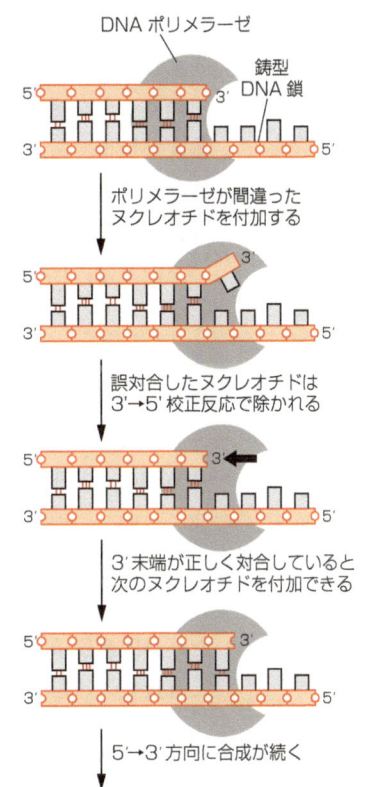

図 1.5 DNA の半保存的複製

図 1.6 DNA 合成の際の DNA ポリメラーゼの校正機能
B. Alberts, et al., "Essential Cell Biology," 2nd Edition, Garland Science (2003), Fig.6-13.

補的なヌクレオチドを連結して新しい鎖を合成する．DNA ポリメラーゼは，DNA 鎖の 3′ 末端にヌクレオチドの 5′ リン酸基がホスホジエステル結合でつながる反応を触媒し，鋳型となる DNA 鎖に相補的なヌクレオチドを次々と付加していく．DNA ポリメラーゼは新しいヌクレオチドを付加しながら鋳型 DNA に沿って滑るように動き，新しく合成された DNA 鎖の伸長反応を進める．この反応は 5′→3′ 方向にのみ可能であり，ポリメラーゼが DNA 鎖を伸長できる向きは決まっている．

DNA ポリメラーゼの機能はとても正確であり，鋳型のヌクレオチドとマッチしない誤ったヌクレオチドの付加，いわゆる複製のミスは $10^7 \sim 10^{10}$ 塩基対に 1 回程度である．この理由は，DNA ポリメラーゼそれ自身がミスを訂正できる**校正機能**（proofreading）をもつからである（図 1.6）．伸長中の DNA 鎖にヌクレオチドを結合するときに，その一つ前に付加したヌクレオチドが鋳型の鎖と正しくペアをつくっているかを確認する．正しければ伸長反応を続け，間違っていればそのヌクレオチドを除去し，もう一度合成をや

り直す．これは DNA ポリメラーゼが 5′→3′ 方向のヌクレオチド伸長反応の活性と，3′→5′ のエキソヌクレアーゼ活性（核酸分解活性）の両方を備えていることを意味する[*5]．DNA ポリメラーゼの校正機能は，遺伝子工学で重要な技術である PCR（3 章参照）にとって，正確な DNA 鎖を調製するために非常に重要である．

(3) DNA の相同組換え

上記では，DNA の塩基配列が正確に娘細胞へと受け継がれる仕組みについて述べた．大腸菌などの原核生物では，ほとんどの遺伝子（染色体[*6]）は 1 セットであり，ほぼ同じものが複製されていく．しかし，酵母などの真核生物においては，ほぼ同じような遺伝子（染色体）を 2 セット以上もつ細胞も多い[*7]．このとき，塩基配列がよく似た部分で**相同組換え**（homologous recombination）が起こる．塩基配列がよく似た部分の配列がそろうように並び，この二つが交差することで，二本鎖のある部分が互いに入れ替わる（図 1.7）．このメカニズムは完全には解明されていないが，ほぼあらゆる生物に共通している．相同組換えは，遺伝子工学において汎用されており，導入したい目的遺伝子を，この現象を用いて微生物，そのほか各種細胞のゲノム[*8]に直接組み込むことができる．

[*5] エンドヌクレアーゼ活性とは，核酸の内部で核酸を切断する酵素活性であり，エキソヌクレアーゼ活性とは，核酸の末端から分解していく酵素活性である．

[*6] 染色体とは，遺伝情報をもつ生体物質である．現在では，染色体はおもに DNA からできていることがわかっているが，以前には細胞分裂の際に見られる凝縮した構造体としかわかっていなかった．塩基性の色素でよく染色されることから，染色体といわれている．

[*7] その生物がもつ染色体 1 組を，1 セットもつものを一倍体，2 セットもつものを二倍体という．

[*8] ある生物がもっているすべての遺伝情報のこと．

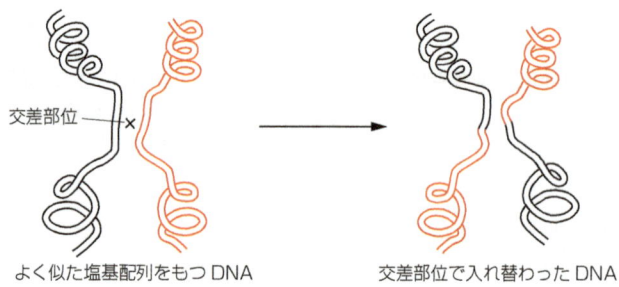

図 1.7 DNA の相同組替え

1.2.3 DNA からタンパク質合成まで

生体において，代謝をはじめさまざまな生理機能を担っているのは酵素などのタンパク質である．前述の DNA ポリメラーゼもタンパク質である．遺伝子に書き込まれている塩基配列は，このタンパク質合成の指令，タンパク質のアミノ酸配列情報である．以下，DNA の遺伝情報がどうやってタンパク質へと変換されるかについて述べる．

(1) セントラルドグマ

DNA には，つくるべきタンパク質のアミノ酸配列情報が書き込まれている．あるタンパク質を合成するにあたり，まず DNA の適当な部分の塩基配

列が，RNA に写しとられる．この過程を**転写**(transcription)という．そこでつくられた RNA を鋳型とし，トランスファーRNA(tRNA)を仲介役として，タンパク質合成が行われる．この過程を**翻訳**(translation)という．DNA が RNA に転写され，RNA からタンパク質に翻訳されるこの一連の流れを**セントラルドグマ**(central dogma)という．一部のウイルスなどを除く，ほぼすべての生物はこのセントラルドグマに従って，DNA 上の遺伝情報をタンパク質へとつないでいる．

(2) 転写 —— DNA から RNA へ

DNA を鋳型とし，RNA を多数合成することで，DNA 自身を鋳型としてタンパク質をつくるよりも，増幅された RNA を鋳型としてタンパク質をつくったほうがはるかに早く，多くのタンパク質を合成することができる．また，つくられる RNA の量などでタンパク質合成の効率を調整し，細胞機能の調整を行っている．

転写とは，DNA 配列の必要な部分のみを RNA の塩基配列にコピーすることである．RNA を構成しているのは，リボースを骨格とするリボヌクレオチドであり，また塩基は DNA のチミン(T)の代わりにウラシル(U)を用いる点で，DNA と異なっている．ウラシル(U)もチミン(T)とほぼ同じ構造をもっており，アデニン(A)と相補的な水素結合を形成する点は DNA と

Column

身近な遺伝子工学

遺伝子工学技術は日々進歩しており，遺伝子組換え食品や遺伝子治療，人工授精やクローン技術など，本書の読者もニュースなどで聞いたことがあるだろう．しかし，実際には「遺伝子組換え生物」にはきちんとした規制があり，一般の人が簡単に扱えるものではない．

一方では，遺伝子工学技術を用いてつくられた「モノ」は，われわれの身の回りにたくさんある．薬剤やタンパク質など，組換え生物を用いて生産されているものも，組換え生物と分離することで，安全な製品として社会に出ている．具体例については，本書の応用編(9 章以降)を読んでいただきたい．

ここでは，読者の身近にある，遺伝子工学でつくられた「モノ」を紹介したい．ホタルは，きれいな光を出しながら飛んでいる．これは，ルシフェラーゼという酵素が，ルシフェリンという基質を分解するときに発光するためである．このルシフェラーゼという酵素は，遺伝子組換えした微生物を用いて大量に生産されている(さすがに，ホタルをたくさん捕まえてルシフェラーゼをとってくるのは無理である)．このルシフェラーゼは，結婚式などのセレモニーでの演出(アクアイリュージョンなどと呼ばれている)に使われることもある．各テーブルに基質溶液の入った器があり，そこへ酵素溶液を注ぐと，きれいなイルミネーションになる．酵素の種類によって，光の色が微妙に異なるのもまた，趣があっていいものである．

このように遺伝子工学は，われわれの生活に役立っているだけでなく，われわれの生活を楽しませてくれる，そんな一面ももっているのである．

同じである．DNA から転写され，タンパク質合成の鋳型となる RNA は**メッセンジャーRNA**（messenger RNA: mRNA）と呼ばれ，一本鎖としてさまざまな構造をとる．

転写は RNA ポリメラーゼによって行われる．DNA ポリメラーゼと似ているが，DNA を鋳型とし，そこへ RNA を構成するリボヌクレオチドを次々と結合させ，RNA 鎖を伸長する．最初の RNA 鎖の合成が終わる前に，次の RNA ポリメラーゼによって次の RNA が転写されるため，RNA は短時間で大量に合成される．また，DNA ポリメラーゼと異なり，RNA ポリメラーゼはそのミスの頻度が高く，10^4 回に 1 回程度といわれている．

(3) 転写の調節 ── プロモーターとターミネーター

RNA ポリメラーゼは，DNA のうち必要な部分だけを転写する．そのため「DNA のどこから転写を開始するか」という点が重要であり，DNA 上の転写開始点に正確に結合して転写を開始する必要がある．

DNA 上には転写開始点である塩基配列を含む**プロモーター領域**（promoter region）があり，RNA ポリメラーゼはこのプロモーター領域に強く結合し，RNA の転写を開始する（図 1.8）．一方，転写終結配列である**ターミネーター領域**（terminator region）に出合うとそこで転写をやめ，DNA 鎖から離れていく．プロモーター領域にどれだけ強く結合できるかが，その後の転写の効率を決めており，強く結合して転写を開始すればするほど，mRNA がたくさんでき，結果的にタンパク質もたくさんできる．遺伝子工学においては，望みの遺伝子を発現させるために，さまざまな強さのプロモーターが開発されている．たとえば，タンパク質を大量につくりたいときには強いプロモーターを使うとよい．一方で，タンパク質をわずかに発現させ，その細胞内での挙動を見たいときには，弱いプロモーターで少しだけ発現させる．このように，外来遺伝子の発現には目的に応じてプロモーターが選択される（6 章参照）．

真核生物は細胞内に核をもち，DNA は核の内部に存在する．そのため，RNA ポリメラーゼによる転写も核の中で行われる．一方で，RNA からタンパク質が合成される翻訳の過程は，核の外で行われる．そのため，合成した

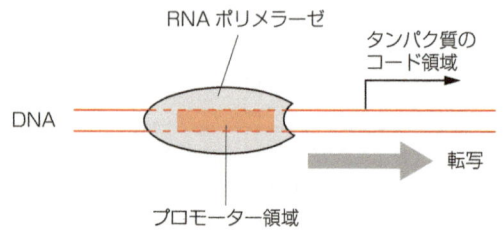

図 1.8　DNA 上のプロモーター領域

RNA を核の外に出す必要があり，その際に **RNA プロセシング**(RNA processing)[*9] と呼ばれる加工処理を経て，核外へ放出される．

(4) コドン —— アミノ酸の並びを決める

DNA と RNA はいずれも核酸であり，類似した構造をもつため，DNA から RNA へと転写される過程は，イメージとしてわかりやすい．以降は，RNA からまったく構造の異なるアミノ酸の並びであるタンパク質へと翻訳される仕組みについて述べる．

RNA は，A，U，G，C の 4 種類の塩基が並んでできている．しかし，タンパク質は 20 種類のアミノ酸[*10] からできており，転写の DNA-RNA の場合のように RNA とアミノ酸が 1 対 1 では対応できない．ヌクレオチド 2 文字の並びは $4 \times 4 = 16$ 通りであり，やはりアミノ酸の種類には足りない．そこで，ヌクレオチド 3 文字が一つのアミノ酸を決めていると考えると，$4 \times 4 \times 4 = 64$ 通りとなって，この 64 種類の塩基配列を用いればアミノ酸の並びに変換できる．このように，DNA の塩基配列を，RNA の塩基配列を介してタンパク質のアミノ酸配列へと変換する翻訳の規則を**遺伝暗号**(genetic code)という(図 1.9)．

mRNA の塩基配列は，連続した三つずつの配列(**コドン**，codon)として読まれる．たとえば，5′-AUGGCGUUC-3′という mRNA では，AUG，GCG，UUC のコドンがそれぞれ一つのアミノ酸を決定している．mRNA の三つの

第1(5′端)	第2: U	第2: C	第2: A	第2: G	第3(3′端)
U	UUU, UUC: Phe UUA, UUG: Leu	UCU, UCC, UCA, UCG: Ser	UAU, UAC: Tyr **UAA** STOP **UAG** STOP	UGU, UGC: Cys **UGA** STOP UGG Trp	U C A G
C	CUU, CUC, CUA, CUG: Leu	CCU, CCC, CCA, CCG: Pro	CAU, CAC: His CAA, CAG: Gln	CGU, CGC, CGA, CGG: Arg	U C A G
A	AUU, AUC, AUA: Ile **AUG** Met	ACU, ACC, ACA, ACG: Thr	AAU, AAC: Asn AAA, AAG: Lys	AGU, AGC: Ser AGA, AGG: Arg	U C A G
G	GUU, GUC, GUA, GUG: Val	GCU, GCC, GCA, GCG: Ala	GAU, GAC: Asp GAA, GAG: Glu	GGU, GGC, GGA, GGG: Gly	U C A G

図 1.9 遺伝暗号表
開始コドンの AUG はメチオニン(Met)をコードするが，終止コドンはいずれのアミノ酸もコードしていない．

*9 多くの RNA 分子は長い前駆体として合成され，切断や再結合，化学修飾などを受けて機能をもつ RNA 分子になる．RNA スプライシングにより切断と再結合が起こり，RNA の配列自体が変わることでコードするタンパク質のアミノ酸配列が変わる．また，ポリアデニル化や 5′-キャップ付加などの修飾は，RNA からタンパク質になる翻訳過程において必要となる．

*10 図 1.12 参照．20 種類のアミノ酸の名称は図 1.9 のように 3 文字で表記される場合と，1 文字で表記される場合があり，便宜上使い分ける．

*11 一つのアミノ酸につき複数のコドンが存在する場合，これを縮重(degeneracy)という．

*12 生物種ごとのコドン利用頻度は codon usage という．

塩基配列，コドンが指定しているアミノ酸は，64通りのコドン[*11]について全部解明されており，アミノ酸のコドン表として用いられている．このコドン表は，わずかな違いはあるものの，ほぼすべての生物で共通である[*12]．タンパク質合成は必ず，開始コドンと呼ばれる AUG から始まり，そこから3塩基ずつ読み進め，終止コドンである UAA，UAG，UGA のいずれかで終了する．

(5) tRNA —— mRNA のコドンとアミノ酸配列を結ぶアダプター分子

mRNA のコドンとアミノ酸を結びつける**アダプター分子**(adapter molecule)の役割は，**トランスファーRNA**(transfer RNA: tRNA)と呼ばれる RNA が担う．tRNA は L字型の高次構造をとり，アンチコドンという3個のヌクレオチド配列からなる領域をもつ(図1.10)．アンチコドンは，mRNA のコドンと相補的な塩基対を形成するために存在する．一方で，tRNA の3′末端には，それぞれのアンチコドンに対応したアミノ酸が結合している．

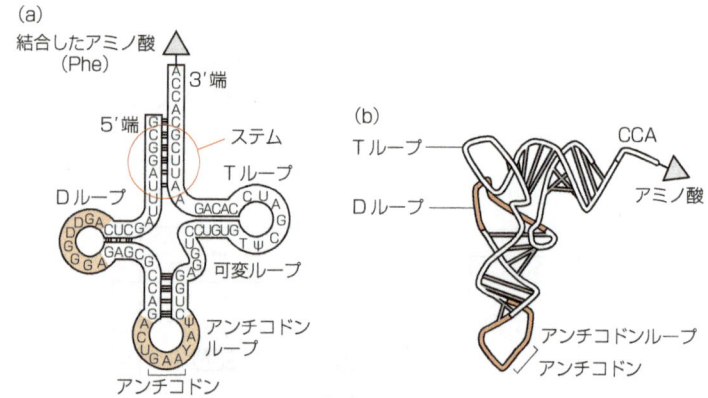

図1.10　tRNA の構造
(a)クローバーリーフモデル，(b)三次元構造．この場合，tRNA はアンチコドン部分で mRNA 上のコドン UUC(Phe に対応)と塩基対を形成する．

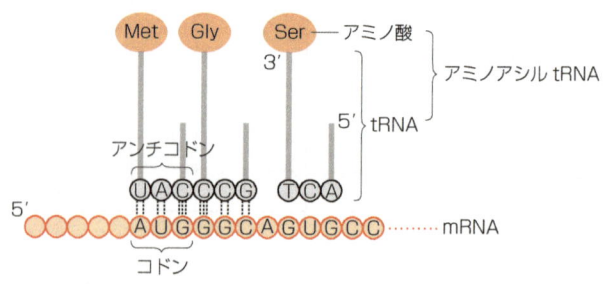

図1.11　mRNA によるコドンとアミノ酸の対応

tRNAは，mRNA上のコドンに対応した適切なアミノ酸を，アンチコドンによる分子認識能により間違いなく運搬することができる(図1.11)．

(6) リボソーム —— タンパク質合成複合体

mRNAを鋳型にし，タンパク質合成(アミノ酸連結反応)を行うのは**リボソーム**(ribosome)である．リボソームは，50種類以上のタンパク質と数種類の**リボソームRNA**(ribosomal RNA: rRNA)からなる大型の複合体である．このリボソームがmRNAに結合し，翻訳開始点，つまり開始コドンAUGを識別する．続いて，このAUGに相補的なアンチコドンをもつtRNAがmRNA上に結合する．その次のコドンに対応するアンチコドンをもつtRNAが続いて結合し，二つ並んだtRNAのアミノ酸はペプチジル基転移酵素の作用によりペプチド結合で連結される．この反応を何度も繰り返し，次々とアミノ酸を連結していく．最後，リボソームが終止コドンまでくると合成が止まり，タンパク質合成が終了する[*13]．

1.2.4 タンパク質

タンパク質(protein)は，20種類のアミノ酸が数十～数百個，ペプチド結合で連結した高分子である．アミノ酸はいずれもL体であり[*14]，その側鎖により正または負の電荷をもつもの，親水性または疎水性のものに分けられる(図1.12)．タンパク質のアミノ酸配列のことを**一次構造**(primary structure)といい，それぞれのタンパク質は固有のアミノ酸配列をもつ．また，タンパク質には水素結合，分子間力などが働き，ポリペプチド鎖が折りたたまれた多種多様な立体構造をとる[*15]．しかし，立体構造を部分的に見ると，αヘリックスやβシートに代表される共通した構造をもつ部分がある．これを**二次構造**(secondary structure)という．このヘリックスやシートが繰り返された構造は，多少の違いはあるものの多くのタンパク質に見受けられる．続いて，タンパク質全体の構造を**三次構造**(tertiary structure)という．アミノ酸配列がまったく異なっていても，似たような三次構造をとるタンパク質は数多く存在する．さらに，タンパク質が複数のポリペプチド鎖の集合体である場合には，その全体の構造を**四次構造**(quaternary structure)という．

タンパク質は，熱やpHなど，外部環境の変化に応じてその機能(活性)が失われることがある．これを**失活**(inactivation)という．上述したDNAの二本鎖は，加熱して解離させた後も，温度を下げることでまた二本鎖にもどる．しかし，タンパク質においては加熱などで失活した後，温度を下げてもその活性は元にもどらないことが多い．このため，遺伝子工学においてタンパク質を取り扱うときには，その扱いには注意する必要がある．遺伝子工学におけるタンパク質の構造を考慮したアプローチについては8章で詳しく扱

[*13] 終結因子(release factor)が終止コドンを認識し，リボソームに結合することで，伸長したペプチド鎖とtRNAの結合が分解される．

[*14] グリシン以外のアミノ酸はすべて中心に不斉炭素原子をもち，L体とD体の2種類が存在する．生体内においては基本的にL体のアミノ酸が使われており，D体は細胞壁の構成成分やある種の細胞にわずかに利用されているのみである．なぜほとんどの場面でL体のアミノ酸が使われるのかについては，さまざまな説があり，現在でも研究が進められている．

[*15] ポリペプチド鎖が折りたたみ構造をとるには，水素結合，ファンデルワールス力，疎水性相互作用など，さまざまな種類の分子間力が働く．

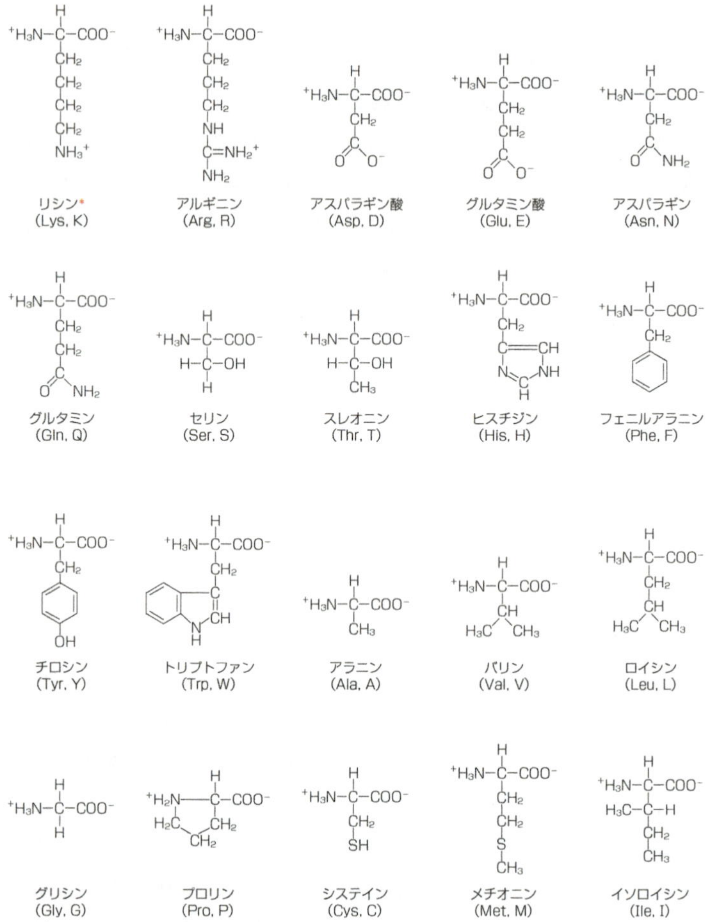

図1.12　20種類のアミノ酸
＊英語ではlysine．ヒマ植物の種子に含まれるタンパク質生合成阻害剤のリシン（ricin）と混同しないこと．

う．

（1）タンパク質の機能

　タンパク質は，実際の細胞において機能を発揮する主役である．遺伝情報を担うDNAや，タンパク質合成を仲介するRNAに比較して，タンパク質の機能は実に多種多様である．これらタンパク質がもつ機能の例を表1.1に示す．たとえば，触媒タンパク質（酵素），防御タンパク質（抗体），構造タンパク質，輸送タンパク質，モータータンパク質，貯蔵タンパク質，受容体タンパク質，遺伝子調節タンパク質などに分類される．

　以下では，遺伝子工学・タンパク質工学において，研究対象としてだけでなくツールとしてもよく用いられる重要なタンパク質とその機能について概説する．

表 1.1 生命活動を支えるさまざまなタンパク質

名称	機能	例
酵素	それぞれ特定の反応を触媒する	プロテアーゼ，ポリメラーゼ，リガーゼ，オキシダーゼなど
抗体	ある特定の物質に強く結合する	IgG, IgM など
構造タンパク質	細胞や組織の機械的な支持体となる	コラーゲン，エラスチン，アクチン，チューブリン，ケラチンなど
輸送タンパク質	小分子やイオンなどを運搬する	血清アルブミン，ヘモグロビン，トランスフェリンなど
モータータンパク質	細胞や組織の運動を司る	ミオシン，キネシン，ダイニンなど
貯蔵タンパク質	小分子やイオンを貯蔵する	フェリチン，カゼインなど
受容体タンパク質	シグナルを認識し，そのシグナルを細胞内に伝える	ロドプシン，インスリン受容体，アドレナリン受容体など
遺伝子調節タンパク質	DNA に結合するなどして遺伝子発現を調節する	lac リプレッサーなど

(2) 抗体 —— 優れた分子認識能

タンパク質は，他の分子との物理的な相互作用をもつ．たとえば，細胞表面に存在する**レセプター**（receptor）と呼ばれるタンパク質は，**リガンド**（ligand）と呼ばれるある特定の物質と結合し，細胞外の環境変化を細胞内に伝達する働きをもつ．なかでも**抗体**（antibody）と呼ばれるタンパク質は非常に優れた分子認識能をもち，1 種類の抗体はきわめて限られた**抗原**（antigen）と呼ばれる物質のみに結合する．この，ある特定の物質のみに結合する性質は，遺伝子工学においても頻繁に用いられており，ウエスタンブロット法（7 章参照）など，遺伝子導入後の細胞の挙動を見るには欠かせないツールである．

(3) 酵素 —— 高い特異性と優れた触媒能

酵素（enzyme）は，細胞内で起こるさまざまな反応を触媒する．原料となる物質は**基質**（substrate）と呼ばれ，それらを温和な条件下で，効率よく目的の生成物に変換していく．酵素はその反応の活性化エネルギーを下げ[*16]，反応を促進するだけであり，自分自身は変化しない．細胞が秩序正しく生命を維持していけるのは，これら多様な酵素反応のおかげである．

酵素は反応特異性が高く，一つの酵素は，ある特定の反応のみを触媒する．たとえば，ヌクレアーゼは核酸の加水分解を触媒し，プロテアーゼはタンパク質をアミノ酸に分解する反応を触媒する．また，キナーゼは細胞機能の制御にかかわるリン酸化反応を触媒する酵素であり，オキシダーゼやレダクターゼは酸化還元反応を触媒する．一方で，基質特異性[*17]は酵素によって

*16 金属などの無機触媒と共通な性質であるが，酵素自身はタンパク質分子であり，最もよく機能する条件，至適温度や至適 pH が存在する．

*17 substrate specificity. 特定の基質としか反応しないこと．

さまざまである．たとえば，ある特定のアミノ酸配列のみを切断するプロテアーゼもあれば，ランダムに切断するプロテアーゼもある．とくに，ある特定の塩基配列を認識して切断するヌクレアーゼ(制限酵素)は，遺伝子工学において必要不可欠である(2章参照)．ほかにもDNAリガーゼやDNAポリメラーゼなど，われわれが酵素を単離して自由に使えるようになったことは，遺伝子工学を大きく発展させた要因の一つである．

　以降の章では，基本的な遺伝子工学技術について解説するとともに，これらの技術がどのように応用されているのか，最新の研究例とともに紹介する．

練習問題

1. 遺伝子工学でよく用いられる原核生物，真核生物をそれぞれ挙げなさい．
2. 二本鎖DNAにおけるワトソン・クリック型塩基対の構造を書きなさい．また，その構造からどちらのペアの結合が強いか，理由とともに答えなさい．
3. 細胞が増殖するには，自分のDNAをいかに正しくコピーして伝えていくか，という点が非常に重要である．細胞のDNA複製において，正確さを維持するための仕組みのうち，一つを答えなさい．
4. セントラルドグマについて，転写および翻訳という，二つの単語を使って説明しなさい．
5. 5′-ATGGGCTCTAAGCCG-3′というDNA配列がある．この配列の相補鎖の配列を答えなさい．また，その相補鎖を鋳型として，転写されるmRNAの配列を答えなさい．さらに，転写されたmRNAから翻訳されるアミノ酸配列を答えなさい．
6. タンパク質とDNAの違いについて述べなさい．
7. 酵素の基質特異性と反応特異性について述べなさい．

2章 遺伝子工学で用いる酵素

　1973年，スタンフォード大学のコーエン(S. N. Cohen)，カリフォルニア大学サンフランシスコ校のボイヤー(H. W. Boyer)らによって基本的な遺伝子組換え技術が確立された(図2.1. 4章も参照)．この図に示されるように，遺伝子組換え技術では，DNAを特異的な部位で切断する酵素(制限酵素[*1])と，切断されたDNAをつなぎ合わせる酵素(リガーゼ)が中心的な役割を果たす．その後，DNAを試験管内で増幅する技術やDNAの特定部位を人為的に改変する技術などが開発され，今や，まったく天然にない塩基配列をもつDNAを一から合成することも可能になっている．本章では，このような遺伝子工学に用いられる種々の酵素について学ぶ．

[*1] 核酸の加水分解を触媒する酵素をヌクレアーゼと総称するが，とくに二本鎖DNAの特定の配列を認識してDNA鎖内部のホスホジエステル結合を加水分解する酵素を制限酵素と呼ぶ．

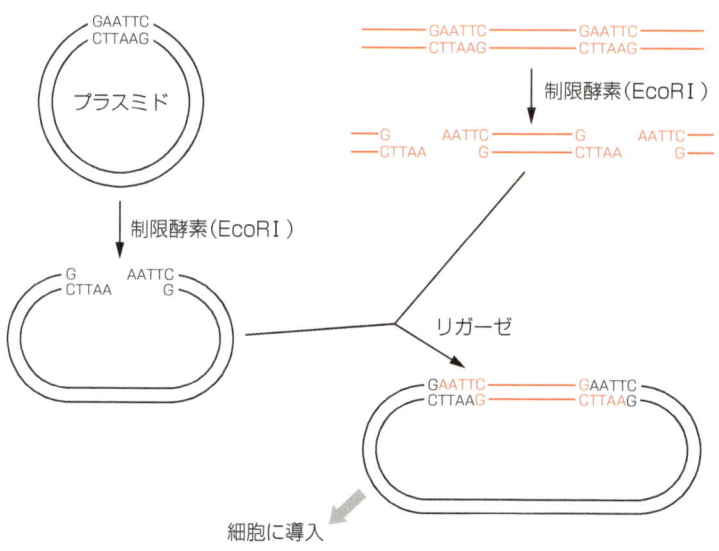

図2.1　遺伝子組換え実験の概略

2.1 制限酵素

制限酵素（restriction enzyme）は二本鎖DNAの特定の配列を認識して切断する．遺伝子組換えにおいてハサミとして用いられる酵素である．原核生物（真正細菌とアーキア[*2]）に広く存在し，ウイルス感染などによる外来DNAの侵入を防ぐことが生理的役割であると考えられている．侵入DNAを切断することで「制限」する働きが，制限酵素という名称の由来である．制限酵素は，その認識部位と切断部位の特性から三つに分類するのが一般的である（表2.1）[*3]．これらのうち遺伝子工学に用いられるのはⅡ**型酵素**（form Ⅱ enzyme）である．

[*2] 「古細菌」と呼ばれることも多いが，真正細菌とは明確に異なる特徴をもち，むしろ真核生物に近い面もあることから，「細菌」という言葉を含まない「アーキア」という名称が用いられるようになってきている．

[*3] 制限酵素のなかには，塩濃度などの反応条件によって基質特異性が低下し，本来の切断部位とは異なる部位を切断するようになるものがある．このように本来とは異なる部位を切断する酵素活性を制限酵素のStar活性という．至適反応条件の異なる複数の制限酵素を同時に用いる場合は，Star活性に十分注意する必要がある．

表2.1 制限酵素の分類

	反応に必要な因子	切断部位
Ⅰ型	ATP, Mg^{2+}, S-アデノシルメチオニン	認識部位から離れた部位を非特異的に切断
Ⅱ型	Mg^{2+}	認識部位または近傍の部位を特異的に切断
Ⅲ型	ATP, Mg^{2+}	認識部位から離れた部位を特異的に切断

Ⅱ型酵素の多くはホモダイマー（同じ二つのモノマーから構成される）であり，4～6ヌクレオチドからなる対称配列を認識するものが多いが，より長い配列を認識するものや，複数の配列を認識する（一部の塩基が別の塩基で置換された配列を同等に認識する）ものも存在する．代表的なⅡ型酵素を表2.2に挙げる．制限酵素の反応では二本鎖DNAの各鎖のホスホジエステル結合が加水分解され，切断部位の3′末端にはヒドロキシ基が，5′末端にはリン酸基が残る（図2.2）．切断部位が認識配列の対称軸と一致する場合，切断の結果，**平滑末端**（blunt end）DNAが生成する．一方，切断部位が認識配

表2.2 代表的なⅡ型制限酵素

酵素名	切断部位	酵素名	切断部位
BamHI	G↓GATCC CCTAG↑G	PstI	CTGCA↓G G↑ACGTC
EcoRI	G↓AATTC CTTAA↑G	SacI	GAGCT↓C C↑TCGAG
HindⅢ	A↓AGCTT TTCGA↑A	SmaI	CCC↓GGG GGG↑CCC
KpnI	GGTAC↓C C↑CATGG	XbaI	T↓CTAGA AGATC↑T

各酵素は二本鎖DNAの両鎖を対称な位置で切断する．たとえば，BamHIは5′-GGATCC-3′/3′-CCTAGG-5′を5′-G↓GATCC-3′/3′-CCTAG↓G-5′のように切断する．

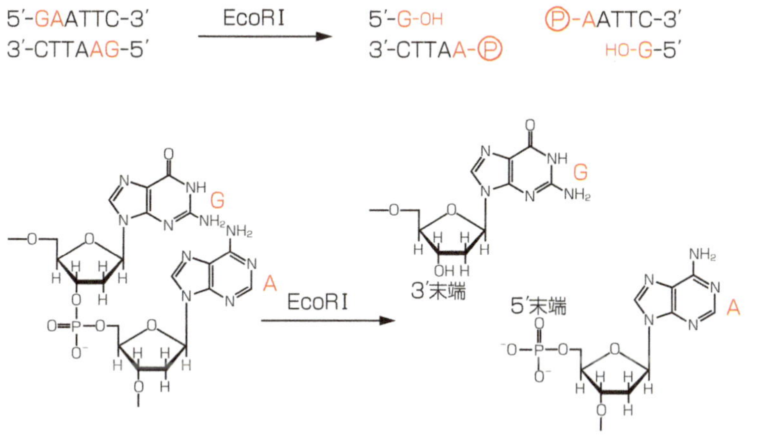

図2.2 制限酵素による二本鎖DNAの切断反応
Ⓟはリン酸基を示す.

列の対称軸からずれている場合は，5′末端か3′末端のいずれかが突出した二本鎖DNAが生成する．このようなヌクレオチド数個分の一本鎖部分をもつDNA末端を**付着末端**(cohesive end)という．

制限酵素によって切断されたDNA断片同士は，2.3節で述べるDNAリガーゼによって結合させることが可能であるが，末端が突出した構造をもつ二本鎖DNA同士を結合させる場合，それらの付着末端は互いに相補的でなくてはならない．たとえば，BamHI[*4]（認識配列：5′-GGATCC-3′/3′-CCTAGG-5′）処理で得られるDNA断片（末端構造：5′-G-3′/3′-CCTAG-5′）を同じBamHI処理で得られるDNA断片や，Sau3AI処理で得られるDNA断片（末端構造：3′-CTAG-5′）と結合させることはできるが，異なる配列の付着末端を生みだす酵素処理〔たとえばEcoRI処理（末端構造：5′-G-3′/3′-CTTAA-5′）〕で得られるDNA断片や，平滑末端のDNA断片と結合させることはできない．平滑末端のDNA断片同士はDNAリガーゼで結合させることができる．付着末端同士の結合，平滑末端同士の結合，いずれの場合もDNA断片の5′末端はリン酸化されている必要がある．

これまでに3000種を超える制限酵素が見いだされており，その認識配列は250種以上にも及ぶ．これらは遺伝子組換えに用いるDNA断片の調製や，ゲノムDNAのマッピングなどに広範な用途をもつ．遺伝子工学に必須の道具として，新たな特異性をもつ制限酵素の探索が続けられている．

2.2 DNAメチラーゼ

制限酵素を生産する菌は，自らのDNAを制限酵素による切断から保護するため，制限酵素の認識配列中の塩基を**DNAメチラーゼ**(DNA methylase)

[*4] 制限酵素の命名では，生産菌の属名からの1文字，種名からの2文字，株名または血清型，その菌から何番目に見いだされた制限酵素かを表すローマ数字が組み合わされる．たとえばHind IIIは，*Haemophilus influenzae* Rcの血清型d株から3番目に見いだされた制限酵素である．なお，従来は属名からの1文字と種名からの2文字を斜体表記することになっていたが，現在では斜体表記しないことが国際ルールになっている．

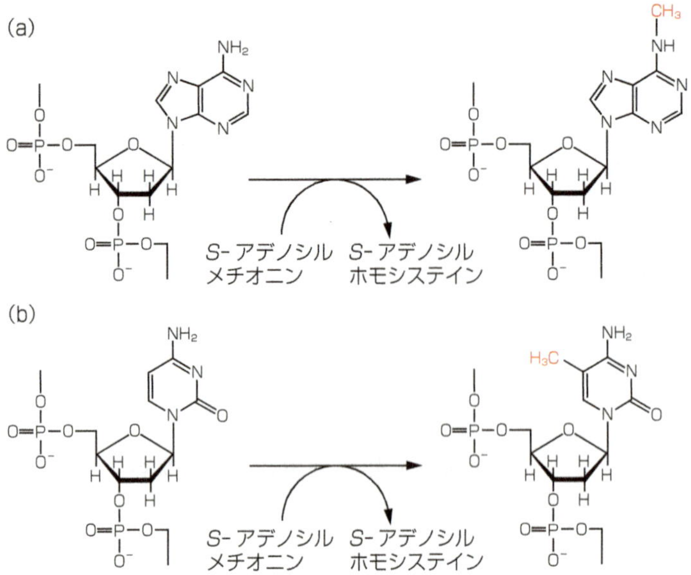

図 2.3 DNA メチラーゼによる塩基の修飾
(a)Dam メチラーゼの反応，(b)Dcm メチラーゼの反応．

によってメチル化し，制限酵素が結合できない構造にしている．DNA メチラーゼは S-アデノシルメチオニンから DNA の特定配列中のアデニンまたはシトシンへのメチル基転移を触媒する．大腸菌 Escherichia coli（E. coli）が生産する Dam メチラーゼは 5′-GATC-3′ の A の 6 位をメチル化する（図 2.3）．この修飾により，B 型 DNA*5 の主溝に，かさばったアルキル基が導入されることになり，ある種の制限酵素の結合が妨げられる．認識配列に 5′-GATC-3′ を含む制限酵素としては PvuI，BamHI，BglII，Sau3AI などがあるが，メチル化の影響は酵素によって異なる．たとえば，PvuI は 5′-G^{m6}ATC-3′（^{m6}A は 6 位窒素がメチル化された A を表す）を含む配列を切断しないが，Sau3AI はメチル化の影響を受けない．E. coli の別のメチル化酵素である Dcm メチラーゼは，5′-CCAGG-3′ または 5′-CCTGG-3′ の 5′側から 2 番目の C の 5 位をメチル化する（図 2.3）．このようなメチル化の影響を避けたい場合は，dam$^-$ 変異株や dcm$^-$ 変異株から DNA を調製する必要がある．

Dam メチラーゼや Dcm メチラーゼ以外にも，認識配列の異なる種々の DNA メチラーゼが見いだされている．多くの II 型制限酵素には，その認識配列を修飾するメチラーゼの存在が知られており，これらを in vitro*6 で DNA 断片に作用させることにより，種々の II 型制限酵素の認識部位をメチル化し，DNA をこれらの制限酵素による切断から保護することができる．このような DNA のメチル化は遺伝子工学において利用価値が高い．たとえ

*5 DNA は種々の高次構造をとりうるが，それらのうち細胞内の DNA の基本構造として知られているのが B 型である．右巻きの二重らせん構造であり，らせんの骨格がつくる 2 種類の溝がある．広くて深い溝を主溝，狭くて浅い溝を副溝と呼ぶ（図 1.3 参照）．

*6 「試験管内で」という意味であるが，生化学の分野では無細胞系で実験を行うことを指す．

ば cDNA ライブラリー[*7]を作製する場合，平滑末端の cDNA を調製した後，その両端に適当な制限酵素認識部位をもつリンカー[*8]を結合させ，制限酵素処理によって付着末端をつくりだす(図 2.4)．その後，この付着末端と相補的な付着末端をもつベクターに結合させ，cDNA ライブラリーを構築する(付着末端をつくってからベクターと結合させるのは，付着末端間の結合効率が，平滑末端間の結合効率よりも高いことによる)．しかしながら，ここで用いる制限酵素の認識配列が cDNA に含まれていると，その部位で切断されてしまい，完全長の cDNA が得られなくなる．このような場合，あ

[*7] 各種臓器や培養細胞などから調製した cDNA をベクターに組み込んで得られる集合体である．cDNA は，mRNA を鋳型とし，逆転写酵素によって合成する．

[*8] DNA 同士の結合部位に制限酵素認識部位を導入する目的で用いられる合成オリゴヌクレオチドである．パリンドローム(回文)構造をもつように設計され，リンカー分子同士が塩基対を形成して二本鎖 DNA になる．これを平滑末端 DNA に結合させた後，制限酵素処理することで，任意の付着末端構造をつくりだすことが可能である．

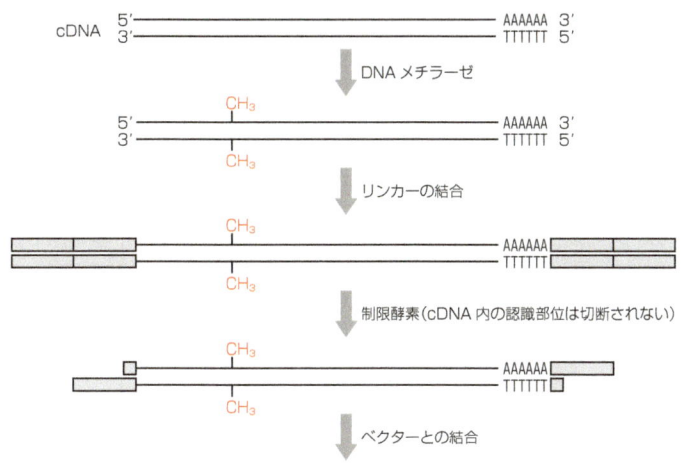

図 2.4 cDNA ライブラリーの作製におけるメチル化の役割

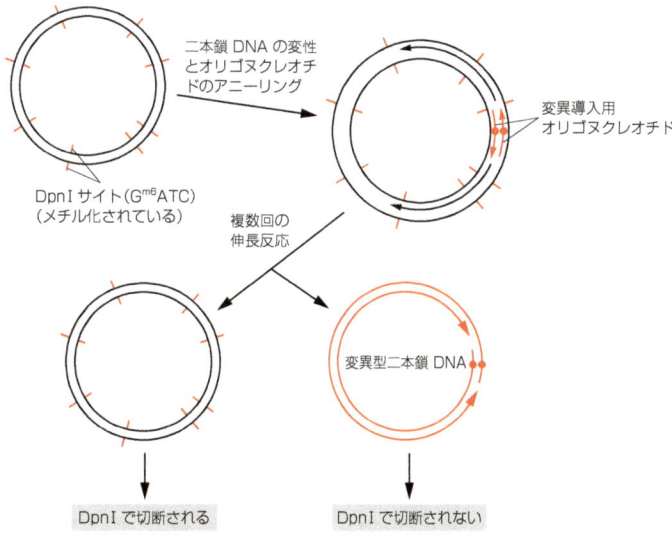

図 2.5 DNA の部位特異的変異

2章 遺伝子工学で用いる酵素

らかじめ cDNA をメチラーゼで処理しておくと cDNA の部分は制限酵素の作用を受けなくなり，後から付与した，メチル化されていないリンカーの部分だけが制限酵素によって切断されることになる．DNA メチラーゼは，ある種の部位特異的変異実験でも用いられる（図 2.5）[*9]．

2.3 DNA リガーゼ

DNA リガーゼ（DNA ligase）は DNA 末端間の結合を触媒する酵素で，遺伝子組換えにおいて糊として用いられる．この酵素が触媒する反応では，一方の DNA の 3′ 末端ヒドロキシ基と，もう一方の DNA の 5′ 末端リン酸基が縮合し，ホスホジエステル結合が形成される（図 2.6）．このような反応を**ライゲーション**（ligation）という．

[*9] in vitro で DNA の任意の部位の塩基配列を別の塩基配列に改変することが可能である．このような改変を部位特異的変異という．タンパク質をコードする DNA に部位特異的変異を行うことで，タンパク質中の特定のアミノ酸残基を別のアミノ酸残基に置換することが可能であり，タンパク質の機能解析においてもきわめて重要な手法である．以下に DNA メチラーゼを利用した部位特異的変異法の一例を挙げる．dam^+ の *E. coli* から部位特異的変異の鋳型となるプラスミド DNA を抽出し，これを変性して 2 種類のオリゴヌクレオチドをアニール（会合）させる．オリゴヌクレオチドは，目的の変異を含み，かつ互いに相補的な配列をもつように設計する．これらを用いて PCR と同様に伸長反応，熱変性，アニーリングを繰り返すと，鋳型 DNA が繰り返し利用されて，ニック（切れ目）の入った変異型二本鎖 DNA を大量に得ることができる（図 2.5）．こうして得られた DNA を DpnI で処理する．DpnI は 5′-GATC-3′ という配列が Dam メチラーゼによってメチル化されて 5′-G^{m6}ATC-3′ というかたちになっている場合のみ，この配列を切断する．鋳型 DNA は G^{m6}ATC を含むために分解されるが，in vitro で合成された DNA はメチル化されていないため，DpnI による分解を受けない．したがって，DpnI 処理後の DNA を *E. coli* に導入してやれば，変異型 DNA を高い確率で得ることができる．

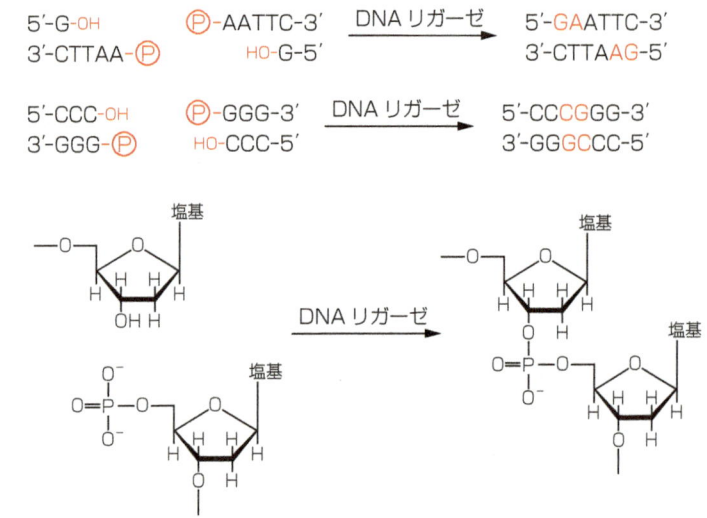

図 2.6 DNA リガーゼの反応

遺伝子工学実験で最もよく用いられるリガーゼは，バクテリオファージ T4 由来の T4 DNA リガーゼである．この酵素は付着末端間の結合のみならず，平滑末端間の結合も触媒する（ただし付着末端間の結合効率のほうが高い）．二本鎖 DNA のニック（一方の DNA 鎖に切れ目が入った構造）を修復する活性ももつ．また，RNA 間の結合反応や，DNA と RNA の結合反応も触媒する．生理的にはファージ DNA の複製や組換えにおいて重要な役割を担っている．T4 DNA リガーゼは ATP 依存的に反応を触媒する[*10]．

E. coli 由来の DNA リガーゼは付着末端間の結合を触媒するが，平滑末端間の結合触媒活性はきわめて低い．T4 DNA リガーゼと同様，二本鎖 DNA のニックを修復するが，RNA 同士の結合や，DNA と RNA の結合反

応は触媒しない．*E. coli* DNA リガーゼの反応は T4 DNA リガーゼと類似した機構で進行するが，*E. coli* DNA リガーゼの反応では，ATP ではなく NAD^{+}[*11] がアデニリル基供与体となる．

2.4 アルカリホスファターゼ

アルカリホスファターゼ(alkaline phosphatase)はアルカリ性に至適 pH をもつ脱リン酸化酵素で，種々のホスホモノエステル結合を加水分解する活性をもつ．一方，ホスホジエステル結合やホスホトリエステル結合にはほとんど作用しない．遺伝子工学の分野では，DNA，RNA，デオキシリボヌクレオシド三リン酸，リボヌクレオシド三リン酸からの 5′-リン酸の除去に利用される．

アルカリホスファターゼは，とくに，DNA 断片をプラスミドベクターに挿入する遺伝子組換え実験において，プラスミドの**セルフライゲーション**(self-ligation，同一分子内でのライゲーション)を抑制する目的でしばしば用いられる(図 2.7)．DNA 断片をプラスミドに挿入する場合，あらかじめプラスミドを適当な制限酵素で切断しておく必要があるが，2.1 節で述べたように，この反応では切断部位の 5′末端にリン酸基が残る．5′末端にリン酸基のある DNA は DNA リガーゼの基質となるため，ライゲーション反応において，プラスミドと目的 DNA 断片との結合反応だけでなく，切断されたプラスミドの末端同士の結合反応(プラスミドの再環化)も進行させる．切断

*10 T4 DNA リガーゼ反応の第一段階では，ATP のアデニリル基が酵素のリシン残基に転移し，第二段階でアデニリル基がリシン残基から DNA の 5′末端リン酸基に転移する．第三段階で，アデニリル化されたリン酸基を DNA の 3′末端ヒドロキシ基が求核攻撃することで AMP が脱離するとともに，DNA 断片間にホスホジエステル結合が形成される．

*11 ニコチンアミドアデニンジヌクレオチド(nicotinamide adenine dinucleotide)の酸化型の略号である．還元型は NADH と表す．主として酸化還元反応に関与する補酵素であるが，*E. coli* DNA リガーゼの反応のように，アデニリル基供与体として機能することもある．

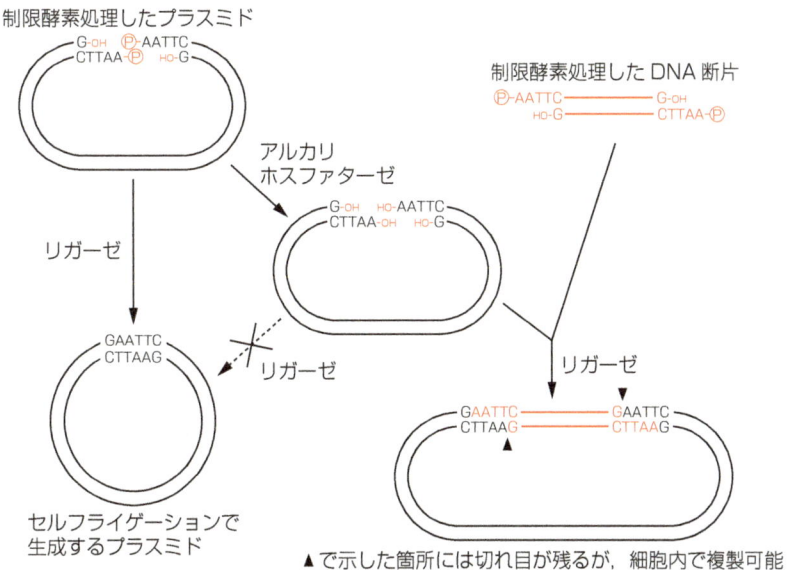

図 2.7 アルカリホスファターゼを利用したセルフライゲーションの抑制

されたプラスミドの5'末端と3'末端の結合は「分子内反応」であるため，プラスミドと目的DNA断片との「分子間反応」よりも起こりやすく，その結果，目的DNAが挿入されたプラスミドが得られる確率はきわめて低いものとなる．切断されたプラスミドの5'末端リン酸基をアルカリホスファターゼであらかじめ除去しておけば，プラスミドのセルフライゲーションは抑制され，目的DNA断片がプラスミドに挿入されたものが得られる確率が高くなる．ただし，この方法では，ライゲーション反応系に目的DNA断片を添加する前に，アルカリホスファターゼを完全に不活性化させておく必要がある．アルカリホスファターゼ活性が残存していると，反応系に添加した目的DNA断片の5'末端リン酸基も除去されてしまい，ライゲーション反応が進行しなくなるからである．安定性の低いアルカリホスファターゼを用いると，使用後の不活性化が容易になり，目的DNA断片の脱リン酸化を回避しやすくなる．*E. coli* 由来のアルカリホスファターゼは，活性は強いが，熱安定性や界面活性剤に対する安定性も高く，使用後に完全に不活性化することが難しい．ウシ腸由来やエビ由来のアルカリホスファターゼも市販されており，これらは *E. coli* 由来の酵素に比べて活性は低いものの安定性も低く，使用後の不活性化は比較的容易である．

アルカリホスファターゼは，2.5節で述べるポリヌクレオチドキナーゼによる5'末端標識DNAの調製において，キナーゼの基質となる5'末端にヒドロキシ基をもつDNAの調製にも利用される．

2.5 ポリヌクレオチドキナーゼ

ポリヌクレオチドキナーゼ（polynucleotide kinase）は，DNAやRNAの5'末端ヒドロキシ基にATPのγ位のリン酸（リボースの5'位のヒドロキシ基から3番目のリン酸）を転移する反応を触媒する（図2.8）．遺伝子工学実験では一般にバクテリオファージT4由来のT4ポリヌクレオチドキナーゼが用いられる．この酵素はATPの存在下で二本鎖DNA，一本鎖DNA，一本鎖RNAなどの5'末端をリン酸化する反応のほか，大過剰のADPとATPの存在下で，DNAやRNAの5'末端のリン酸基をATPのγ-リン酸基と交換する反応も触媒する．この反応では，DNAやRNAの5'末端のリン酸基がADPに転移することで生成する5'末端ヒドロキシ基にATPのγ位リン酸が転移する．これらの反応で[γ-^{32}P]ATPを用いることによりDNAやRNAを放射性標識することが可能であり，プローブの作製にしばしば利用される．

ポリヌクレオチドキナーゼは，DNAのライゲーション反応の前処理として用いられることもある．2.3節で述べたように，5'末端がヒドロキシ基のDNAはDNAリガーゼの基質とならないが，このようなDNAをあらかじ

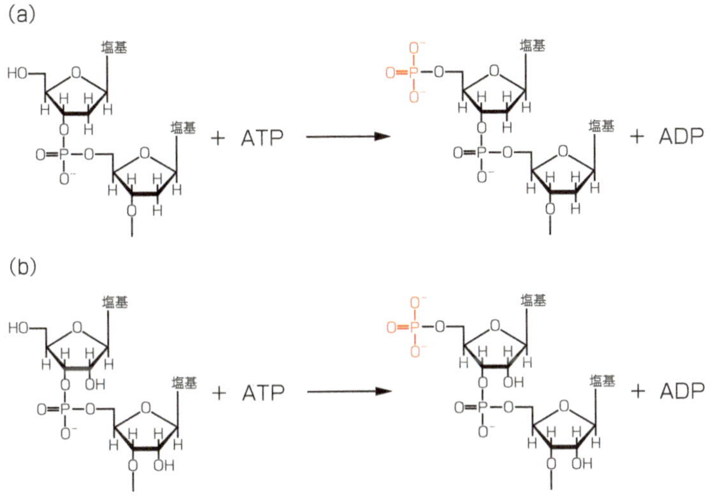

図2.8 ポリヌクレオチドキナーゼの反応
(a)DNA, (b)RNA.

めポリヌクレオチドキナーゼを用いてリン酸化しておくとリガーゼの基質となり，他のDNAと結合させることが可能になる．5′末端にリン酸基をもたないPCR産物や合成オリゴヌクレオチドのリン酸化に用いられる．

2.6 DNAポリメラーゼ

2.6.1 DNA依存性DNAポリメラーゼ

DNA依存性DNAポリメラーゼ(DNA-dependent DNA polymerase)は，DNAを鋳型としてDNAを複製する酵素である．dATP，dTTP，dGTP，dCTPの4種のデオキシリボヌクレオシド三リン酸を基質とし，DNAの3′末端ヒドロキシ基に付加する（図2.9）．この反応では3′末端ヒドロキシ基がデオキシリボヌクレオシド三リン酸のα位リン酸を求核攻撃（電子が不足した状態にある核に対する反応）し，ホスホジエステル結合が形成されるとともに，二リン酸が脱離する．この酵素反応には3′末端にヒドロキシ基をもったプライマー(DNA合成反応の起点となるオリゴヌクレオチド)が必要であり，DNAは常に5′→3′の向きに伸長する．このとき，鋳型となるDNAの向きは3′→5′である．すなわち鋳型となるDNAと新たに合成されるDNAの極性は逆であり，この反応の結果，逆平行二重らせん構造のDNAが生成することになる．プライマーの3′末端は鋳型DNAと正しく塩基対を形成している必要があり，新たに付加されるデオキシリボヌクレオシド三リン酸も鋳型DNAと正しく塩基対を形成する必要がある．この酵素はPCR[*12]，DNA塩基配列の決定，部位特異的変異実験におけるDNAの合成，DNA断片の末端平滑化，DNAの標識などに用いられる．

[*12] polymerase chain reaction（ポリメラーゼ連鎖反応）の略で，DNAの特定部位を *in vitro* で複製する手法である．この手法では，特定部位の両端部分に結合する2種類のオリゴヌクレオチド（プライマー）を使用する．高温で鋳型DNAの二本鎖を解離させた後，温度を下げてプライマーを鋳型DNAに結合させ，その後，DNAポリメラーゼの作用で新しいDNA鎖を合成する．このサイクルを繰り返すことで指数関数的にDNAの特定部位を増幅させることができる（詳細は3章参照）．

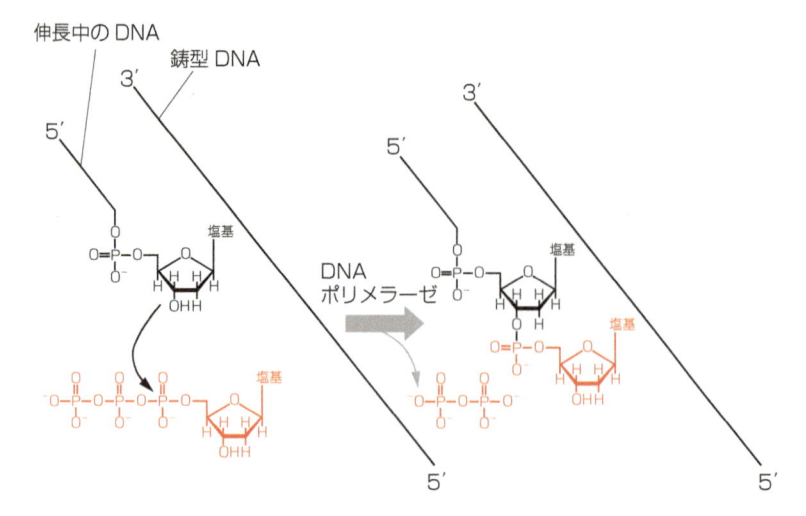

図 2.9 DNA 依存性 DNA ポリメラーゼの反応

E. coli の DNA ポリメラーゼ I（PolI）は，鋳型に相補的な DNA を 5′→3′方向に合成する活性のほか，二本鎖 DNA 特異的な 5′→3′エキソヌクレアーゼ活性と一本鎖 DNA 特異的な 3′→5′エキソヌクレアーゼ活性を有している．ニックの入った二本鎖 DNA にこの酵素を作用させると，ニッ

Column

遺伝子組換え実験の安全性とアシロマ会議

1975 年 2 月 24 日から 27 日にかけて，米国カリフォルニア州パシフィック・グローブのアシロマ会議センターで，科学史上特筆される国際会議が開かれた．遺伝子工学の第一人者であるスタンフォード大学のバーグ（P. Berg）らの呼びかけにより，米国 90 名，他国 50 名の参加者が遺伝子組換え実験の安全性を確保する方策を議論した（図 16.1 参照）．1970 年代前半に遺伝子工学の基本的な技術が確立し，科学者たちは人為的に生物の遺伝子を改変できるようになった．この技術は，さまざまな生命現象を解析する技術として，また有用な形質を生物に付与しうる技術として，画期的なものであったが，その一方で，ヒトや環境にとって有害な生命体が生みだされ，それが自然界に放出されることによって，取り返しのつかない事態を引き起こす可能性が危惧された．この技術のもつ潜在的な危険性に気づいた科学者たちは，自由に実験を行いたいという誘惑を抑え，実験を自主規制する必要性を真剣に考えた．1973 年の核酸に関するゴードン会議に参加した科学者からの要請を受けた米国科学アカデミーの組換え DNA に関する委員会は，「一部の遺伝子組換え実験を一時停止し，安全対策を議論する国際会議を開催する」ことを提案した〔《Science, **185**, 303(1974); *Nature*, **250**, 175(1974)〕．科学者が自らの研究活動を自主規制するのはきわめて異例のことであった．アシロマ会議では，実験の自由を確保することに重きを置いた主張をする科学者もいたが，最終的には，十分な安全性を確保するため，物理的封じ込めと生物学的封じ込めの二重の防御策による厳しい規制を課す方向で合意が得られた．

ク部位から5′→3′方向にヌクレオチドが切断されていくのと同時に，5′→3′方向に新たにヌクレオチドが付加されていく（**ニックトランスレーション**，nick translation）．この反応により，反応液中の放射性dNTPをDNAに取り込ませ，放射性標識DNAを調製することができる．

PolIをプロテアーゼで限定分解すると，DNAポリメラーゼ活性と3′→5′エキソヌクレアーゼ活性のみを有し，5′→3′エキソヌクレアーゼ活性をもたない断片（**クレノウ酵素**，Klenow enzyme）を得ることができる．クレノウ酵素は，付着末端をもつ二本鎖DNAの末端平滑化などに用いられる．この反応においては，5′突出末端では突出した一本鎖部分を鋳型としてDNAポリメラーゼ活性により相補的なDNA鎖が合成されることで平滑化され，3′突出末端では3′→5′エキソヌクレアーゼ活性によって突出した一本鎖部分が削除されることで平滑化される．このような末端平滑化には，クレノウ酵素と同様の活性をもつバクテリオファージT4由来のT4 DNAポリメラーゼもよく用いられる．T4 DNAポリメラーゼの3′→5′エキソヌクレアーゼ活性はクレノウ酵素の200倍以上であり，末端平滑化を効率よく行うことができる．

PCRでは，鋳型DNAの二本鎖解離のために反応液を90℃以上の高温にする必要があるため，通常，好熱性の真正細菌またはアーキアから分離された耐熱性の高いDNAポリメラーゼが用いられる．これらのうち，超好熱性アーキア由来のDNAポリメラーゼは一般に3′→5′エキソヌクレアーゼ活性[*13]をもつのに対し，好熱性真正細菌由来のDNAポリメラーゼは一般にこの活性をもたない．そのため，DNA合成における正確性は，超好熱菌由来の酵素を用いた場合のほうが高くなる．一方，真正細菌由来のDNAポリメラーゼはターミナルデオキシヌクレオチジルトランスフェラーゼ（TdT）活性をもつ．TdT活性をもつDNAポリメラーゼを用いて合成した二本鎖DNAでは，3′末端に余分なヌクレオチドが付加される．好熱性真正細菌である*Thermus aquaticus*由来のTaq DNAポリメラーゼを用いたPCRでは，3′末端にアデニンが1個余分に付加された二本鎖DNAが得られることが多く，3′末端にチミンが1個余分に付加されたベクター断片とのライゲーション反応に供することができる．アーキア由来の酵素もTdT活性をもつが，3′→5′エキソヌクレアーゼ活性によって3′末端に付加されたヌクレオチドが除去されるため，得られる二本鎖DNAは平滑末端となる．そのため，3′突出末端をもつベクターとのライゲーションに用いることはできない．逆に，平滑末端ベクターとのライゲーションには平滑末端のDNA断片を用いる必要があり，アーキア由来DNAポリメラーゼの反応で得られたDNAはこの反応に直接供することができる．3′→5′エキソヌクレアーゼ活性の有無，TdT活性の有無のほか，5′→3′ヌクレアーゼ活性やDNA鎖伸長速度

*13 DNA鎖の3′末端からモノヌクレオチドを一つずつ切断していく活性のことである．この活性があると，DNAポリメラーゼによるDNAの複製過程で誤ったヌクレオチドが取り込まれた場合に，これを除去できるので，校正活性とも呼ばれる．

などの異なる種々のDNAポリメラーゼがPCR用酵素として市販されており，実験に際しては，これらの性質の差異に留意して目的にかなう酵素を選ぶ必要がある．

DNA依存性DNAポリメラーゼは，サンガー法（ジデオキシ法）によるDNA塩基配列の決定にも用いられる（サンガー法の詳細は3章参照）．この手法では，塩基配列を決定したいDNAを鋳型としてDNAポリメラーゼ反応を行うが，その際，2′,3′-ジデオキシリボヌクレオシド三リン酸（ddNTP）を共存させる（図2.10）．ポリメラーゼ反応でdNTPの代わりにddNTPがDNA鎖に取り込まれると，3′末端のヒドロキシ基が欠如しているため，そこで伸長反応が停止する．ddATP，ddTTP，ddGTP，ddCTPの取り込みで伸長反応が停止したDNA断片それぞれの長さを電気泳動で調べることにより，鋳型DNAにA，T，G，Cが出現する順序を決定することができる．この手法が開発された当初は，新たに合成されるDNAを放射性標識して検出していたが，現在では蛍光標識したDNAを検出することが一般的である．蛍光標識したddNTPを用いると，生成するDNA断片が蛍光標識される．このような反応に用いられるDNA依存性DNAポリメラーゼは，本来の基質（dNTP）とは異なる基質（ddNTPや蛍光標識されたddNTP）に対して活性をもつ必要がある．

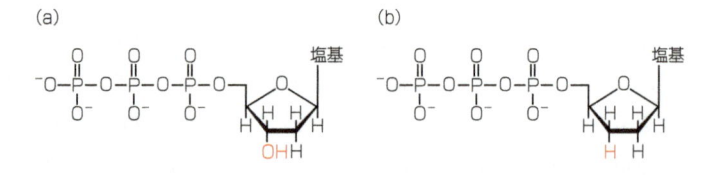

図2.10　2′,3′-ジデオキシリボヌクレオシド三リン酸の構造
(a)dNTP，(b)ddNTP．

2.6.2　RNA依存性DNAポリメラーゼ（逆転写酵素）

RNA依存性DNAポリメラーゼ（RNA-dependent DNA polymerase）は，RNAを鋳型としてそれに相補的なDNAを合成する酵素で，**逆転写酵素**（reverse transcriptase）とも呼ばれる．RNAをゲノムとしてもつレトロウイルスに存在する．逆転写酵素は，mRNAを鋳型としてcDNAを合成する反応に用いられる．逆転写酵素の反応開始には，RNAに結合したプライマーが必要とされる．

2.7　DNA依存性RNAポリメラーゼ

DNA依存性RNAポリメラーゼ（DNA-dependent RNA polymerase）は，DNAを鋳型としてそれに相補的なRNAを合成する活性をもつ．遺伝子工

学実験では，バクテリオファージ SP6, T3, T7 由来の酵素がよく用いられる．これらの酵素はそれぞれ二本鎖 DNA 上の特異的なプロモーター配列を認識し，RNA の合成反応を開始する．プローブとして用いるための一本鎖 RNA の合成や，*in vitro* 翻訳反応の基質となる mRNA の調製などに利用される．

2.8 ヌクレアーゼ

2.8.1 デオキシリボヌクレアーゼ（DNアーゼ）

　DNアーゼ（DNase）は，DNA のホスホジエステル結合の加水分解を触媒する酵素である．DNA 鎖の内部を分解する**エンドヌクレアーゼ**（endonuclease）と，DNA 鎖の末端から順次分解する**エキソヌクレアーゼ**（exonuclease）に大別される．また，二本鎖 DNA を基質とするものと，一本鎖 DNA を基質とするものがある．2.1 節で述べた制限酵素は，二本鎖 DNA に作用するエンドヌクレアーゼの一種である．

　ウシ膵臓由来のデオキシリボヌクレアーゼⅠ（DNアーゼⅠ）は，二本鎖 DNA および一本鎖 DNA に作用してこれらを非特異的に分解するエンドヌクレアーゼである．この酵素は，RNA 標品調製時に混入する DNA の除去，DNA 上でタンパク質が結合する部位を解析する DNA フットプリンティング（タンパク質が結合した DNA の部分が DNアーゼⅠの作用を受けないことを利用），ニックトランスレーション（2.6.1 項参照）における二本鎖 DNA 上のニックの生成などに利用される．

　E. coli 由来のエキソヌクレアーゼⅠは，一本鎖 DNA に作用し，3′末端から順次ヌクレオチドを除去する活性をもつ．この酵素は PCR 後のオリゴヌ

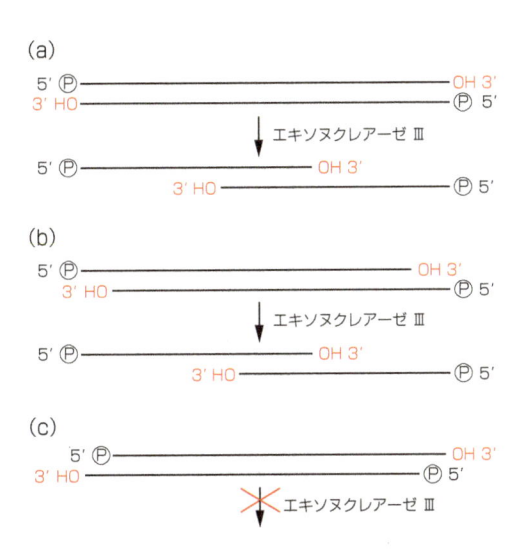

図 2.11　エキソヌクレアーゼⅢの反応
(a) 平滑末端，(b) 5′突出末端，(c) 3′突出末端．

2章 遺伝子工学で用いる酵素

クレオチド除去などに利用される．

一方，*E. coli* 由来のエキソヌクレアーゼⅢは，平滑末端または5′突出末端をもつ二本鎖DNAに作用し，3′末端から順次ヌクレオチドを除去する活性をもつ（図2.11）．3′突出末端をもつ二本鎖DNAには作用しない．3′突出末端を生みだす制限酵素と5′突出末端または平滑末端を生みだす制限酵素の処理で得られたDNA断片については，3′突出末端側には欠失を生みださず，5′突出末端または平滑末端の側からだけDNA鎖を削除していくことが可能である．

リョクトウ（緑豆，mung bean）由来のヌクレアーゼは，一本鎖DNAおよび一本鎖RNAに作用するエンドヌクレアーゼであり，二本鎖DNA末端の突出部分を分解・除去する目的などで利用される．上述のエキソヌクレアーゼⅢと組み合わせて使用すると，短縮された鎖長をもつ平滑末端の二本鎖DNAが得られる．

Aspergillus oryzae 由来のヌクレアーゼS1は，一本鎖DNAおよび一本鎖RNAに作用するエンドヌクレアーゼである．この酵素はDNA-RNAハイブリッドの構造を解析するS1マッピングで利用される．S1マッピングにより転写開始部位や終結部位，イントロンの末端部位を明らかにできる（図2.12）[*14]．

*14 S1マッピングによる転写開始部位の決定では，転写開始部位を含むと予想されるDNA断片を調製し，その5′末端リン酸基を2.5節で述べた手法によって放射性標識する．この標識DNAと転写産物mRNAのハイブリッドを形成させた後，ヌクレアーゼS1で処理すると，標識DNAのうちmRNAとハイブリッド形成せず，一本鎖として露出した部分だけが分解・除去される．分解されずに残った断片の長さを電気泳動で調べることにより，mRNAの開始部位を決定できる．

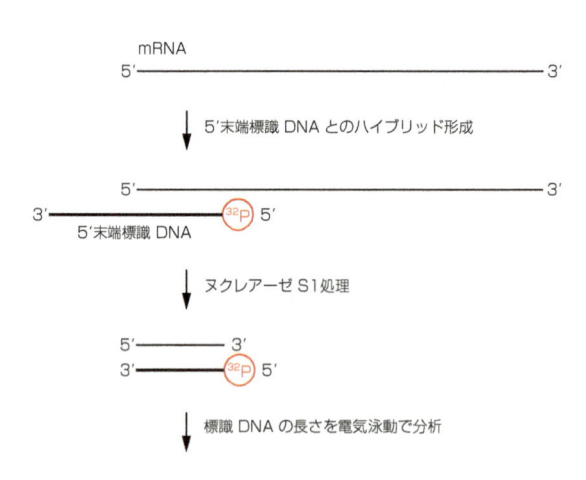

図2.12 ヌクレアーゼS1を利用した転写開始部位の決定

Alteromonas espejiana BL31由来のBAL31ヌクレアーゼは，二本鎖DNAに対する3′エキソヌクレアーゼ活性と5′エキソヌクレアーゼ活性をもつ．この酵素は一本鎖DNAに対するエンドヌクレアーゼ活性もあわせもつため，エキソヌクレアーゼ活性によって生じた突出末端二本鎖DNAの突出部分が除去されて平滑末端の二本鎖DNAが生成する．ただし，生じたDNA

のすべてについて末端を平滑化するためには，2.6.1 項で述べた T4 DNA ポリメラーゼなどで処理する必要がある．BAL31 ヌクレアーゼは，実験に用いる DNA 断片の両端からの限定分解に利用される．

2.8.2 リボヌクレアーゼ（RN アーゼ）

RN アーゼ（RNase）は，RNA のホスホジエステル結合を加水分解する酵素である．*E. coli* 由来の RN アーゼ H は，DNA にハイブリダイズした RNA を分解するエンドヌクレアーゼ活性をもち，cDNA 合成後の鋳型 RNA の除去などに用いられる．RN アーゼⅢは長鎖の二本鎖 RNA を分解するエンドヌクレアーゼ活性をもち，RNA 干渉[*15]に適した 20 mer[*16]前後の短鎖 RNA の作製に用いられる．

2.9　タンパク質解析用酵素

タンパク質の内部配列を解析する実験や，プロテオーム解析[*17]においてタンパク質を同定する実験では，タンパク質を部位特異的に切断し，ペプチド断片を取得する必要が生じる．このような目的で，リシン残基またはアルギニン残基のC末端側を切断するトリプシンや，リシン残基のC末端側を切断するリシルエンドペプチダーゼなどのプロテアーゼがしばしば用いられる．

*15　二本鎖 RNA から生じた小さな RNA によって配列特異的に mRNA が分解される現象である．特定の遺伝子の発現を抑制し，その遺伝子の機能を探る目的で行われる．

*16　mer は，核酸を構成するヌクレオチドの個数を示す単位．20 mer は 20 個のヌクレオチドが重合した核酸を表す．

*17　研究対象とする細胞や組織や生物において生産されている全タンパク質を網羅的に解析すること．

=============== 練習問題 ===============

1 BamHI（切断部位：G↓GATCC）で切断したプラスミドに DNA 断片を挿入する実験で，挿入する DNA を調製するのに適切な制限酵素は以下のうちどれか．ただし，括弧内の配列はそれぞれの酵素の切断部位を示す．
BamHI（G↓GATCC），BglⅡ（A↓GATCT），EcoRI（G↓AATTC），HindⅢ（A↓AGCTT），PvuI（CGAT↓CG），Sau3AI（↓GATC），SmaI（CCC↓GGG）

2 複数の制限酵素を同時に用いて DNA を切断する際の留意点を述べなさい．

3 プラスミドに DNA を挿入する実験で，制限酵素で切断したプラスミドをあらかじめアルカリホスファターゼで処理する場合がある．その目的を述べなさい．

4 BamHI で切断した DNA 断片同士をリガーゼで連結する反応と，SmaI で切断した DNA 断片同士をリガーゼで連結する反応では，いずれが効率よく進行するか．ただし，制限酵素の種類以外の条件は同一であるものとする．

5 内部に EcoRI 切断部位をもつ平滑末端二本鎖 DNA の全長を，EcoRI で切断したベクターに連結する方法を述べなさい．

6 以下の配列をもつ二本鎖 DNA を PCR によって増幅する際に使用すべきプライマーの組合せとして，適切なものを選択肢のなかから選びなさい．
5′-TCCACTTCTTGTCTCGTTTG………………AACGACACCACAATCACATT-3′
3′-AGGTGAAGAACAGAGCAAAC………………TTGCTGTGGTGTTAGTGTAA-5′

(a) 5′-TCCACTTCTTGTCTCGTTTG-3′ と 5′-AACGACACCACAATCACATT-3′
(b) 5′-TCCACTTCTTGTCTCGTTTG-3′ と 5′-TTACACTAACACCACAGCAA-3′
(c) 5′-TCCACTTCTTGTCTCGTTTG-3′ と 5′-TTGCTGTGGTGTTAGTGTAA-3′
(d) 5′-TCCACTTCTTGTCTCGTTTG-3′ と 5′-AATGTGATTGTGGTGTCGTT-3′
(e) 5′-AGGTGAAGAACAGAGCAAAC-3′ と 5′-AACGACACCACAATCACATT-3′
(f) 5′-AGGTGAAGAACAGAGCAAAC-3′ と 5′-TTACACTAACACCACAGCAA-3′
(g) 5′-AGGTGAAGAACAGAGCAAAC-3′ と 5′-TTGCTGTGGTGTTAGTGTAA-3′
(h) 5′-AGGTGAAGAACAGAGCAAAC-3′ と 5′-AATGTGATTGTGGTGTCGTT-3′

7 PCR に使用する DNA ポリメラーゼを選択する際に留意すべき点を述べなさい.

3章 遺伝子工学における分子解析手法

　遺伝子の本体はDNAをはじめとする核酸分子であり，その機能を理解し，それを利用するためには，まず遺伝子とその産物のタンパク質に関して，化学的および物理的性質を分子レベルで調べる技術が必要となってくる．この章では，遺伝子工学において汎用される分子解析手法のうち，核酸とタンパク質分子の同定，ならびに諸性質の分析方法について紹介する．さらに，それらの分子の構造を原子レベルで決定する方法についても概説する．

3.1 電気泳動法
3.1.1 原　理
　核酸（DNAやRNA）は，中性の緩衝液中では負に荷電する．そのため電荷をかけると，負極から正極に向かって移動する．しかしながらDNAもRNAも単位分子量あたりの電荷量は等しいため，そのままでは分子量に応じて分離することができない．そこでアガロースゲルやポリアクリルアミドゲルなどの，高分子網目構造の中で核酸の**電気泳動**（electrophoresis）を行う．このような構造体の中では，いわゆるフィルター効果が起こり，小さな分子ほど移動度が大きくなる．そのため分子量の違いにより，核酸を分離することができる（図3.1）．

　ゲノムDNAやプラスミドDNAは二本鎖であるが，RNAや塩基配列決定の際に用いるDNAは通常，一本鎖である．一本鎖のDNAやRNAは分子内で水素結合を形成し，複雑な高次構造をとるため，上記の条件では必ずしも移動度と分子量の大きさが比例しない．そのため尿素やホルムアミドなどの変性剤を加え，一本鎖DNAやRNAを伸びた状態にして泳動する．

　アガロースゲル（agarose gel）は網の目が比較的大きく，500 bpから数十

アガロースなどの網目構造

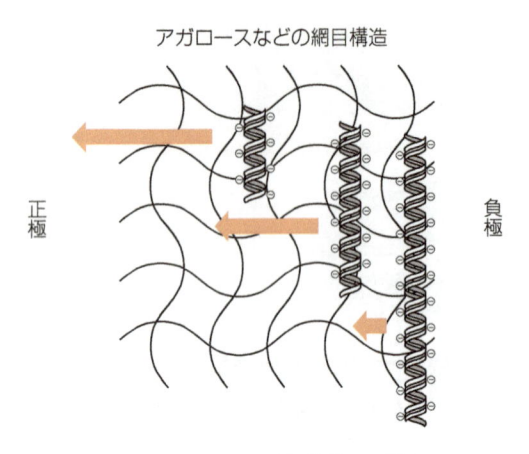

正極　　　　　　　　　　　　　　　　　負極

図 3.1　DNA 電気泳動の原理

kbp までの大きな DNA 断片の解析に向いている[*1]．より大きな DNA，たとえば酵母のゲノム DNA を分離するような場合は，**パルスフィールドゲル電気泳動**（pulsed-field gel electrophoresis）を用いる．これは電界を定期的に反転させながら行うもので，通常の泳動法ではアガロースの網の目に引っかかって流れないゲノム DNA を，分子量に応じて分離することができる．

アクリルアミドゲル（acrylamide gel）は網の目が細かく，低分子量（数十 bp 〜 1 kbp）の DNA の分離に用いられる[*2]．とくに変性剤を入れたゲルは，一本鎖 DNA の高次構造を壊すことで 1 塩基の違いを正確に分離できるため，初期の DNA 塩基配列解析に用いられた．ただし現在では，塩基配列解析はほとんどが**キャピラリー電気泳動**（capillary electrophoresis）に置き換えられている．原理は同じであるものの，*in situ*[*3] での重合が必要なアクリルアミドゲルではなく，充填が容易な高分子ポリマーが用いられている．

電気泳動で分離した後の観察に現在最も汎用されているのは，**エチジウムブロミド**（ethidium bromide）などの DNA に結合して蛍光を発する物質を含む薄い水溶液に，DNA 分離後のゲルを浸し，水洗後 350 nm 程度の波長の紫外線を用いて暗室中で観測する方法である．エチジウムブロミドを用いた場合，薄紫の背景の中でオレンジ色の DNA バンドを観察することができる．しかしエチジウムブロミドは，DNA の塩基対にはまり込み[*4]，発がん性が高いので，その取扱いには注意が必要である．

3.1.2　応　用

DNA 断片の解析法として，ゲル電気泳動法は現在でも分子生物学実験には日常的に用いられている．たとえばプラスミド DNA の解析，ゲノムの解析，本章で後述するサザンブロット法，ノーザンブロット法，PCR 反応後の増幅 DNA 断片の解析などである．とくに PCR 後の解析を通じて，遺伝

[*1]　緩衝液として TAE（トリス，酢酸，EDTA からなる）や TBE（トリス，ホウ酸，EDTA からなる）などが用いられる．

[*2]　よく用いられる方法として SDS-ポリアクリルアミドゲル電気泳動（SDS-PAGE）法や native-PAGE 法がある．

[*3]　「本来の場所で」という意味のラテン語．ここでは「泳動する場所で」という意味になる．

[*4]　これをインターカレーション（intercalation）という．

子検査や食品検査など，われわれの生活にも密接な領域で用いられている．

3.2 ハイブリダイゼーション
3.2.1 原理
　二本鎖 DNA は塩基間で水素結合を形成し，ワトソン・クリック型塩基対では A と T, G と C が，それぞれ 2 個と 3 個の水素結合を形成する（図 1.4 参照）．したがって，ある一定以上の長さをもった一本鎖 DNA 分子は，それと相補的でかつ変性された状態（二本鎖 DNA が解離した状態）の DNA に配列特異的に結合する．この原理を用いたものを**ハイブリダイゼーション**（hybridization）と呼び，DNA および RNA の塩基配列特異的検出に用いられている．相補的 DNA の結合は，上述のように弱い水素結合で形成されているため，温度を上昇させると解離する．分子の半分が解離して一本鎖 DNA になる温度は，**解離温度**（T_m）と呼ばれ，おもにその分子の塩基数，GC 対の割合，溶液の塩濃度に依存する．すなわち塩基数が多く，GC 対の割合が高いと，水素結合の数が多くなり，塩濃度が高いと水素結合が強くなるため，T_m 値が上がる．

　20 塩基くらいまでの比較的短い DNA 断片の T_m 値の推算式[*5]としては，

$$T_m(℃) = 4 \times (G および C の塩基数) + 2 \times (A および T の塩基数)$$

が知られている．

[*5] より精度の高い推定値を得るためには，インターネットの公開サイトなどを利用するとよい．

3.2.2 応用
　サザンブロット法（Southern blotting）では，DNA 断片をゲル電気泳動により分離し，アルカリで変性後に中和し，毛細管現象などにより膜（ニトロセルロースやナイロンメンブラン）に転写する．その後，UV などで固定した DNA に対し，放射性同位元素（^{32}P など）やジゴキシゲニン[*6]などの小分子で標識した DNA と結合[*7]させ，プローブに相補的な DNA 断片を検出する（図 3.2）．考案者である E. M. Southern の名前をとってそう呼ばれている．RNA も DNA 同様に相補的な結合を形成するが，RNA を対象に行ったものは**ノーザンブロット法**（Northern blotting）と呼ばれている．これは Northern 氏が開発したわけでなく，シャレである．同様にタンパク質の電気泳動後，膜に写したうえで，抗体でタンパク質を検出する方法は**ウェスタンブロット法**（Western blotting，7 章参照）と呼ばれる．

[*6] ジゴキシゲニン（digoxigenin: DIG）は植物由来ステロイドの一つである．分子サイズが小さく，生体分子に結合させるのが比較的容易であること，さらにジゴキシゲニンを検出する抗体が存在することなどから，分子生物学や生化学における検出ツールとして用いられている．

[*7] これをハイブリダイゼーション（hybridization）という．

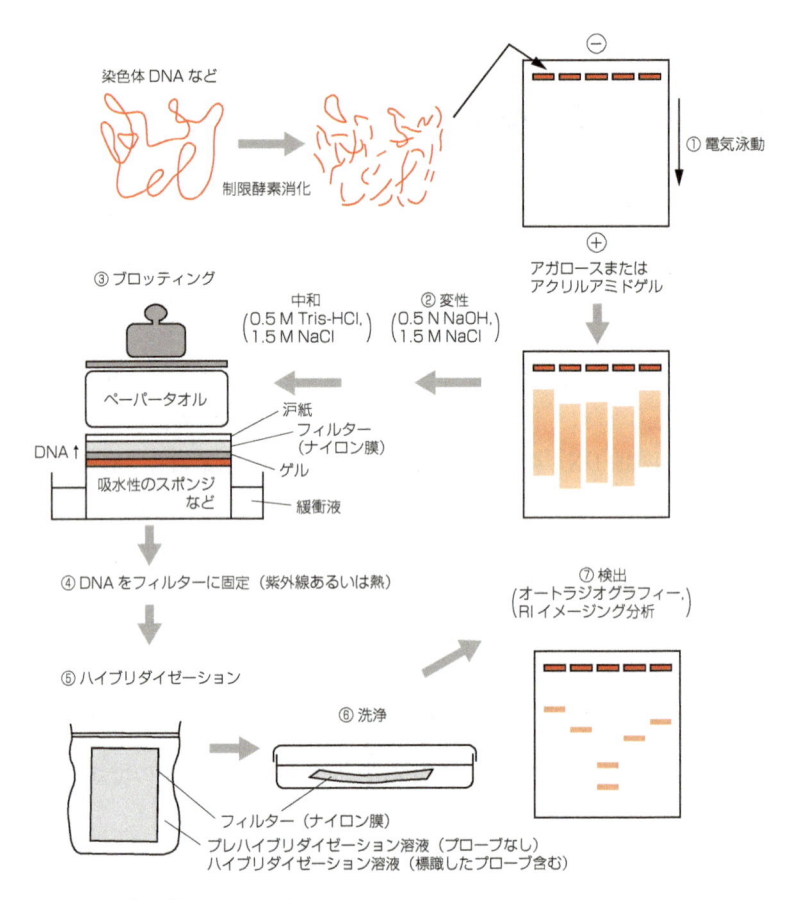

図3.2 サザンブロット法の概要
①アガロースゲル電気泳動などにより，DNAを分離，②アルカリで変性，③ナイロン膜などに転写（ブロッティング），④紫外線などによる固定化後，標識DNAを加え，⑤ハイブリダイゼーション，⑥洗浄し，余分な標識DNAを除く，⑦オートラジオグラフィーなどによる検出．

3.3 PCR

3.3.1 原理

　PCRは polymerase chain reaction（ポリメラーゼ連鎖反応）の略で，1984年に米国のベンチャー企業の研究員であったマリス（K. B. Mullis）によって考案された．1993年に彼はその功績によりノーベル化学賞を受賞している．
　まず鋳型となる二本鎖DNAと，増幅したい配列を挟むように設計した合成DNAのプライマー，および好熱菌由来のDNAポリメラーゼと基質であるdATP，dCTP，dGTP，dTTPの混合液を加熱（94～96℃）し，二本鎖DNAを一本鎖DNAに解離する（変性ステップ）．次に温度を下げると，多量に添加した合成DNAによるプライマーがハイブリダイズする（50～65℃程度，アニーリングステップ）．次に，好熱菌のポリメラーゼがよく働く72℃程度まで温度を上げると，プライマーの3′末端からDNAが合成される．

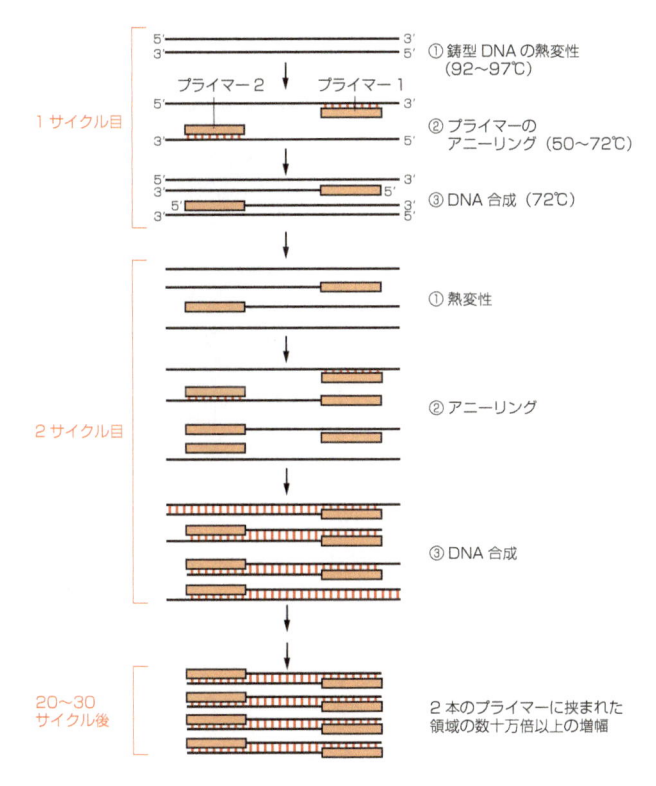

図 3.3 PCR の原理

このサイクルを繰り返すことで2倍，4倍，8倍に増幅させ，条件にもよるが最終的には100万倍以上にも増幅させることが可能である（図3.3）．

当初は大腸菌のDNAポリメラーゼⅠのクレノウ断片（2.6.1項参照）を用いていたが，熱で失活するため，サイクルごとに酵素を添加しなければならず，実用性は乏しかった．結局，90℃を超える温度でも容易に失活しない好熱菌（*Thermus aquaticus* など）由来のDNAポリメラーゼが用いられるようになり，PCRは初めて実用可能な技術として確立された．

3.3.2 応　用

PCRでは，試験管内（*in vitro*）で短時間に極微量の遺伝子を増幅することが可能であるため，分子生物学の実験だけでなく，現在さまざまな場面で利用されている．その代表的な例は，犯罪捜査などの法医学の分野であろう[*8]（10章参照）．犯罪現場に残されたごくわずかな血液や体液があれば，その個人の遺伝子型を決定することができる．最初に用いられた方法は，ヒトの遺伝子の繰返し配列部分（ミニサテライト）を増幅した例である．1990年代に，ヒトの第一染色体に存在する16塩基からなる基本配列が13～41回繰り返されるD1S80領域が用いられたのが最初である（図3.4）．この領域を挟

[*8] そのほか，遺伝子診断，インフルエンザの疫学調査などの医療分野，微生物検査，遺伝子組換え植物の検査など，われわれの身近なところでもPCRは多岐に用いられている．

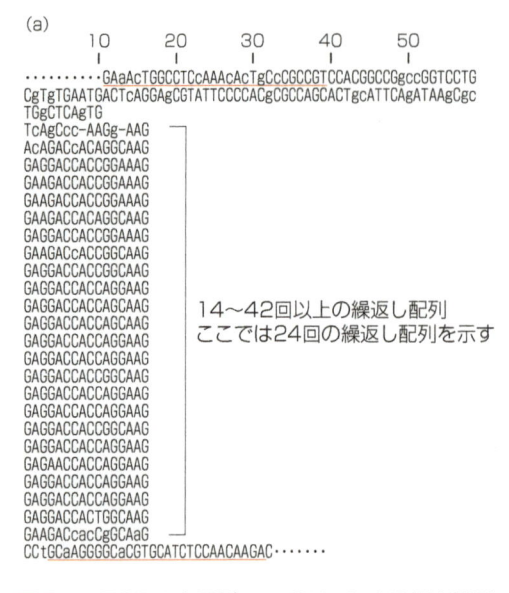

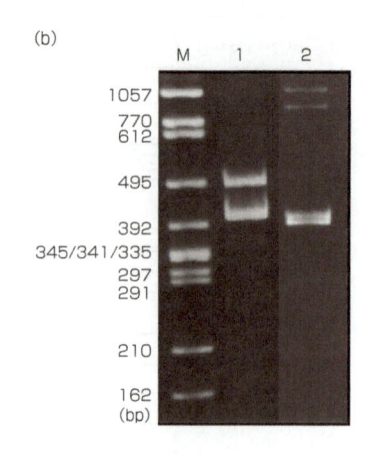

```
(a)
          10        20        30        40        50
          |         |         |         |         |
........GAaAcTGGCCTCcAAAcAcTgCcCGCCGTCCACGGCCGgccGGTCCTG
CgTgTGAATGACTcCAGGaGCGTATTCCCCACgCGCCAGCACTgcATTCAgATAAgCgc
TGgCTCAgTG
TcAgCcc-AAGg-AAG
AcAGAccACAGGCAAG
GAGGACCACCGGAAAG
GAAGACCACCGGAAAG
GAAGACCACACGGCAAG
GAGGACCACCCGGAAAG
GAGGACCACCGGCAAG
GAGGACCACCCGGCAAG
GAGGACCACCAGGAAG
GAGGACCACCAGGAAG
GAGGACCACCAGGAAG
GAGGACCACCAGGAAG
GAGGACCACCGGAAAG
GAGGACCACCAGGAAG
GAGGACCACCAGGAAG
GAGGACCACCAGGAAG
GAGGACCACCGGCAAG
GAGGACCACCAGGAAG
GAGGACCACCGGAAAG
GAGGACCACCAGGAAG
GAGAACCACCAGGAAG
GAGGACCACCAGGAAG
GAGGACCACCAGGAAG
GAGGACCACTGGCAAG
GAAGACcacCgCCAaG
CCtGCaAGGGGCaCGTGCATCTCCAACAAGAC........
```

14〜42回以上の繰返し配列
ここでは24回の繰返し配列を示す

M：DNA サイズマーカー（φ×174/HindⅠ）
1：被験者1（繰返し数 16, 22 回）
2：被験者2（繰返し数 16, 15 回）

図 3.4 PCR の応用例 ―― DNA による個人識別
(a) 24 回の繰返し構造をもったヒト D1S80 領域の塩基配列．下線部はプライマー（D1S80F，D1S80R）のアニール部位を示す．小文字の塩基は若干の個体差があることを示す．(b) 毛根から DIS80 領域を増幅し，アクリルアミドゲル電気泳動により解析．河原崎泰昌博士提供．

＊9 両親から一対ずつ受け継いでいる対立遺伝子のこと．

＊10 1カ所の遺伝子型だけの検査では，別人でも同じ遺伝子型をもっている可能性が高い．現在では，多くの領域の遺伝子型を調べることによって信頼性を高めている．

むプライマーでゲノムを増幅すると，アリル＊9 の繰返し回数に対応した2本のバンドが現れる．このパターンにより個人の同定ができる＊10．

3.4 DNA 塩基配列解析
3.4.1 原　理

　DNA の塩基配列を決定することは，長らく研究者たちの夢であった．この問題を最初に解決したのはマクサム（A. Maxam）とギルバート（W. Gilbert）である．彼らの方法は核酸の塩基特異的な分解反応を利用しており，部分化学分解法あるいは彼らの名前を冠した**マクサム・ギルバート法**（Maxam-Gilbert method）と呼ばれている（図 3.5）．

　均一な配列をもつ DNA 断片を 1 μg 程度用意し，その DNA を化学的に部分分解し，電気移動後のパターンから配列を読みとる．まず二本鎖 DNA を制限酵素で分解し，その片方の DNA 鎖だけ ^{32}P などにより放射線標識する．これに①ジメチル硫酸を加えると，G にメチル基が結合する．さらにアルカリで処理すると，G の部分が崩壊し，核酸をつなぐ鎖の切断が起こる．メチル化は G で部分的かつ，ほぼランダムに起こるので，電気泳動後，X線フィルムに露光すると，末端が G のところだけに断片が現れる．同様な選択的修飾と切断反応をたとえば② G と A，③ C と T，④ C のみ，の各条件で行う．各反応で生じた部分的化学反応物をゲル電気泳動に供し，そのバ

(a)

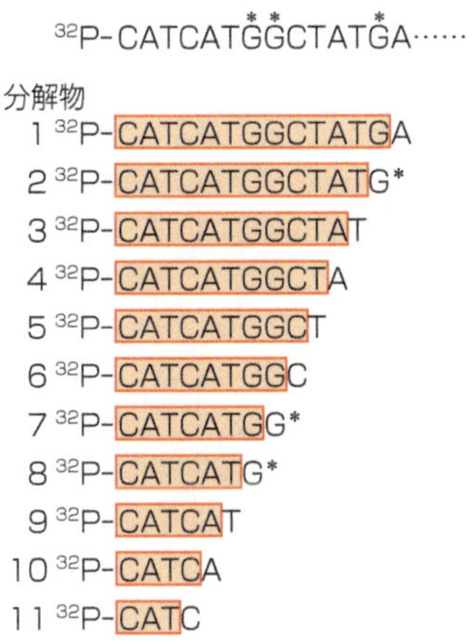

(b)

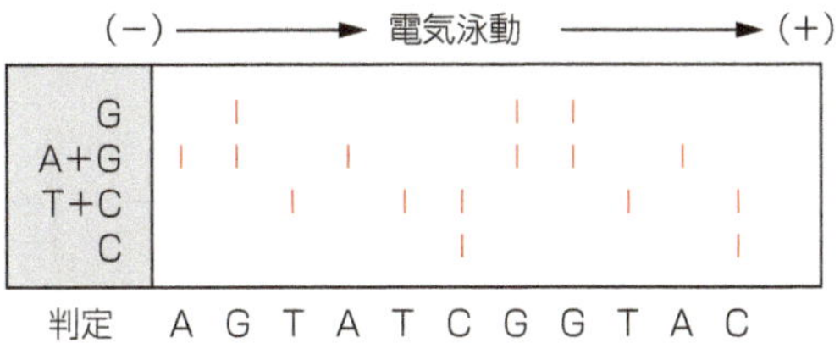

(c)

	反応塩基	修飾試薬	修飾塩基の置換
①	G	ジメチル硫酸	ピペリジン
②	A＋G	ジメチル硫酸	酸
③	C＋T	ヒドラジン	ピペリジン
④	C	ヒドラジン＋塩	ピペリジン

図 3.5　マクサム・ギルバート法による DNA の塩基配列決定
(a)分解反応によって得られた DNA 断片，(b)電気泳動図，(c)化学試薬による DNA の選択的修飾．＊は G 特異的反応の場合の，メチル化した G の位置を示す．▭で囲んだアルファベットは，ゲルで実際に泳動するフラグメントのシークエンスを示す．(c)における DNA 鎖の切断はピペリジンによる．

ンドパターンを解析することで塩基配列を決定できる．

サンガー法(Sanger method)は，ペプチドの配列決定法の開発によりノーベル化学賞をすでに受賞していたサンガー(F. Sanger)が，1977 年に発表した方法で，**ジデオキシ法**(dideoxy method)とも呼ばれている．DNA ポリメラーゼによる相補鎖合成反応の際に，その基質である dATP(デオキシ ATP)，dGTP，dCTP，dTTP と，DNA 合成反応を停止させる作用があるターミネーターを加える．ターミネーターには，4 種類のジデオキシヌクレオチド（ddATP，ddGTP，ddCTP，ddTTP）のうち，それぞれ 1 種類だけを用い，塩基特異的に相補鎖合成を止めることが，その根本原理である(図 3.6)．つまり ddATP が含まれている反応系では，dATP の代わりに ddATP が取り込まれると，3′の位置にヒドロキシ基が存在しないため，DNA ポリメラーゼはそこで停止する．結果的に，必ず末端が A であるさまざまな長さの一本鎖 DNA が合成される．同様に ddGTP，ddCTP，ddTTP だけを含む反応系では，それぞれ末端が G，C，T である DNA 鎖が合成される．

これを 1 塩基の違いが判別できるポリアクリルアミドゲル電気泳動(3.1 節参照)で分離すると，図 3.7 のようなパターンが得られる．これを移動度が大きいほうから(分子量が小さいほうから)順にたどっていくと，DNA 配列の 5′末端から 3′末端への塩基配列がわかる．これら二つの発明に対し，1980 年にギルバートとサンガーにノーベル化学賞が授与されている[＊11]．

サンガー法の初期には放射線同位元素を用いて DNA を標識していたが，それぞれの塩基のジデオキシヌクレオチドに，蛍光波長が異なる蛍光団を付

＊11　現在ではマクサム・ギルバート法が用いられることはないが，サンガー法はいろいろな改良が加えられ，広く一般的に用いられている．

図 3.6 DNA の伸張反応と ddNTP の取り込みによる伸張停止

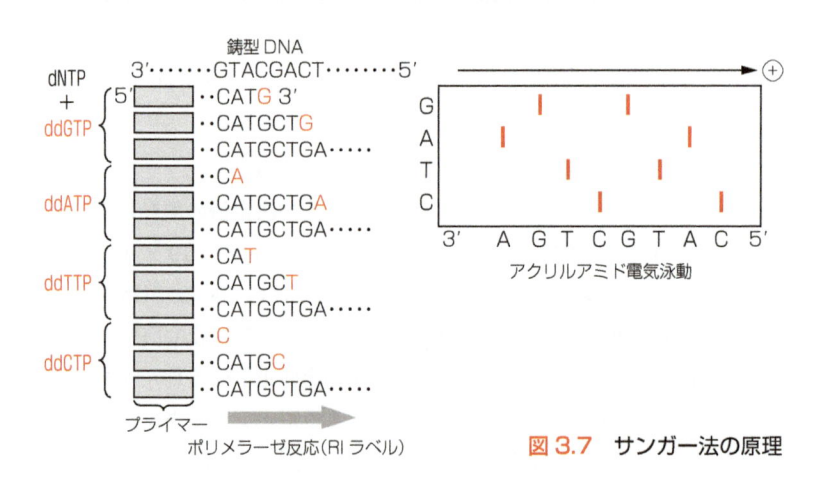

図 3.7 サンガー法の原理

*12 この手法をダイターミネーター(dye-terminator)法という.

*13 波形データをエレクトロフェログラム(electropherogram)という.

加したターミネーターを用いることにより*12，利便性が大いに向上した．1本のチューブで反応を行っても，各塩基で終止した DNA 断片を区別できるようになり，また電気泳動も1レーンで解析できるようになった．その蛍光シグナルの例を図 3.8 に示す*13．さらにキャピラリー電気泳動というより高速な電気泳動法の導入により，10時間近くかかっていた泳動時間が2時間程度に短縮された．現在ではすべて機械化され，全自動で解析が行えるようになっている．

3.4.2 応 用

全自動のシークエンサーが開発されたことにより，ゲノム配列をすべて明らかにしようとする，いわゆるゲノムプロジェクトが進行した．最初はゲノムサイズの小さな微生物が明らかにされたが，その後より高等な生物に移

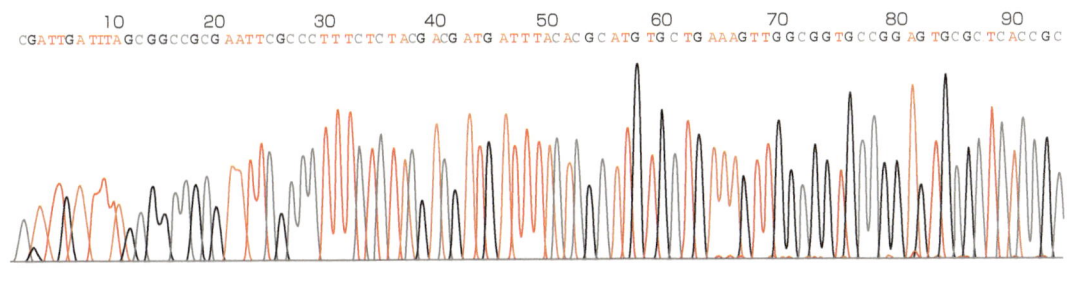

図3.8 全自動蛍光シークエンサーによる塩基配列解析パターン

り，ヒトゲノムについては2000年にドラフトシークエンス[*14]が発表され，2003年に全配列が決定された．さらに現在では，いわゆる次世代シークエンサーと呼ばれる，まったく新しい原理に基づく遺伝子配列の高速解析機器が開発され，実際に使われ始めている．これについては12章を参照されたい．

[*14] 完全ではない塩基配列情報．この場合，約90%の配列を99.99%の精度でカバーしていた．

3.5 タンパク質の構造解析

タンパク質のもつさまざまな機能は，結局のところ，その立体構造に起因している．したがって，タンパク質を構成している各原子の位置を正確に知ることは，タンパク質の機能を理解し，さらには目的とする機能をもつタンパク質を設計するために，欠くことのできないステップである．

そのおもな解析方法として，ここからは代表的な三つの手法，すなわち**X線結晶構造解析**(X-ray crystallography)，核磁気共鳴スペクトル法，円偏光二色性を取り上げて概説する．それぞれ得られる情報や利点が異なり，互いに相補的であるため，それぞれの特性に応じて利用されている[*15]．

[*15] いずれも実際に行うためには，高額な装置の操作と結果の解釈に熟練が必要である．詳細な理論，実験方法の実際については，巻末に挙げた成書などを参考にしていただきたい．

3.5.1 X線結晶構造解析

現在では，タンパク質はアミノ酸がペプチド結合によって数十から数百連なった鎖状の分子であり，それぞれのタンパク質が固有の立体構造を形成することが知られている．しかし，そのことがわかったのは，1934年にペプシンの結晶が得られ，そのX線回折写真が撮られてからである．それまでタンパク質は一定の形をもたないコロイド状の粒子だと漠然と考えられていた．この写真でタンパク質の構造はすぐに解析できると期待されたが，最初のタンパク質結晶構造解析には30年近い年月を要した．ミオグロビンのX線結晶構造がタンパク質として最初に明らかにされたのは1958年のことである．

以下にX線結晶構造解析の手順を概説する．まず大量のタンパク質（10 mg以上）を高純度に精製しなければならない．現在では多くの場合，組換えDNA技術を用いて大量発現系が試みられ（6章参照），その後カラムクロマ

Column

1000ドルゲノムプロジェクト

約30億ドルの研究費が投入されたヒトゲノムプロジェクトにより，ヒトゲノムが完全に解読されたのは，2003年4月のことである．かけられた研究費をコストと見なすと，ゲノム解析の値段は何と30億ドル/人になる．

この莫大な研究費を活用し，全自動のシークエンサーとして完成したのが，本章で解説しているサンガー法に蛍光色素を組み合わせ，キャピラリー電気泳動により蛍光標識DNAを分離・解析する方法を用いた装置である．ロボット技術を組み合わせることで，ほぼ全自動で最高96サンプルを同時に解析でき，24時間稼働すれば約4 Mb/日の速度でDNA配列を解読できるシステムである．しかしながら，個人のヒトゲノム（3 Gb）を仮に一つのシークエンサーで解析しようとすると，最短でも5年以上稼働し続けなければならない．

米国ではヒトゲノムプロジェクトを引き継ぐかたちで，2004年にNHGRI（National Human Genome Research Institute）が1000ドルゲノム計画，すなわち1000ドルで各個人の配列を解読できるシステム開発に対する助成を開始し，これまで合計1億ドル以上の研究費が提供されている．

この1000ドルという価格は，何か科学的な根拠があったわけではなかったが，この研究助成金を利用して多くの大学やベンチャーが熾烈な研究開発を行い，12章で解説されている次世代シークエンサー，さらには次々世代シークエンサーが開発された結果，解析価格はほぼ当初の計画通りに低下してきている．

2007年，この次世代シークエンサーの一つを使って，ワトソン（J. D. Watson）のゲノムが明らかにされたが，そのコストは100万ドルであった．その後さらにコストは下がり，日本においては，タカラバイオが次世代シークエンサーを使って1人あたり170万円でヒトゲノム解析を行うとアナウンスし（2011年5月），アメリカでは同時期にIllumina社が4000ドルで行うと発表している．すでにプロジェクトが当初目標とした1000ドルまでに，あと4倍のところまで価格は低下してきている．

より低価格で行うために，PCRなどによる遺伝子増幅プロセスを入れず，DNA 1分子の塩基配列を直接読み解く1分子シークエンス技術が研究されている．その一つがPACIFIC BIOSCIENCESが開発したSMRT法である．これは蛍光標識ヌクレオチドを用いて，1分子のDNAポリメラーゼが1分子のDNAを鋳型として複製しているところをリアルタイムで観察して，遺伝子配列を決定する手法である．

また，ナノサイズの小さな穴（タンパク質や人工的な膜）をDNA 1分子が通過する際に生じる電気信号などを検出し，配列を読み取るナノポア技術と呼ばれる方法も注目されている．酵素を使わないため，読み取り速度は1000塩基/sと高速で，ヒトゲノムが100～1000ドルで解析可能であるとされている．さらに遺伝子複製を伴わないために，DNAのメチル化などのエピジェネティクスの情報も得られるとされている．

以上述べたように，個人の全ゲノム配列を10万円以内で解析し手に入る時代が，もうすぐそこに来ている．これによって大きく変わるのは医療であろう．ゲノム情報を元に，各個人に最適な薬やその投与量を処方できるようになる．将来的な病気のリスクをあらかじめ知れば，そのリスクを下げるよう日々努力することもできる．

しかしながら，この究極の個人情報には，いわば未来の予定表が書き込まれている．研究が進めば，将来の病気のリスクだけでなく，たとえば身長，体重，適したスポーツや，もしかしたらその他の天与の才能まで，おおよそわかってしまうようになるかもしれない．

個人のゲノム配列は，いわば「神のみぞ知る」ことができた運命の一部である．それが明らかにされる意味はとてつもなく大きく，かつ重い．

3.5 タンパク質の構造解析

トグラフィーなどの操作により，ほぼ単一のタンパク質になるまで精製される．

目的のタンパク質を大量に高純度で精製できたら，タンパク質の結晶化条件を探すことになる．その条件としては①タンパク質濃度，②緩衝液の種類とpH，③イオン強度，④温度，⑤塩類，有機溶媒，ポリエチレングリコールなどの沈殿剤の添加，⑥濃縮，などが挙げられる[*16]．図3.9に，組換え大腸菌を用いて大量精製した放線菌ホスホリパーゼDの結晶の写真を示す．このような結晶を得るまでには，条件の検討に試行錯誤を要するため，通常数カ月以上の時間を要する．

[*16] 現在では複数の条件を一度に試みることができるキットが市販されているので，それらを使うとよい．

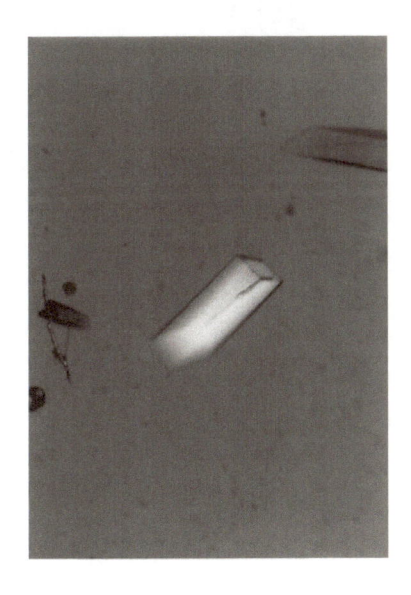

図3.9 放線菌ホスホリパーゼDの結晶
岩崎雄吾博士提供．

解析可能な結晶が得られたら，次はX線を当てて，その電子分布を調べる．X線は，タンパク質を構成している原子の周囲に存在する電子と相互作用して散乱される．この際，散乱角θがブラッグの反射条件に合致する，

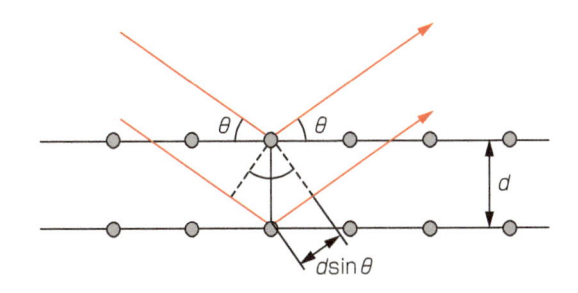

図3.10 ブラッグの条件
距離dだけ離れた二つの格子面に入射し散乱する2本の反射波の光路差は$2d\sin\theta$である．これがX線の波長整数倍のとき，強め合いの干渉をする．

3章　遺伝子工学における分子解析手法

*17 この散乱は原子の周りにある電子によりなされているので，解析の対象となるのは電子の密度関数である．数学的には，X線の回折像はこの電子密度関数をフーリエ変換したものになる．これを構造因子と呼び，記号 F で表す．一般に F は複素数であるので，振幅 $|F|$ と位相の二つの情報をもっている．ところが，回折像から得られる情報では振幅 $|F|$ だけになってしまい，位相の情報は消えている．したがって電子密度を逆フーリエ変換で得るためには，この「位相問題」を解く必要がある．位相問題を解くために，一般的にはHg（水銀）などの重原子を結晶中に取り込ませる重原子同型置換法などが用いられる（タンパク質結晶の内部には，全体積の 30 ～ 80%にも及ぶ空間が残されている．そこで，いったん形成された結晶を，重原子試薬を含んだ溶液に浸しておくと，重原子試薬は結晶内部まで侵入し，タンパク質の結晶構造はほとんど変えずに，ある特定の位置に結合する．散乱波の振幅は原子番号に比例するため，Hgなどの重原子に由来するシグナルは強く現れる．したがって元の結晶と，この重原子同型置換された結晶との回折像を比較すると，結晶構造自体は同じなので回折斑点の位置は同じであるが，その強度分布は異なる．実際には 2 種類以上の重原子同型置換を作製し，それらの情報を元に位相を決定する）．目的とするタンパク質と近縁のタンパク質の立体構造がすでに解かれている場合は，分子置換法という，既知の類似タンパク質の構造とX線回折強度データから位相を決定する比較的簡便な手法を用いて，計算だけで位相を決定することができる．

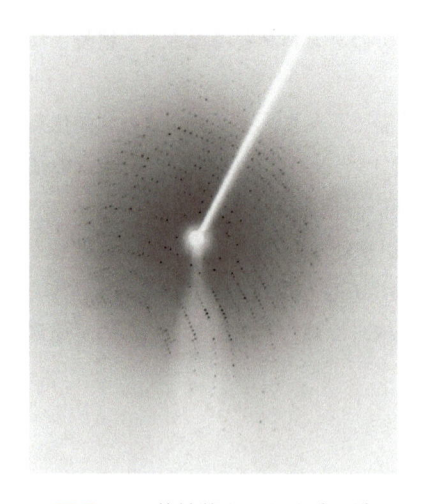

図3.11　放線菌ホスホリパーゼDのX線回折像
鈴木淳巨博士提供．

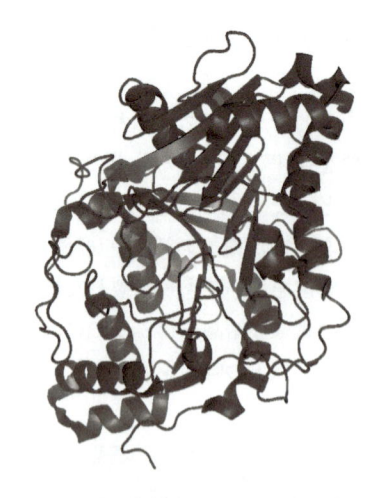

図3.12　放線菌ホスホリパーゼDの立体構造
Protein Data Bank 2ZE4．リボンモデルで表示．αヘリックス：らせん，βシート：矢印．

すなわち反射波の光路差がX線の波長の整数倍のとき，散乱光が強め合う（図3.10）．その回折像の一例を図3.11に示す．

実際には，この回折像*17をコンピュータを用いてタンパク質構造における空間配置に変換し，最終的には図3.12のような分子モデルを得る．

3.5.2　応　用

タンパク質の立体構造を解析することは，純粋な科学的興味にとどまらず，産業的にも非常に重要になってきている．とくにタンパク質工学（8章参照）や医薬品開発の場面では，タンパク質の立体構造に関する知見が果たす役割は大きい．

たとえば，インフルエンザ治療薬として有名なリレンザやタミフルなどのノイラミニダーゼ阻害剤は，インフルエンザウイルスが感染した細胞表面から離脱するのに必要な糖遊離酵素ノイラミニダーゼのX線結晶構造解析のデータを元に設計され，商品化されたものである．また，さまざまな受容体やトランスポーターなどの膜タンパク質は創薬のターゲットとして重要であり，これらの解析が精力的に進められている．

3.5.3　核磁気共鳴スペクトル法

X線結晶構造解析では，目的とするタンパク質の単結晶試料が必要である．一方，NMR法では結晶をつくる必要がなく，またX線回折と異なり，①水溶液中の分子の動きを観察できる，②水素の位置を観測できる，とい

う利点がある．解析できる分子量がせいぜい30 kDa*18と限界はあるが，結晶解析法では得られない情報を得ることができる．

（1）原　理

荷電粒子である原子核は，自転運動（スピン）により磁界を発生する小さな磁石であると見なすことができる．これを磁場に置くと，まるで地球の磁場中に置かれた磁石のように整列する．このときスピンの方向は磁場方向とその逆方向に分かれる．それぞれはエネルギー的にはごくわずかに異なるが，エネルギーを吸収あるいは放出して入れ替わることができる．これを**核磁気共鳴**(nuclear magnetic resonance: **NMR**)という．この現象は，偶数個の陽子と偶数個の中性子からなる原子核，たとえば ^{12}C，^{16}O 以外で観測される．

測定では，10^{-5} s 程度の短時間のパルス電磁波を数回照射し，核スピンの向きを制御された方向に変える．その後，スピンが元の平衡状態にもどる過程で出す電磁波を10 ms～10 s オーダーで測定し，この時間-強度分布をコンピュータで自動的にフーリエ変換し，周波数-強度分布，すなわちNMRスペクトルを得る．

この共鳴が起こる電磁波の波長は，同じ磁場にあっても各原子により異なる．さらに，それらの原子核は周りを回転している電子により遮蔽されているために，その環境の違いにより共鳴周波数がごくわずかに異なる．これが**化学シフト**(chemical shift)と呼ばれる．たとえばエタノールの1Hスペクトルを解析すると，CH_2, CH_3, OHなど，官能基ごとにシフトの値は異なる（図3.13）．

*18 Da(dalton)はダルトンまたはドルトンと読む．分子量の単位．

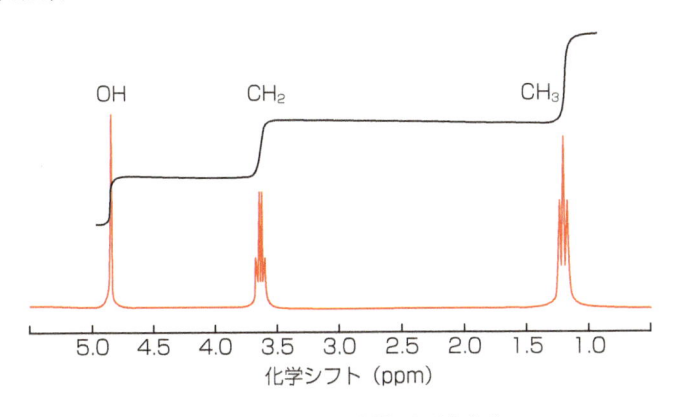

図 3.13　エタノールの 400 MHz 1H NMR スペクトル
化学シフトの基準はトリメチルシラン．ピーク上の階段曲線は，信号強度を示す積分曲線．
齋藤 肇，安藤 勲，内藤 晶，『NMR分光学——基礎と応用』，東京化学同人(2008)，図3.1を許可を得て転載．

このスペクトルを詳しく解析すると，ピークが開裂していることがある．これは個々の核がつくる局所磁場が，ほかの核の磁場に影響するため，その共鳴周波数が変化するからである．この現象を**スピン結合**(spin couple)と

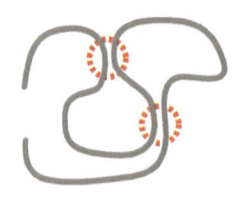

図3.14 ポリペプチド鎖における核オーバーハウザー効果
NOEを解析することで，図の破線円で囲んだ中の水素核が双極子相互作用により結合していることがわかれば，この2個の原子が隣接していることになり，ポリペプチド鎖のコンホメーションを推定する重要な情報が得られる．

いう．スピン結合は化学結合の数や角度などによって大きく変化するので，それぞれのシグナルがどの原子に由来するのかを決定するのに大変役立つ．

NMRによるタンパク質の立体構造解析では，まずそれぞれのシグナルがどのアミノ酸の原子由来であるかの帰属を，上記のスピン結合を二次元NMR[*19]により解析することで決定する．次に**核オーバーハウザー効果**(nuclear Overhauser effect: NOE)[*20]を測定することで，アミノ酸残基間の原子距離を系統的に測定し，距離幾何学や分子動力学計算によって，対応する立体構造の構築と最適化を図る．

(2) 応 用

NMRもX線結晶構造解析と同じく，タンパク質の立体構造解析に用いられる．とくに分子量が1万以下のペプチドの構造などでは，結晶をつくらなくてよく，また水溶液中での分子の動きも観察できるなど利点が多い．たとえばリガンドとタンパク質が結合すると，結合部位周辺の核スピンの磁気的な環境の変化により化学シフトが変化し，結合部位に関する有用な情報が得られる．

3.5.4 円偏光二色性
(1) 原 理

自然光は一般に進行方向の周りにあらゆる方向に振動している電磁波であるが，偏光子を通過させると，ある特定の面内のみで振動する光を選びだす

[*19] タンパク質のように多数の水素核が存在すると，スペクトルが重なり合ってしまい，シグナルの分離が困難になる．そこで複数のパルスを巧妙に選び，シグナルを二次元に展開する手法を用いる．これを二次元NMRという．ここでは相関分光(correlation spectroscopy: COSY)と呼ばれる技法により，分子内のスピン結合をすべて決定することが可能である．

[*20] 空間的に近距離(6Å)以下にある水素核間では，双極子相互作用により，片方の共鳴周波数で飽和させるほどの強度で照射すると，もう片方での強度に変化が起こる．これを核オーバーハウザー効果という．この強度は水素核間の距離の6乗に反比例するため，どの核とどの核が隣接しているのかがわかる(図3.14)．

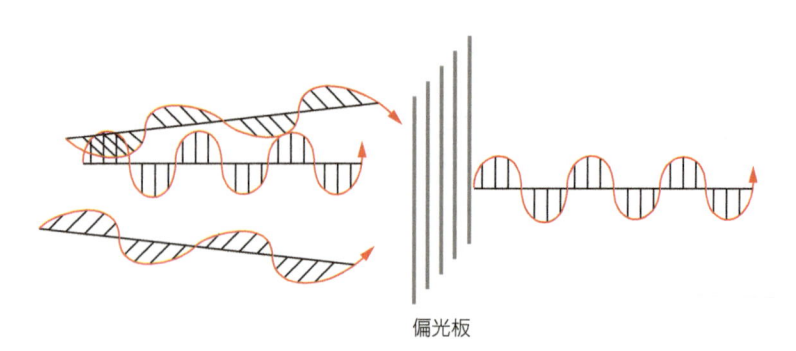

図3.15 偏光板の通過による平面偏光
一般に光は，進行方向に対して垂直な面にさまざまな方向で振動している．この光を偏光板に通すと，特定の方向にのみ振動している光を取り出すことができる．これを平面偏光という．

ことができる.これを**平面偏光**(plane-polarized light)という(図 3.15).一方,光の進行方向の周りに磁気成分あるいは電磁波成分が右回りあるいは左回りに,らせん状に進行するものを**円偏光**(circular polarized light)という.平面偏光は,同じ振幅の右回りおよび左回りの二つの円偏光ベクトルの和として表すことができる.

今,光学活性の試料にこのような平面偏光を当てると,左右の円偏光の速度が異なるため,試料通過後には両偏光に位相差ができ,偏光面が回転する.これがいわゆる光学活性物質の**旋光性**(optical rotation)である(図 3.16).一方,光学活性の試料吸収がある波長の光を当てると,左右の円偏光の吸収度の違いにより,平面偏光は**楕円偏光**(elliptic polarized light)になる.これを**円偏光二色性**(circular dichroism: **CD**)という(図 3.17).

ポリペプチドは,その二次構造(αヘリックス,βシート,ランダムコイル)に特徴的な円偏光二色性曲線を示す(図 3.18).

タンパク質の CD を測定するためには,1 回あたり 0.1 mg/mL の精製さ

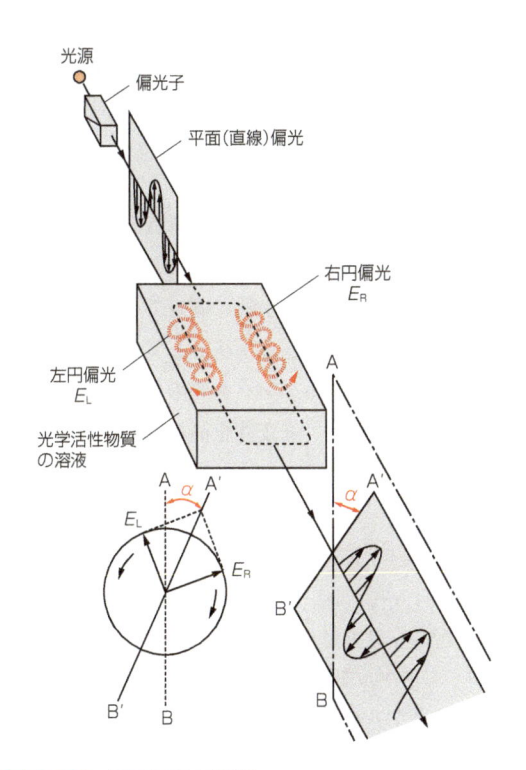

図 3.16　平面偏光の回転
右円偏光の電磁場ベクトル E_R が光学活性物質の溶液中を通過する間に,左円偏光のベクトル E_L より速度が大きくなると,合成ベクトルは α だけ回転する.中嶋暉躬ほか編,『新基礎化学実験法 5——高次構造・状態分析』,丸善(1989),図 3.22 を許可を得て転載.

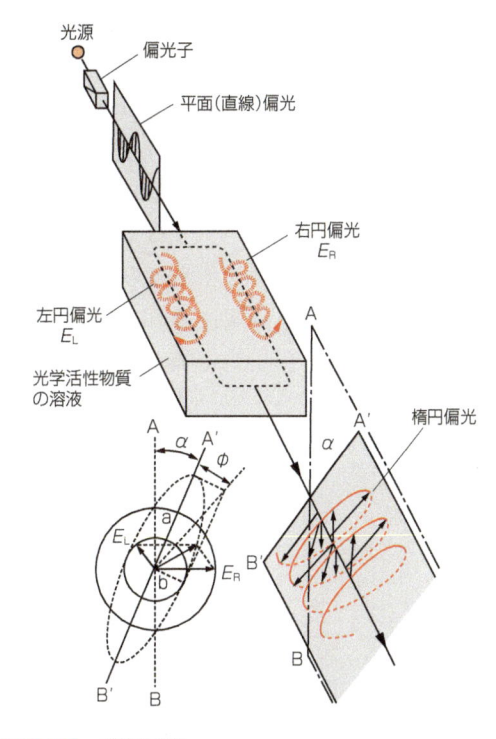

図 3.17　楕円偏光
左円偏光の吸光度が右円偏光の吸光度より大きい場合,楕円偏光を生じる.中嶋暉躬ほか編,『新基礎化学実験法 5——高次構造・状態分析』,丸善(1989),図 3.23 を許可を得て転載.

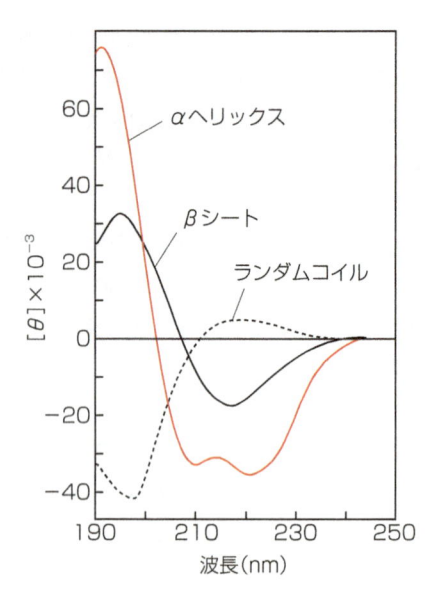

図 3.18　ペプチドの CD スペクトル
αヘリックスは 222 nm と 208 nm に負の極大，191〜192 nm に正の極大を示す．βシート構造は 216〜218 nm に負の極大，195〜200 nm に正の極大を示す．ランダムコイル構造は 195〜200 nm に負の極大を示す．Adapted with permission from N. J. Greenfield, G.D. Fasman, *Biochemistry*, **8**, 4108(1969), Fig.1. Copyright 1969 American Chemical Society.

れたタンパク質を約 300 μL 用意すればよい(1 mm のキュベットを用いた場合)．タンパク質の円偏光二色性を測定することで，タンパク質中の各二次構造の割合を推定できる．

(2) 応　用

　CD を利用した測定方法では，タンパク質の細密な立体構造を測定することはできない．しかしながら，X 線結晶構造解析や NMR と異なり，30 μg 程度の少量のタンパク質しか必要としないため，手軽に測定できる利点がある．タンパク質の立体構造変化を簡易に測定できる手法として多用されている．たとえば，大腸菌で大量合成された組換えタンパク質のフォールディング(折りたたみ)の検証や，タンパク質の変性・未変性を簡易に測定する目的などに多用されている．

練習問題

1　DNA の電気泳動を行う際，解析したい DNA の分子量によって用いるゲルが異なる．たとえば，一般に 0.5 kb 以上ではアガロースゲルを用いるのに対し，それ以下ではアクリルアミドゲルを用いる．その理由を推測しなさい．

2　変性剤を含まないアクリルアミドゲルの電気泳動において，二本鎖 DNA は狭くシャープなバンドを形成したが，リボソーム RNA を流すと，その分子量は一定であるにもかかわらず，バンドが広がって見えた．その理由を説明しなさい．

3　ゲノム中に複数存在する遺伝子のコピー数を調べる際には，一般にサザンブロット法が用いられる．PCR 法も可能であるはずだが，サザンブロット

法がより好ましい理由を説明しなさい．

4 PCR 法は，サンプル中にプライマー配列にマッチする 1 分子の標的 DNA があれば，原理的には増幅することができる．しかしながら，実際にはそのような極微量の標的 DNA を増幅するのは困難であることが知られている．その理由について考察しなさい．

5 タンパク質の立体構造を，X 線結晶構造解析により解析した場合と，NMR で解析した場合とで，得られる情報の違いについて述べなさい．

4章 遺伝子の調製

　遺伝子工学におけるDNA分子の調製は，① 細胞内で増殖可能なDNAの構築，② 宿主細胞への導入，③ 細胞からのDNA回収，というステップから成り立つ．この章では，遺伝子のクローニングを行うためのDNAの細胞への導入と回収方法について述べる．初めに，細胞にDNAを運搬する**ベクター**(vector)と，これを受け入れる細胞すなわち**宿主**(host)について説明した後，DNAの細胞への導入方法について解説する．

4.1　遺伝子運搬体「ベクター」

4.1.1　プラスミド

　プラスミド(plasmid)は環状のDNAで，細胞内の染色体DNAとは独立して存在し，細胞内のDNAポリメラーゼによって複製される．1細胞あたりの個数については，1, 2個しか存在しないFプラスミドのようなものから，数百コピー存在するものまである．

4.1.2　プラスミドの種類

　大腸菌には雌雄があり，雄株(F^+細胞)の性質を与える**Fプラスミド**(F plasmid)は，**F因子**(F factor)または**稔性因子**(fertility factor)とも呼ばれる(図4.1)．Fプラスミドの長さは94.5 kbpであり，雌株(F^-細胞)へのDNA移行に関与する遺伝子が含まれる．

　Rプラスミド(R plasmid)は，抗生物質を無毒化する酵素の遺伝子をもつプラスミドとして発見された．**R因子**(R factor)とも呼ばれ，抗生物質などの薬剤に対する耐性(resistance)を与える，という意味がある．耐性遺伝子がプラスミド内の**トランスポゾン**(transposon)[*1]上に存在している場合に

[*1] 転位性遺伝子や可動性遺伝因子ともいう．ゲノム上の別の位置へ転移できるDNA断片．転位には酵素トランスポザーゼが必要である．

4.1 遺伝子運搬体「ベクター」

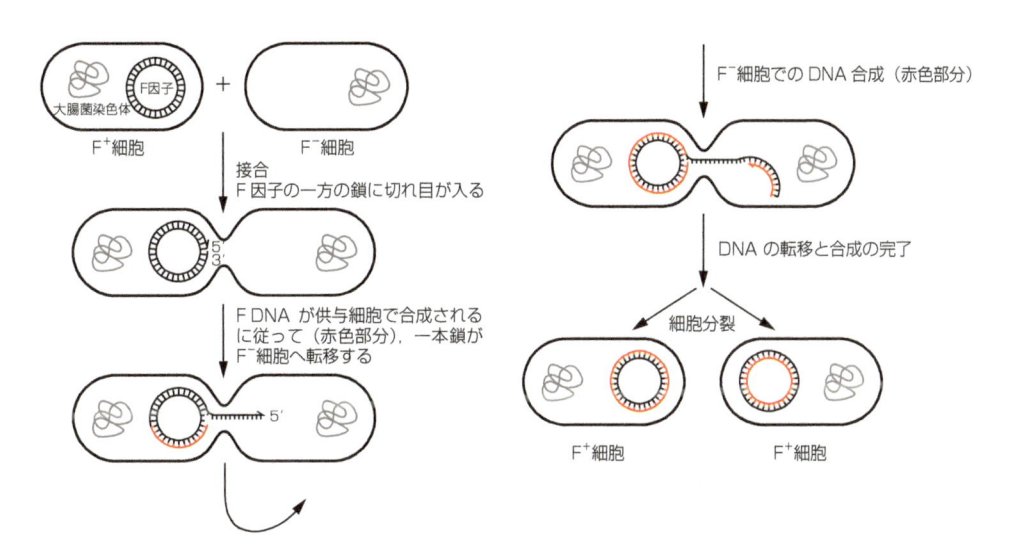

図4.1 Fプラスミドの転移
性線毛によって結合した大腸菌細胞間で見られ，F⁺細胞からF⁻細胞へ転移する．図のような複製様式をローリングサークル型複製という．

は，細菌プラスミド間で交換や挿入が起こり，その結果一つのプラスミド内に複数の耐性遺伝子が組み込まれる．すると，抗生物質に対する**多剤耐性**（multidrug resistance）[*2]を細菌に与えることになる．

ColE1 プラスミド（ColE1 plasmid）は，大腸菌が産生する抗菌性タンパク質であるコリシン（colicin）の遺伝子を含んでいる．現在，遺伝子工学の分野で用いられるクローニングベクターの多くは，ColE1 プラスミドである pMB にアンピシリン耐性遺伝子が導入された pBR322[*3]（図4.2a）が元になっている．pBR322 は大腸菌1細胞あたり約20個程度複製される．ColE1 レプリコン[*4]に変異を加えた pUC 系ベクター pUC19[*5] や pBluescript II（図

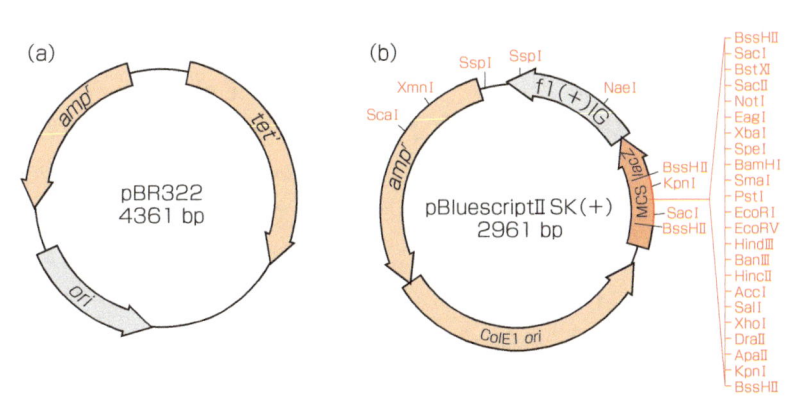

図4.2 遺伝子工学で用いられてきたプラスミドベクター
(a) pBR322，(b) pBluescript II．

[*2] 抗生物質に耐性をもつ細菌から分離されるプラスミドには，複数の耐性遺伝子群をもつものがある．メチシリン耐性黄色ブドウ球菌（MRSA）は，メチシリンだけでなく，ほとんどの抗生物質に対する耐性を獲得している．院内感染でしばしば問題になる．

[*3] ボリバル（F. Bolivar）とロドリゲス（R. L. Rodriguez）らにより作成されたプラスミド．二人のイニシャルをとって名づけられた．

[*4] レプリコン（replicon）は複製単位のことで，一つの複製起点から複製される DNA 領域を指す．プラスミドや細菌の染色体などは単一の複製起点をもつので，全 DNA 分子が一つのレプリコンとなる．真核細胞の染色体には多くの複製起点があるので，多数のレプリコンを含むことになる．

*5 pBR322のアンピシリン耐性遺伝子周辺領域と，M13ファージベクターにより構築されている．UCはカリフォルニア大学(University of California)にちなんだ名称である．

4.2b)などでは，700コピー程度にまで複製される．

4.1.3 プラスミドベクター

ベクターとして機能するプラスミドDNAは，① 選択マーカー，② 複製起点(ori)，③ プロモーター，④ マルチクローニング部位(MCS)，⑤ レポーター遺伝子などから構成されている(図4.3)．

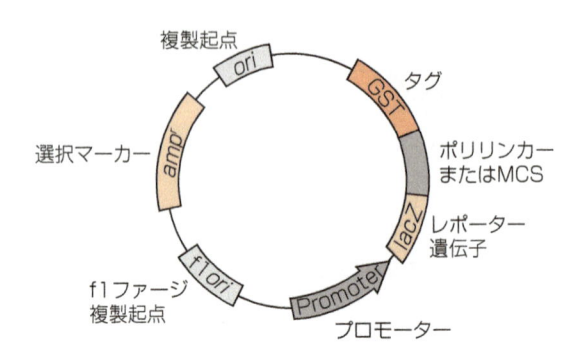

図4.3 プラスミドベクターの構成と基本要素

選択マーカー(selective marker)としてよく用いられるものに，宿主が本来もっていない抗生物質耐性を与えるタイプの遺伝子カセットがある．また，宿主が栄養要求性株である場合は，染色体上で欠損している栄養物の代謝酵素遺伝子がマーカー遺伝子としてプラスミド上に配置され，該当する栄養物質を除いた選択培地上での増殖を可能にするものが利用される．**複製起点**(replication origin, ori)は，プラスミドが細胞内で自律的に増殖するのに必要である．**プロモーター**(promoter)は，遺伝子クローニングが目的の場合は必須要素ではないが，遺伝子を発現させるときには必要となる．**マルチクローニング部位**(multi-cloning site: MCS)と呼ばれる制限酵素認識部位が複数連続している配列には，目的の遺伝子が，その両端に付加した制限酵素部位を用いて導入される[*6]．**レポーター遺伝子**(reporter gene)は，導入遺伝子がプラスミドに挿入されたかどうかを確認するために用いられる．たとえば，β-ガラクトシダーゼのα断片をコードする$lacZ$遺伝子にマルチクローニング部位が導入されていても，ここに何も挿入されなければ，遺伝子産物は，ゲノム由来のω(オメガ)断片と会合することで，活性のあるβ-ガラクトシダーゼを形成する．これを**α相補性**(α-complementation)という(図4.4)．α相補性をもつ大腸菌は，あらかじめ寒天プレート培地中に含ませておいた基質，X-gal(5-bromo-4-chloro-3-indolyl-β-galactoside)を分解して青色を呈する(図4.5)．

*6 MCSに含まれる認識部位は通常，1種の制限酵素に対してプラスミド全体で1カ所しかない．

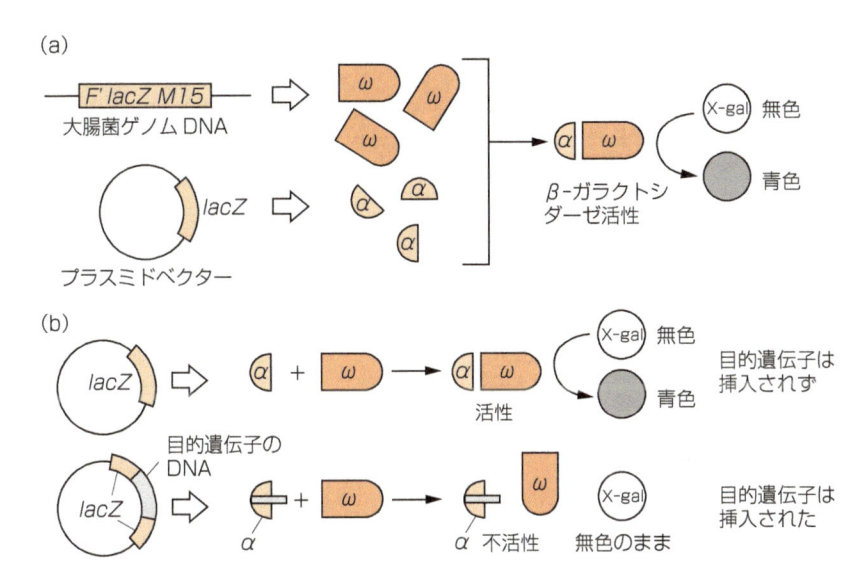

図4.4　α相補性を利用したコロニー選択法の原理
(a) β-ガラクトシダーゼ活性発現の仕組み，(b) X-galを用いたプラスミドへの目的遺伝子挿入の検出．*lacZ* に目的遺伝子が挿入されると，α相補性が失われ，β-ガラクトシダーゼ活性が失われる．X-galは分解されずに白色のコロニーが形成されて，目的遺伝子が挿入されたプラスミドの大腸菌への導入が確認される．

図4.5　X-galの発色

4.1.4　ファージ

　ファージ(phage)は細菌に感染するウイルスであり，バクテリオファージ(bacteriophage)や細菌ウイルス(bacterial virus)とも呼ばれる．増殖様式により，テンペレートファージ(temperate phage)とビルレントファージ(virulent phage)に区別される．前者は大腸菌のλファージなどで，感染すると溶菌もするが，ゲノムDNAが宿主染色体に組み込まれて溶原化するファージである．T系ファージなどのビルレントファージは，感染すると必ず宿主を溶菌して多数のファージ粒子を放出する．

4.1.5　λファージの生活環

　溶原化サイクルは，λファージが大腸菌に接触することから始まる（図4.6）．ファージは膜タンパク質を足掛かりにし，膜に孔を開けて自らのゲノ

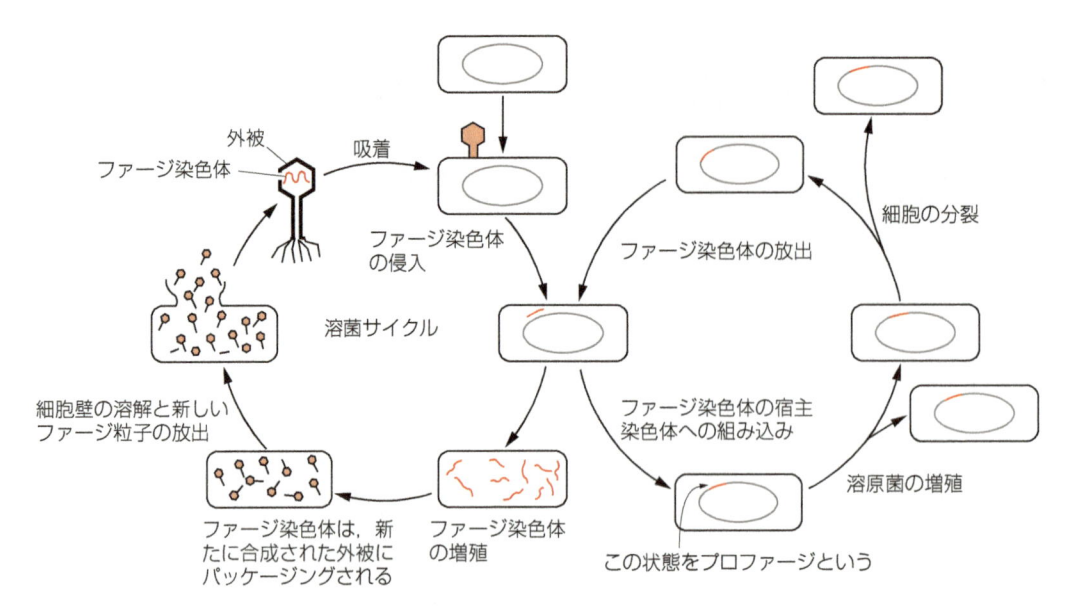

図 4.6　λファージの生活環
左側の溶菌サイクルは通常 37℃ で 15〜60 分かかる．右側の溶原化サイクルでのファージ染色体の放出はまれで，1 万回に 1 回の分裂でしか起こらない．

λ DNA を大腸菌細胞内に移行させる．導入されたファージ DNA は**付着末端**(cos 末端)により環状化し，その後，ファージ DNA 由来の**インテグラーゼ**(integrase)により，宿主細胞の染色体に組み込まれるが，この状態のファージは**プロファージ**(prophage)と呼ばれる．溶原化された宿主は通常に増殖するので，λファージ DNA は宿主ゲノムとともに複製されることになる．

ファージ粒子が放出される溶菌サイクルは，宿主の生存が危うい状態(紫外線の照射など)にさらされた場合に引き起こされる．溶菌サイクルが誘発されると，染色体 DNA からファージ DNA のコピーが複製され，ファージ成分の合成が始まる．λ DNA 同士は cos 末端で連結し，**コンカテマー**(concatemer)を形成している．ファージ粒子へ λ DNA がパッケージングされる際には，この cos 末端が切断される．ファージ粒子が十分に生成されると**リゾチーム**(lysozyme)という酵素を生産し，宿主の細胞壁を溶かして，ファージが放出される．

4.1.6　λファージベクター

λファージのゲノム DNA は全長が 48.5 kbp で，ファージ粒子の頭部，尾部，ならびに複製や組換えなどに関係する調節領域がある．調節領域のなかでも，ファージの組換えと組込みに関する領域はファージ粒子の生産に必須ではないので，この領域はほかの DNA 配列に置換することが可能である[*7]．

*7　ただし，ファージ頭部に収納するために，元の λ DNA の全長との差は 1 割程度に収まっている必要がある．

4.1 遺伝子運搬体「ベクター」

　λファージベクターには，挿入型ファージベクターと置換型ファージベクターがある．挿入型ファージベクターである λgt11 ベクターや λZAPII ベクター（図 4.7）には *lacZ* 遺伝子があり，この中に導入されている EcoRI 認識部位に外来遺伝子の挿入が可能となっていることで，X-gal を用いた青色／白色選択による遺伝子導入を判別できる．置換型ファージベクターとし

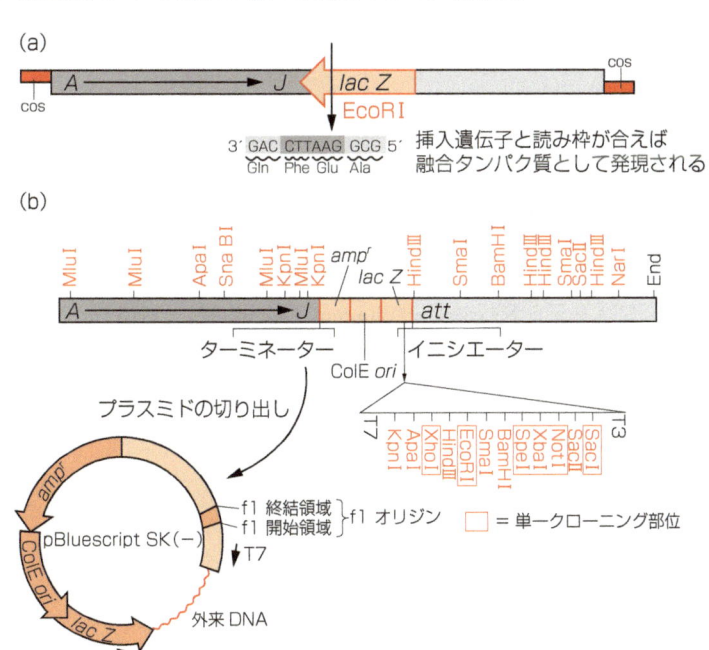

図 4.7　挿入型ファージベクター
λgt11 ベクター（a）での挿入可能サイズは 7 kb 以下，λZAPII ベクター（b）では 10 kb 以下である．

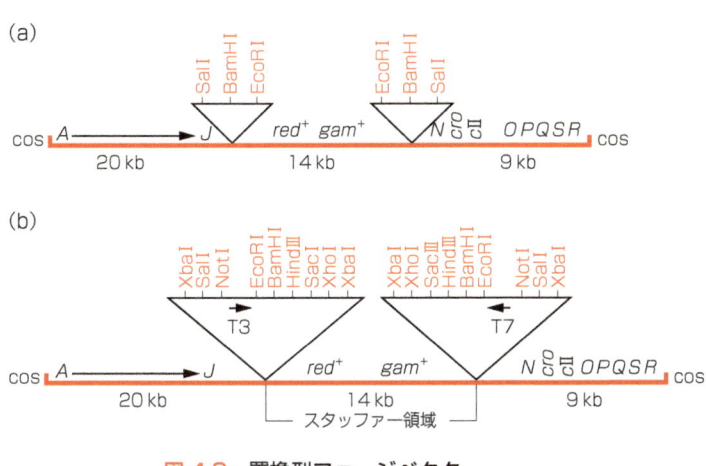

図 4.8　置換型ファージベクター
(a) EMBL3 ベクター，(b) λDASHII ベクター．

4章 遺伝子の調製

てはEMBL3ベクターやλDASHIIベクター(図4.8)などがあり,ファージ粒子の生産に必要な領域を残し,非必須の領域に外来遺伝子が導入できるよう,MCSが配置されている.ファージベクターはプラスミドベクターに比べて,発現調節部位やイントロンを含む真核生物由来の遺伝子のように長いDNAのクローニングや,遺伝子ライブラリーの作成(5章参照)に有用である.

4.1.7 ハイブリッドベクター

プラスミドとλファージDNAの構成要素を併せもつベクターを**ハイブリッドベクター**(hybrid vector)という.**コスミドベクター**(cosmid vector)は,プラスミドDNAにλファージDNAのcos末端が挿入されたハイブリッドベクターである(図4.9).挿入可能なDNA断片が44 kbで,通常のプラスミドが受容できる長さよりも大きいサイズの外来DNAをクローニングできる.**ファージミドベクター**(phagemid vector)は,M13ファージ[*8]またはf1ファージ[*9]の一本鎖DNAの合成に必要な複製起点を組み込んだプラスミドベクターである.ヘルパーファージを感染させると,宿主大腸菌からプラスミドを切り出すことができる.

[*8] 大腸菌を宿主とする一本鎖DNAファージ.M13は線毛を介して大腸菌に感染する性質をもち,F$^+$細胞のみがM13に感染する.クローニングできる外来遺伝子の大きさに制約がなく,塩基配列解析に多く使用されてきた.

[*9] M13と同じく一本鎖DNAファージ.pBluescriptにはf1の複製起点が含まれている.

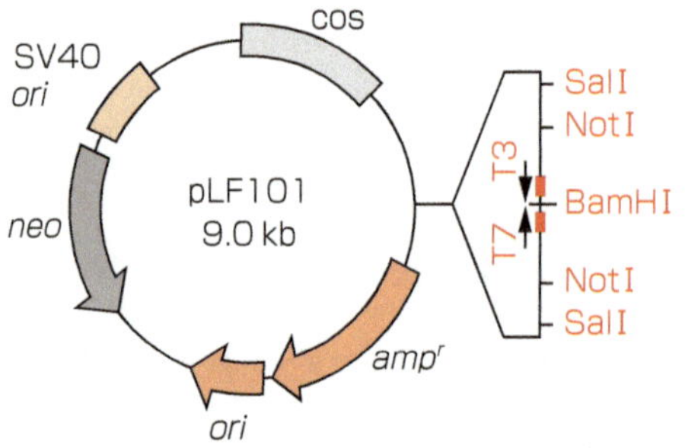

図4.9 コスミドベクターの構造

4.1.8 酵母ベクター

出芽酵母(*Saccharomyces cerevisiae*)内で増殖するベクターは,大腸菌のプラスミドベクターやファージベクターほど汎用されてはいない.しかし,酵母は真核生物であるので,大腸菌では見られないスプライシング(5章参照)が起こり,真核生物の遺伝子発現や機能の解析に有効である.さらに,大腸菌の複製起点も導入されており,酵母,大腸菌いずれにおいても複製される**シャトルベクター**(shuttle vector,異なる宿主間を行き来する)として構築されている(図4.10).

酵母プラスミドベクターは主として次の4種に分類される.①酵母組み込み型プラスミド(yeast integrated plasmid: YIp)では,大腸菌プラスミドに,酵母で機能する栄養マーカー遺伝子を挿入し,染色体上の該当する遺伝

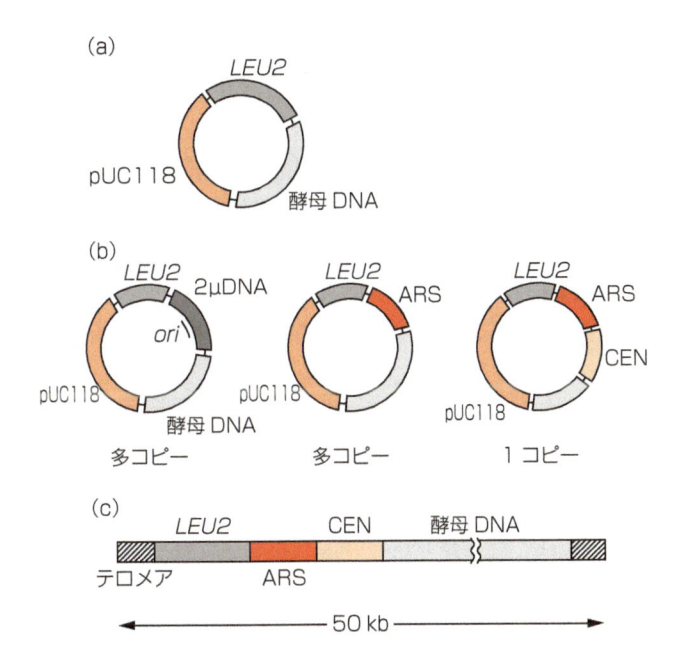

図4.10 酵母用ベクター
(a)染色体組み込み型プラスミド，(b)複製型プラスミド：左からYEp，YRp，YCp，(c)酵母人工染色体ベクター．

子と相同組換えを起こして組み込まれたときに，細胞内で保持される．②酵母エピソーム型プラスミド(yeast episomal plasmid: YEp)では，酵母由来の2μmプラスミド[*10]の複製起点を用いて，酵母細胞内で100コピー程度まで複製される．③酵母複製型プラスミド(yeast replicating plasmid: YRp)では，自己複製配列ARS(autonomously replicating sequence)があり，1細胞あたり数コピー存在する．YEpやYRpは細胞内で複数存在するが，娘細胞への分配に関しては不安定である．④YRpに酵母のセントロメア(CEN)を組み込んだ酵母セントロメアプラスミド(yeast centromeric plasmid: YCp)は，1細胞あたり1コピー存在し，安定に娘細胞に分配される．

また，酵母細胞内で染色体として複製・分配されるベクターとして，酵母人工染色体ベクター(yeast artificial chromosome: YAC)がある[*11]．YACにはCENやARSのほかに，テロメア領域が含まれている(図4.10c)．

[*10] *S. cerevisiae* が保持する全長6318bpの二本鎖DNA環状プラスミド．一倍体細胞で60〜100コピー程度存在する．

[*11] 数百kbものDNA断片を導入でき，ゲノムプロジェクトの推進に大きく貢献してきた．

4.2 形質転換

4.2.1 形質転換とは

形質転換(transformation)とは，細胞の表現型が外部因子により変化する現象である．DNAが形質転換物質として，さらに遺伝物質として，その性質が明らかになった歴史的実験を確認しておきたい．

1928年，グリフィス(F. Griffith)は，肺炎双球菌で表面が平滑な(smooth)

4章 遺伝子の調製

S型と，表面が粗い(raugh)R型の細胞を用いて形質転換物質の存在を確かめた(図4.11)．熱処理して殺した病原性のS型菌を，病原性のないR型菌と混ぜてマウスに注射すると肺炎になり，肺炎のマウスからはS型菌の存在が確認された．この事実は，死んだS型菌の中の成分が，R型菌の形質をS型菌の形質に変えたことを意味した．この形質転換を引き起こした物質がDNAであることを示したのは，1944年のアヴェリー(O. T. Avery)らによる実験である(図4.12)．熱処理したS型菌の構成物質を成分ごとに抽出し，成分ごとにR型菌に導入したところ，DNAを導入したR型菌のみがS型菌

Column

今なおヒトのモデルであり続ける酵母

酵母(yeast)がビールやパンづくりに欠かせないことはよく知られている．とくに出芽酵母や分裂酵母(*Schizosaccharomyces pombe*)は(図4A)，ヒトのがんや免疫にかかわる遺伝子と非常によく似た遺伝子(ホモログという)をもっており，遺伝子研究のモデル生物として活躍してきた．酵母にはがんや免疫といった機能はないが，細胞内での振る舞いを解析するにはとても便利なツールで，病気のメカニズムや薬の開発にも威力を発揮している．さらに，狂牛病(ヒトではクロイツフェルト・ヤコブ病)の原因であるプリオンタンパク質の研究も酵母を使って行われている．

最近では，長寿遺伝子と呼ばれる *Sir* 遺伝子が酵母，線虫そしてヒトで見つかり，寿命にかかわっていることがよく取り上げられている．*Sir* は silent information regulator(眠っている情報の制御因子)の略で，酵母では *Sir2* と呼ばれている．この遺伝子が活性化されると，寿命が延びる．さらに *Sir* 遺伝子は，カロリー制限を行うと活性化することもわかってきた．このようにモデル生物で明らかになった事実をもとに，ヒトのホモログである *SIRT1* をいかに活性化させるかということが，アンチエイジング(抗加齢)の研究で進められている．

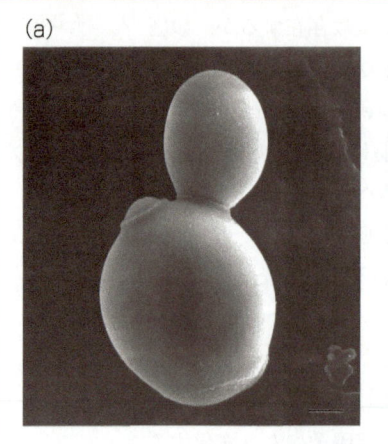

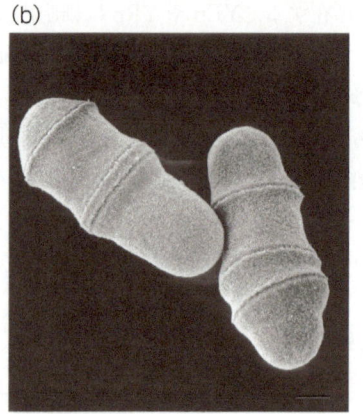

図4A 出芽酵母(a)と分裂酵母(b)
大隅正子・日本女子大学名誉教授提供．

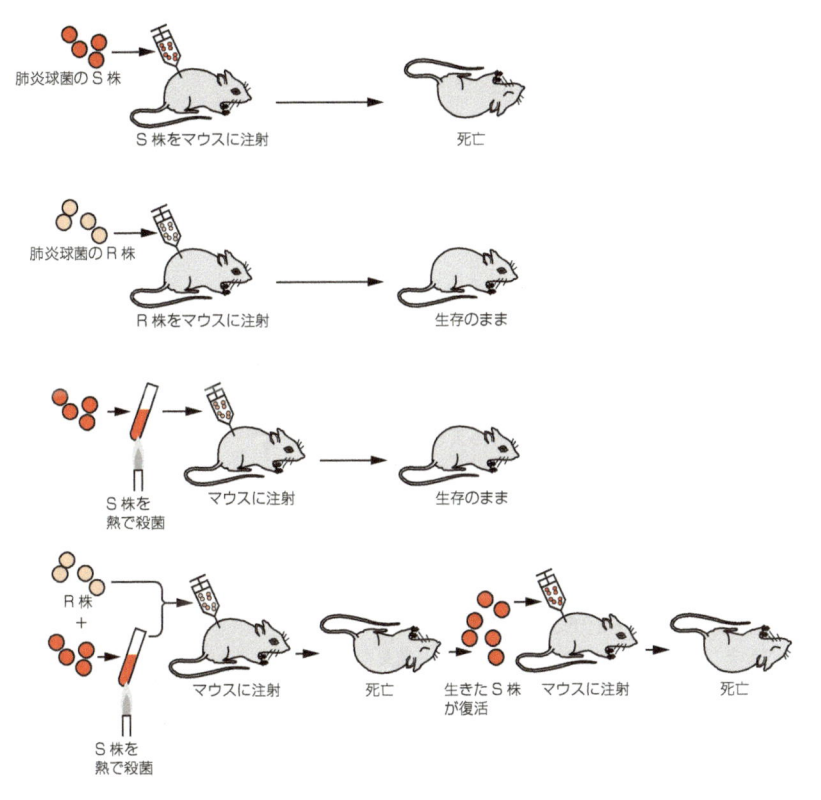

図 4.11 グリフィスによる肺炎双球菌を用いた形質転換の実験
グリフィスはこの実験により，毒性をもつ S 株中に存在する物質が，致死性をもたない R 株を致死性に形質転換することを見いだした．

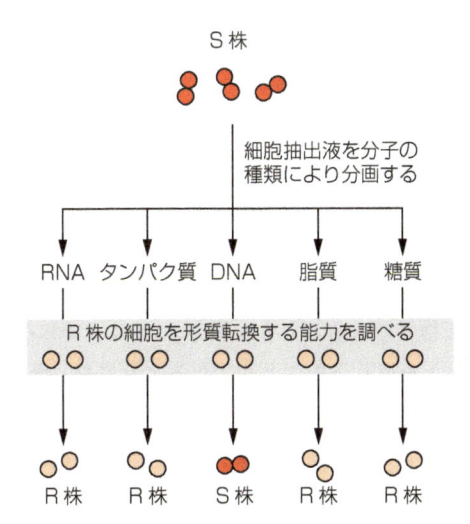

図 4.12 アヴェリーらによる遺伝物質の同定
病原性をもつ肺炎双球菌 S 株からの抽出物のうち，R 株を致死性の S 株へ変化させる形質転換物質は DNA であると同定した．

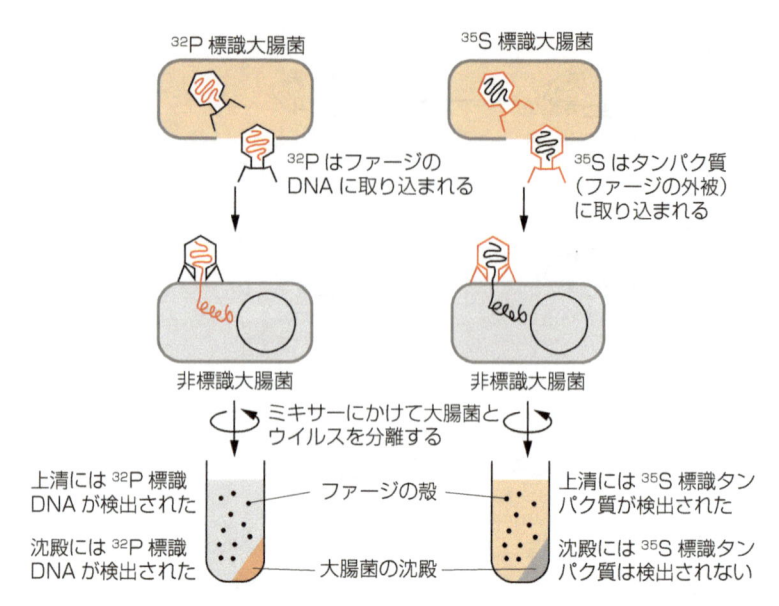

図4.13　ハーシーとチェイスの実験
DNAを ^{32}P で標識したファージと，タンパク質を ^{35}S で標識したファージをつくり，大腸菌に感染させた．DNAに硫黄は含まれず，タンパク質にはリンが含まれないので，DNAとタンパク質は区別できる．

に形質転換された．

　その後，DNAが形質転換という現象に関与するだけでなく，次世代に遺伝することも明らかになった．1952年，ハーシー（A. D. Hershey）とチェイス（M. Chase）は，ファージの構成成分のタンパク質を放射性同位元素の ^{35}S で標識し，同様にDNAを ^{32}P で標識して大腸菌に感染させた（図4.13）．ファージが感染した大腸菌をミキサーにかけてファージをふるい落とした後，遠心分離で大腸菌を沈殿させたところ， ^{32}P 標識ファージを感染させた大腸菌からは放射能が確認された．一方， ^{35}S 標識ファージを感染させた大腸菌からは放射能は確認されなかった．この事実は，タンパク質は大腸菌に導入されず，DNAが導入され次世代へ遺伝することを示し，アヴェリーが示した遺伝子の実体はDNAであることを裏づける結果となった．

　以上のように，DNAは遺伝物質であることが証明されたわけであるが，今日，人工的な処理によりDNAを取り込むことができるようになった細胞を**コンピテントセル**（competent cell）と呼んでいる[*12]．遺伝子工学においてコンピテントセルはDNAクローニング実験や遺伝子発現実験を進めるうえで不可欠なツールとなっている．次に，大腸菌や酵母などの微生物細胞への遺伝子導入，さらに動物培養細胞への遺伝子導入について述べる．

*12　*Bacillus* 属や双球菌類のように，天然のままでもDNAを取り込むことができるものもある．

4.2.2 大腸菌

大腸菌を用いた遺伝子クローニングの中心的な手法である化学薬剤ならびに物理的手法による遺伝子導入に加え，ファージを用いた遺伝子導入方法について順に述べる．

① 化学薬剤による形質転換法として，塩化カルシウム $CaCl_2$ 法[*13]がある．大腸菌細胞を塩化カルシウム溶液で処理すると，DNA受容能をもつようになり，この状態の細胞をコンピテントセルとして扱う．

② 物理的手法として，大腸菌に一過的な高電圧を加えて細胞膜に孔を形成させ，DNAを取り込ませる**エレクトロポレーション**（electroporation，電気穿孔法）がある．この方法では，大腸菌を水で洗浄して脱塩処理しておく必要がある．

塩化カルシウム法とエレクトロポレーションのいずれにおいても，コンピテントセルごとに形質転換の効率は，pBR322など標準（コントロール）となるDNAを用いて評価される．形質転換効率は，1 μgのコントロールDNAにより形質転換される細胞数，つまり寒天培地上で形成されるコロニーの数（colony forming unit: CFU）として定義される．培養にはLB[*14]，SOB，SOCなどの培地が用いられる．

③ ファージを用いたDNAの導入を**形質導入**（transduction）という．ファージが大腸菌に感染し，ファージDNAが大腸菌染色体に組み込まれる現象を利用している．ファージの感染力は**力価**（titer）として評価される．力価は，感染後に形成されるプラークの数PFU（plaque forming unit）として表される．

4.2.3 酵 母

酵母細胞への遺伝子の導入には，エレクトロポレーションのほか，次の二つの方法がよく用いられる．一つは**スフェロプラスト法**（spheroplast method）で，酵母細胞の細胞壁を**グルカナーゼ**[*15]などの酵素により溶解してスフェロプラスト（細胞膜だけの状態）化し，ポリエチレングリコール存在下でDNAを取り込ませる方法である．もう一つは**酢酸リチウム法**（lithium acetate method）であり，酢酸リチウムで酵母細胞を処理して透過性を高め，DNAを取り込ませる方法である．酢酸リチウム法はスフェロプラスト法より簡便であるが，形質転換効率はスフェロプラスト法のほうがよい．

4.2.4 動物培養細胞

動物培養細胞は細胞ごとに性質が大きく異なるため，同じ方法でも，それぞれの細胞について形質転換効率が異なる．以下，動物培養細胞における代表的な形質転換方法について説明する．

[*13] ハナハン（D. Hanahan）は，$CaCl_2$ だけでなく，$MnCl_2$ やヘキサミンコバルトクロリドなどで処理すれば，より高い形質転換効率が得られることを示している．

[*14] LB培地（LB medium）は，1951年にイリノイ大学のルリア（S. E. Luria）研究室のベルタニ（G. Bertani）らから報告された，溶原化の研究に使われたlysogeny broth（溶原培地）である．今日でも大腸菌の培養に汎用されている．

[*15] グルコースのポリマーであるグルカンを加水分解する酵素．酵母の細胞壁にはβ1,3-グルカンとβ1,6-グルカンが含まれる．

① **リン酸カルシウム法**(calcium phosphate method)では，まずリン酸溶液にDNAを含むカルシウム溶液を撹拌しながら加え，DNAとリン酸カルシウムの微粒子複合体を形成させる．この溶液を培養細胞に加えると，宿主となる細胞の食作用によってDNAが取り込まれる．

② **リポフェクション法**(lipofection method)では，**リポソーム**(liposome)と呼ばれる人工の脂質小胞にDNAを取り込ませ，細胞懸濁液に加える．リポソームにはポリカチオン脂質であるDOSPAなどが用いられる(図4.14)．宿主細胞表面にこのリポソームが付着し，さらに細胞膜と融合することで，DNAが細胞内に導入される．リン酸カルシウム法と比べて，用いるDNAの量が少なくてすみ，細胞に与える損傷も小さい．

③ **レトロウイルス法**(retrovirus method)で用いるレトロウイルスはRNAウイルスであり，ウイルス自身がコードする逆転写酵素によってDNAが合成され，宿主細胞のゲノムに組み込まれる[*16]．レトロウイルスはゲノムとして一本鎖RNAをもっており，三つのタンパク質，すなわち逆転写酵素(pol)，グループ特異的抗原(gag)，コートタンパク質(env)しかコードしていない．したがって遺伝子導入用のベクターとして開発されているのは，これら三つの遺伝子が除かれ，LTR[*16]ならびにパッケージングに必要なψ(プサイ)と呼ばれる配列をもち，大腸菌で増殖させるために必要な遺伝子構成要素が組み込まれたプラスミドベクターである．

④ **アデノウイルス法**(adenovirus method)では，ヒトアデノウイルスの増殖に必須な遺伝子を欠失させたベクターが用いられる．この方法では宿主細

[*16] ウイルスがもち込んだLTR(long terminal repeat)配列によって，ゲノムに組み込まれた遺伝子が転写・翻訳され，ウイルス粒子が構成(パッケージング)されて，出芽により放出される．

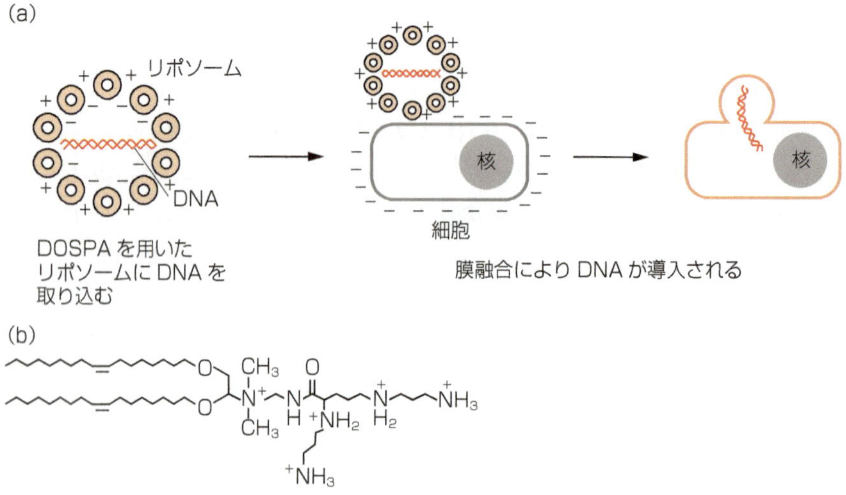

図4.14 リポフェクションの概略と，用いる陽イオン脂質の構造
(a) リポフェクションの工程，(b) DOSPA(2,3-dioleyloxy-N-[2-(sperminecarboxamido)ethyl]-N,N-dimethyl-1-propanammonium trifluoroacetate)の構造．

胞のゲノムに導入遺伝子が組み込まれることはなく，一過的な発現が見られる．アデノウイルスベクターを HEK293 細胞[*17]に感染させると，野生型ウイルスと同等のウイルス粒子が産生される．

⑤ 物理的な方法として，顕微鏡下でガラス管を用いて細胞に直接 DNA を注入する**マイクロインジェクション法**(micro-injection method)や，銃のような遺伝子導入装置を使い DNA を金微粒子に付着させて打ち込む**パーティクルガン法**(particle gun method，図 4.15)がある．また，微生物細胞への遺伝子導入に用いられたエレクトロポレーションも利用可能である．

[*17] グラハム(F. Graham)により取得されたヒト胎児腎臓由来細胞(human embryonic kidney cell).

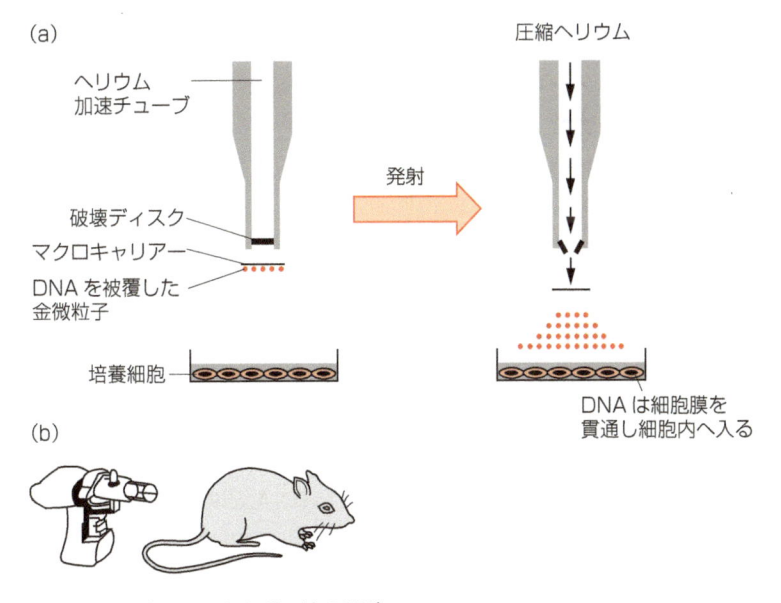

図 4.15　パーティクルガン法の概略
(a)培養細胞への DNA 導入，(b)動物個体への DNA 導入．DNA は金微粒子に付着させ，標的に発射する．

4.3　DNA 回収と精製

今日，さまざまなタイプの DNA 抽出キットが利用されており，原理もそれぞれ異なる．しかし，DNA の化学的・物理的諸性質を理解するうえで，これまで標準的に行われてきた細胞からの DNA 回収プロセスを知っておく意義は大きい．また，これらの原理について理解しておけば，必要に応じて一般的な化学試薬を調製し，自身で簡便に DNA を回収することができる．

4.3.1　プラスミド DNA の調製

プラスミド DNA を回収するには，染色体 DNA を除去し，プラスミド DNA だけが菌体外に出てくるように溶菌する必要がある．少量調製(ミニ

プレップ)で用いられてきた方法の一つに**アルカリ法**(alkali method)がある．この方法は，開環状(open circular)の染色体DNAはアルカリ変性するが，閉環状(closed circular)のプラスミドDNAは変性後中和すると速やかに回復するという現象を利用している．まず，大腸菌を遠心分離した後，リゾチーム(lysozyme)とEDTAを含む溶液で細胞壁を穏やかに溶かす[*18]．これに，SDS(sodium dodecyl sulfate，ドデシル硫酸ナトリウム)を含むアルカリ溶液(水酸化ナトリウム水溶液)を加えると，細胞は完全に溶解し，染色体は破壊され，二本鎖DNAの水素結合が解離して一本鎖DNAとなる．さらに酢酸カリウムを加えると，タンパク質-SDS複合体ならびにRNAは沈殿するが，閉環状のプラスミドDNAは未変性の状態で溶液に残る．遠心分離後の溶液にフェノール/クロロホルム混液を加えてタンパク質を除去し，上清を**エタノール沈殿**(ethanol precipitation)[*19]すると，DNAを含むペレットが得られる．この時点ではまだRNAが含まれているが，RNアーゼを加えることで分解できる．

4.3.2 DNAの精製

塩化セシウム密度勾配遠心法(cecium chloride density gradient centrifugation method)は，DNAを精製する方法として汎用されてきた，**超遠心分離機**(ultracentrifuge)[*20]を用いる方法である．DNAの浮遊密度は1.7 g/mLであるが，RNAの場合は2.0 g/mLである．濃度勾配のある塩化セシウム溶液中で核酸試料を遠心分離するとDNAとRNAを分離できる．また，DNAの二本鎖に入り込む臭化エチジウム(EtBr)を加えることで，らせん状のDNAと切断された線状のDNAの浮遊密度に差を生じさせ，らせん状のDNAのみを回収できる．

現在では，DNAに結合性をもつ材料を用いたカラムで，水溶液中に含まれるDNAを吸着させる方法が多く利用されている．たとえば，陰イオン交換クロマトグラフィーでは，負に荷電しているDNA分子を，正に荷電している陰イオン交換体に結合させ，夾雑物を除去することができる．また，ゲル濾過クロマトグラフィーでは，DNAを網目構造のゲルマトリックスに通過させ，分子のサイズにより分離する．分子量が小さいDNAほどゲル内部に入り込み，大きいDNAは入り込みにくいので早く溶出される．この手法はおもに，ヌクレオチド除去や脱塩などのバッファー交換に用いられる．

以上のように精製したDNAは，溶液状態で紫外部に吸収極大をもち，吸光光度計を用いて260 nmにおける吸光度から定量できる[*21]．また，260 nmとタンパク質の吸収波長である280 nmとの吸光比より，純度を推定できる[*22]．

[*18] リゾチームには細胞壁成分を分解する働き，EDTAにはDNA分解酵素の活性維持に必要な2価イオンを除去する働きがある．

[*19] エタノールと塩による核酸の沈殿法．核酸分子の濃縮，脱塩，バッファー交換などが必要なときに行われる．DNAを含む溶液に塩(たとえば1/10容量の3M酢酸ナトリウム)と2〜2.5倍量のエタノールを加え，冷却下15,000 rpmで遠心するとDNAの沈殿が得られる．エタノールの代わりにイソプロパノールを用いることもできる．

[*20] 空気の摩擦による発熱を防ぐため，減圧下でローターを回転させる．回転数は30,000〜120,000 rpmで，ローターの大きさによるが，最大で800,000 gの加速度が得られる．

[*21] 二本鎖DNAだとOD$_{260}$ = 1において50 μg/mLである．

[*22] 精製の純度が高いほど260 nm/280 nmの比は1.8に近づく．

4.4 DNAの改変

DNAへの変異の導入は，PCR（3章参照）を用いて部位特異的に，あるいは特定の領域にランダムに行うことができる．しかし，PCRが導入される以前から用いられてきた突然変異株の作製は，PCR法が適用できない場合に現在でも十分に活用することができ，また双方を併用することもある．

4.4.1 突然変異の導入と変異株の解析

突然変異を誘起する因子を**変異原**（mutagen）といい，物理的変異原と化学的変異原に分けられる．DNAに直接作用する変異原として，紫外線，亜硝酸，アルキル化剤などがある．一方，DNAに取り込まれて初めて効果を発揮する核酸アナログ，アクリジン色素などは，細胞への添加処理に加え，突然変異を引き起こすための細胞自身によるDNA複製が必要である．代表的な変異原による変異導入方法を二つ紹介する．

① **紫外線** ほとんどの微生物に対して用いることができ，クリーンベンチ内で紫外線灯を線源として照射する．スターラーで撹拌して照射を均一にする[*23]．一定条件で照射後，**生存曲線**（surviving curve）を作成して適切な線量を検討する．一般的には，致死率80〜90％程度の条件で細胞を処理する．

② **化学的変異原** エチルメタンスルホン酸（ethyl methanesulfonate: EMS）やN-メチル-N'-ニトロ-N-ニトロソグアニジン（N-methyl-N'-nitro-N-nitrosoguanidine: MNNG）は，原核微生物，真核微生物のいずれにも効率よく変異を導入できるアルキル化剤である．紫外線同様，直接DNAに作用する[*24]．ゲノムDNA上の近接した部位に連続して変異を生じることが多く，単一の変異部位をもつ突然変異株の作成には適さない．

以上のように変異原処理した細胞群から，望む性質をもつ突然変異株を選択する方法として**レプリカ法**（replica method）がある（図4.16）．この方法では，いったん寒天培地上にコロニーを形成させ，布にコロニーを移し，別の新しいプレートを用意し，布に移しとられたコロニーをこれに移す．たとえば，このプレートを別の温度条件下で培養すれば，温度感受性株を取得でき，元のプレートには含まれていない薬剤を含有させておけば，薬剤感受性株を取得することができる．

4.4.2 遺伝子破壊による改変

タンパク質の機能を解析する手段の一つとして**遺伝子破壊法**（gene disruption method）がある．この方法では，宿主で複製できないプラスミドを用いるかPCRを用いる．まず，標的遺伝子の内部に薬剤耐性遺伝子や栄養要求性マーカーを挿入したDNAをクローン化する．そして，プラスミドを用いる場合はDNAを直鎖状にして，PCRを用いる場合はマーカーの両

[*23] 用いる微生物種や菌株によって紫外線に対する感受性が異なるので，線源からの距離を変えられるようにしておく．

[*24] いずれの細胞にも強力に変異を導入できるが，人体への影響も大きいので，取扱いには十分注意する必要がある．

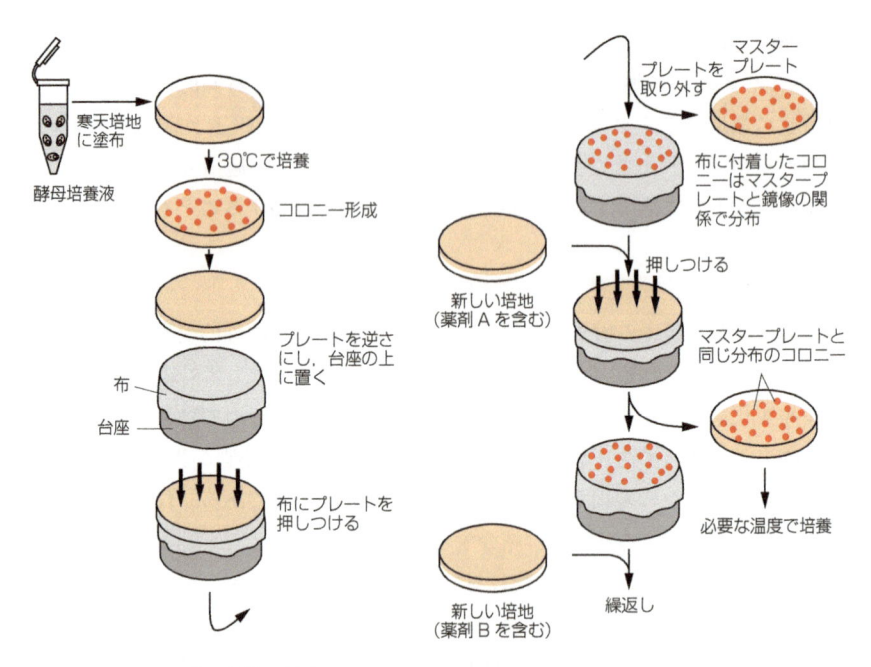

図 4.16　レプリカ法の流れ
一つの培地に生じた多数のコロニーを，ほかの寒天培地に移して，個々のコロニーの形質を調べる遺伝解析手法．

端に標的遺伝子の配列を含む DNA 断片を宿主に導入し，相同組換え機構により，薬剤耐性能の獲得や栄養要求性の回復を指標としてスクリーニングを行う（図 4.17）．たとえば出芽酵母を用いた遺伝子破壊では，図 4.17 のようにカナマイシン耐性遺伝子の両端に標的遺伝子の上流または下流の遺伝子配

Column

日焼けと酵素

われわれの体を構成する細胞では，自然に起こる変異を打ち消す酵素が働いている．DNA 鎖の隣り合った 2 個のチミンに 260 nm 付近の紫外線が照射されると，チミンダイマー（二量体）が形成される．チミンダイマーは，そのまま存在すると遺伝子の発現や複製を阻害する．太陽光にさらされる皮膚細胞では毎日多くのダイマーが生成しているが，修復酵素の働きにより除去されている．色素性乾皮症（xeroderma pigmentosum: XP）では修復酵素が遺伝的に欠損しているため，ダイマーを除去することができず，正常なヒトに比べて皮膚がんの発症が 2000 倍も高い．正常なヒトでも，真夏の太陽光に 1 時間さらされると，1 細胞あたり 10,000 個ものチミンダイマーが形成されるといわれている．修復酵素群が機能していても，酵素の除去修復能を超えるほどの多量のチミンダイマーの形成は発がんにつながることになり，なるべく紫外線は避ける必要がある．過度の日光浴や日焼け行為は慎みたいところである．

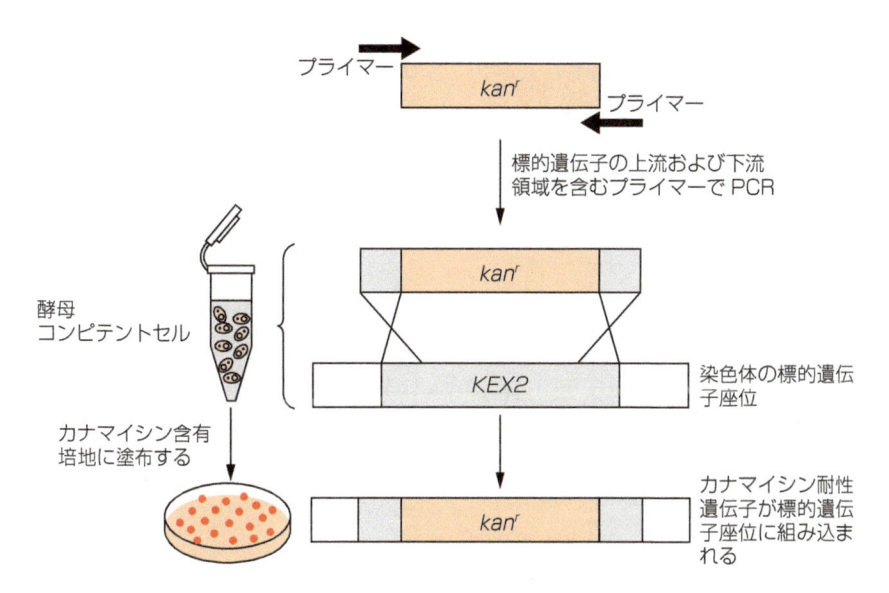

図 4.17 相同組換え機構を利用した遺伝子破壊法
まずカナマイシン耐性遺伝子カセット（*kan^r*）を，標的遺伝子（この場合は *KEX2* 遺伝子）の上流および下流領域を含むプライマーで PCR により増幅する．染色体の *KEX2* 遺伝子座位に相同組替えにより *kan^r* が組み込まれ，*KEX2* 遺伝子は機能を失う．

列を PCR により付加し，形質転換後，カナマイシンを含む選択培地で生育させる．生じたコロニーを培養した後，サザンブロット法やコロニーPCR により破壊の有無を確認する．動物細胞を用いた遺伝子破壊については 9 章で扱う．

4.4.3 部位特異的変異導入

DNA 配列の特定の部分を改変する方法を**部位特異的突然変異法**（site-directed mutagenesis method）といい，以下に二つの手法を紹介する．これらの手法により，タンパク質のアミノ酸の配列を自在に改変できる．

一つは，M13 ファージの DNA を用いて，合成プライマーにより変異を導入する方法である．まず，対象とする配列を含む DNA 断片を M13 ファージの二本鎖 DNA に組み込み，大腸菌に感染させて一本鎖 M13 ファージ DNA を取得する．変異導入部分には，変異配列をもつ相補的なオリゴヌクレオチドを一本鎖 DNA に結合させる．そして，**クレノウ断片**（Klenow fragment）[*25] によって鎖を伸長させ，片方の鎖に変異をもつ二本鎖 DNA を完成させる．このヘテロ二本鎖 DNA で大腸菌を形質転換すると，それぞれの鎖が鋳型となって複製が進行するため，元の野生型 DNA と変異型 DNA の 2 種のホモ二本鎖 DNA ができる．したがって，目的の変異が導入された DNA は 50％の確率で得られる（図 4.18）．

[*25] クレノウ酵素（Klenow enzyme）または DNA ポリメラーゼ I ラージフラグメント（DNA polymerase I large fragment）ともいう．大腸菌 DNA ポリメラーゼ I の C 末端側にある 5'→3' エキソヌクレアーゼ活性を欠失させたものである．DNA の 5' 突出末端の平滑化や，サンガー法による塩基配列決定などに用いられてきた．

4章 遺伝子の調製

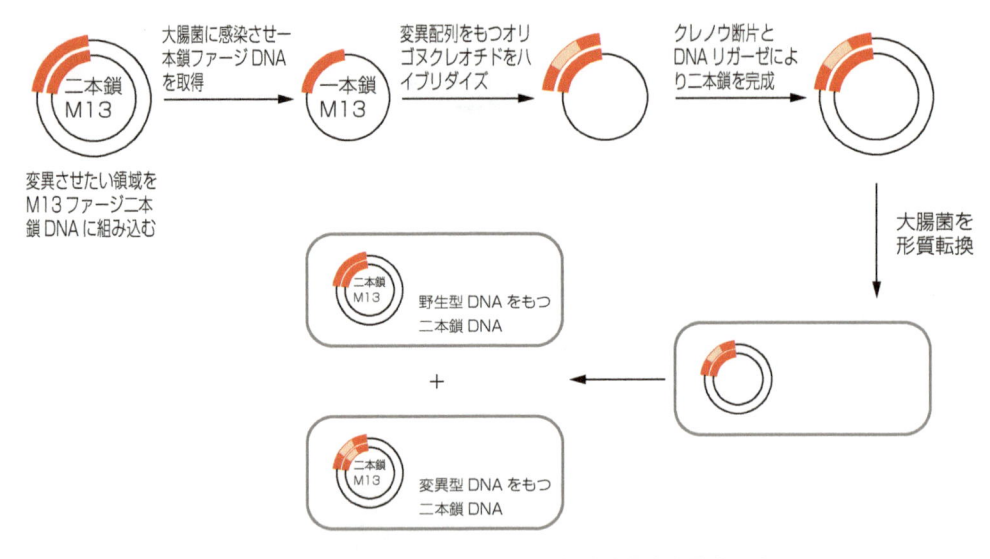

図4.18 M13ファージを用いた部位特異的変異導入法

別の変異導入法として，プラスミドDNAに対象とするDNA断片を挿入し，これを鋳型として，変異配列をもつ互いに相補的なオリゴヌクレオチドプライマーを加えてPCRを行う手法がある[*26]．一般的にプライマーは30～45ヌクレオチド程度で，変異部分の両側には10～15ヌクレオチドの配列をつけて設計する．PCR後，制限酵素DpnIを加えて鋳型となった鎖を切断し，大腸菌に変異が入った新生鎖を大腸菌コンピテントセルに導入する．これはDpnIがメチル化した4塩基（GmATC）認識の性質を利用したもので，大腸菌で複製した一般的なプラスミドはDamメチラーゼによりメチル化されていてDpnIで切断されるが，このPCRで複製した新生鎖はメチル

*26 PCRを用いた変異導入では，プライマー部分以外にも変異が入る可能性があるため，正確性が高いDNAポリメラーゼを用いる．

① 変異プライマーを用いたPCRによる変異導入鎖の合成

② DpnIによる鋳型の分解

③ 変異導入プラスミドを用いた形質変換

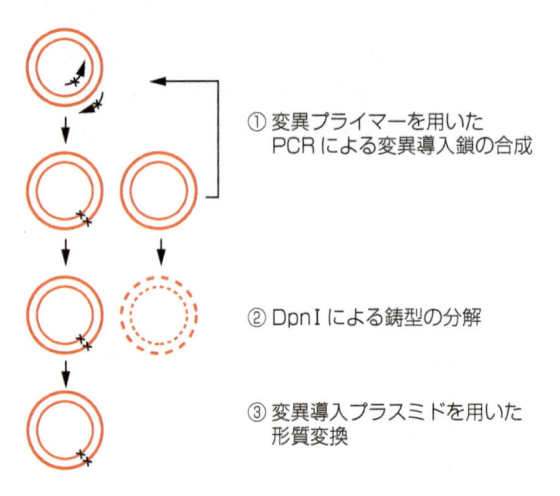

図4.19 PCRを用いた部位特異的変異

化されておらず，切断されないということに基づいている(図4.19)．この方法では，各種条件により若干異なるが，生じたコロニーのうち90%程度が変異導入されたプラスミドをもつことになる．

練習問題

1. 酵母に栄養要求性マーカーをもつプラスミドを導入し，選択培地で生えてきたコロニーにPCR(コロニーPCR)を行った．すると，導入したはずのプラスミドに含まれる遺伝子が検出されず，別の方法でもプラスミドが導入されていないことが明らかとなった．どうして，プラスミドが導入されていないのに選択培地で生育したと考えられるか．

2. 1 μg/μLのpBR322水溶液を100倍希釈し，100 μLの大腸菌コンピテントセルXL-1blackに加え，氷上静置とヒートショックを加えた後，SOC培地900 μLを加えて回復培養した．ここから10 μLとり，90 μLのSOC培地を加えて希釈してから，アンピシリン含有LB培地にまいた．翌日，コロニーが100個生えてきた．このXL-1blackコンピテントセルの形質転換効率はいくらか．

3. 賀来三太氏は卒業研究の指導教官から，「昨日精製したプラスミドDNA 1 μgを10 μLの反応系において制限酵素Ske III (10 unit/μL)で消化し，電気泳動によって切断パターンを確認するように」といわれた．TE(Tris HCl/EDTAの混合液)に溶かしてあるDNA濃度が0.125 μg/μLと薄かったので，1 μgに相当するDNA溶液8 μLをとり，これに酵素と10×緩衝液(使用濃度より10倍濃いストック溶液)をそれぞれ1 μLずつ加えて十分に反応させたが，まったく消化されなかった．なぜ，このようなことになってしまったのか．

4. 遺伝子工学分野の実験で，放射性同位元素(RI)を用いる理由を挙げなさい．また，使用されるRIにはどのようなものがあるか．

5章 遺伝子クローニング

あるタンパク質の機能や性質を調べようとするとき，多くの場合，まず，そのタンパク質をコードする遺伝子を，対象とする生物から取り出してベクターに連結し，大腸菌などの扱いやすい宿主に導入して，複製・維持できるようにしておく．この一連の操作を**クローニング**（cloning）という．遺伝子をクローニングしておけば，目的タンパク質を精製したり[*1]，遺伝子の発現がどのように制御されているかを調べることが容易になり，またアミノ酸配列の一部を改変して，その機能や安定性を改善したりすることもできる．この章では，まず，遺伝子クローニングを行うにあたって知るべき法律を概説したうえで，遺伝子クローニングの戦略を解説する．

5.1 遺伝子クローニングを始める前に

わが国では2004年2月に，「遺伝子組換え生物等の使用等の規制による生物の多様性の確保に関する法律」が施行された[*2]．この法律では，組換え生物が環境に放出され，生態系に影響を及ぼすことを防ぐため，遺伝子組換え生物の環境中への拡散を防止しない「第一種使用」においては大臣の承認を得ること，環境中への拡散を防止しつつ行う「第二種使用」においては，研究開発第二種省令に定められた拡散防止措置を講じることなどが義務づけられている[*3]．ここでは「研究開発に係わる第二種使用等」について概説する．

5.1.1 遺伝子クローニングを行うために必要な手続き[*3]

大学などの機関においては，安全委員会を設置して遺伝子組換え実験の届け出または承認を義務づけており，この手続きを経ずに実験を始めてはならない．宿主と核酸供与体[*4]は，その病原性および伝播性の程度に基づいて

---

*1 たとえば，終止コドンの手前にCATCATCATCATCATCATの18塩基対を挿入すれば，翻訳されたタンパク質のC末端にはヒスチジンが6残基付加され，ニッケルキレートクロマトグラフィーで容易に精製できる．

*2 2000年に，遺伝子組換え生物に関して，生物多様性の保全及び持続可能な利用に及ぼす可能性がある悪影響の防止について国際的な枠組みを定めた，「生物の多様性に関する条約のバイオセーフティに関するカルタヘナ議定書」(いわゆるカルタヘナ議定書)が採択され，この議定書に基づく義務を履行するため，施行された．

*3 http://www.lifescience.mext.go.jp/bioethics/index.html

*4 クローニングする遺伝子の由来となる生物．

5.1 遺伝子クローニングを始める前に

表5.1 宿主および核酸供与体のクラス分けと大臣確認申請の必要の有無

クラス	病原性	伝播性	大臣確認申請	具体例
クラス1	なし	—	不要	実験室用大腸菌，パン酵母など
クラス2	低	—	必要な場合がある	食中毒を起こす微生物など
クラス3	高	低	ほぼ必要	HIV，SARSウイルスなど
クラス4	高	高	必要	エボラ，ラッサウイルスなど
不明*	—	—	必要	

＊新規に微生物を単離した場合など，当該微生物名がクラス2～4の微生物リストにない場合．

表5.1のようにクラス分けされている．取扱いにどのような手続きや注意が必要かは，クラスによって異なり，宿主もしくは核酸供与体に病原性がある場合や，クラス分けがわからない場合などには，さらに大臣確認申請手続きが必要になる[*5]．

5.1.2 実験の実施に必要な拡散防止措置

原則として，クラス1，2，3(表5.1参照)ではそれぞれP1，P2，P3レベルの拡散防止措置が必要になり，宿主と核酸供与体のクラスが異なる場合，いずれか高いほうのクラスに対応する拡散防止措置を講じなければならない[*6]．P1レベルの実験を行う施設は，通常の生物の実験室としての構造および設備を有している必要があり，以下の拡散防止措置を講じなければならない．P2，P3レベルでは，さらに厳密な拡散防止措置が求められる[*7]．

① 遺伝子組換え生物等を含む廃棄物(廃液を含む．)については，廃棄の前に遺伝子組換え生物等を不活化するための措置[*8]を講ずること．
② 遺伝子組換え生物等が付着した設備，機器及び器具については，廃棄又は再使用(あらかじめ洗浄を行う場合にあっては，当該洗浄)の前に遺伝子組換え生物等を不活化するための措置を講ずること．
③ 実験台については，実験を行った日における実験の終了後，及び遺伝子組換え生物等が付着したときは直ちに，遺伝子組換え生物等を不活化するための措置を講ずること．
④ 実験室の扉については，閉じておくこと(実験室に出入りするときを除く．)．
⑤ 実験室の窓等については，昆虫等の侵入を防ぐため，閉じておく等の必要な措置を講ずること．
⑥ すべての操作において，エアロゾル[*9]の発生を最小限にとどめること．
⑦ 実験室以外の場所で遺伝子組換え生物等を不活化するための措置を講じようとするときなど，実験の過程において遺伝子組換え生物等を実験室から持ち出すときは，遺伝子組換え生物等の漏出や，拡散

[*5] 各機関の安全委員会は，常時開催され申請を審査するのではなく，たとえば3カ月に1回程度しか開催されない．また，大臣確認には長い期間を要する場合も少なくない．必要な手続きは十分な時間の余裕をもって行い，決して必要な手続きが完了する前に実験を始めてはならない．

[*6] いくつか例外があるので，詳細は http://www.lifescience.mext.go.jp/bioethics/index.html を参照すること．①〜⑨に述べるような物理的封じ込めのほかに，特定の宿主ベクター系を用いることにより，組換え体の環境への伝播・拡散を防止する生物学的封じ込めも必要に応じて行われる．

[*7] http://www.lifescience.mext.go.jp/bioethics/kakusan.html

[*8] 70%(w/w)エタノールを用いる方法は手軽だが，カビや細菌の胞子はエタノールに耐性があるので，確実に滅菌できる薬剤を用いなければならない．

[*9] この場合，微生物を含む微細な液滴をいい，泡がはじけたときにも発生する．

が起こらない構造の容器に入れること．
⑧ 遺伝子組換え生物等が付着し，又は感染することを防止するため，遺伝子組換え生物等の取扱い後における手洗い等必要な措置を講ずること．
⑨ 実験の内容を知らない者が，みだりに実験室に立ち入らないための措置を講ずること．

5.1.3 遺伝子組換え生物等を保管する場合の注意

遺伝子組換え生物等を保管[*10]する際には，そのレベルによらず，漏出や逃亡[*11]などが起こらないようしっかりと容器に密閉し，容器の見やすい箇所に遺伝子組換え生物等である旨を表示したうえ，遺伝子組換え生物等を保管している旨を表示した所定の場所に保管しなければならない．

5.1.4 遺伝子組換え生物等の譲渡・運搬する場合の注意

まず運搬する際には，遺伝子組換え生物等の漏出や逃亡などが起こらないよう，しっかりと密閉し[*12]，最も外側の容器の見やすい箇所に，取扱いに注意を要する旨を表示しなければならない．また譲渡先には，適切な拡散防止措置がとれるように，以下の情報を提供しなければならない．逆に譲渡を受ける場合には，相手先から以下の情報を入手し，所属する機関において必要な手続きと拡散防止措置をとらなければならない．

① 遺伝子組換え生物等の第二種使用等をしていること．
② 宿主又は親生物の名称．
③ 譲渡者の氏名及び住所（法人にあってはその名称と責任者の氏名及び連絡先）．

*10 ここでいう保管とは，遺伝子組換え実験中の一時的な保管とは異なる．この「一時的な保管」は，遺伝子組換え実験そのものであり，それぞれのレベルの実験に求められている拡散防止措置をとらなければならない．

*11 マウスやハエなどの動物も含まれるので，このような表現になっている．

*12 レベルによっては容器を二重にしなければならない．

Column

組換え微生物の違法処理事件

ある大学の研究室で，組換え大腸菌と酵母の培養液や寒天培地を，滅菌せず流しに捨てたり一般ゴミとともに捨てていたことが判明した．この行為は拡散防止措置を定めた法令に明らかに違反しており，大きく報道された．有害な遺伝子ではないのでこれぐらいは大丈夫だろう，という自分勝手な考えは厳に慎まなくてはならない．仮に本当に害がないとしても，ルールを守らなかったという事実は，この分野の専門家に対する市民の信頼を著しく損なうからだ．

5.2 遺伝子クローニングの概略

研究対象が遺伝子の配列そのものなのかタンパク質なのか，材料とする生物が真核生物であるか否か，遺伝子の DNA 配列がわかっているか否かなどによって，遺伝子クローニングの戦略は異なる[*13]（図5.1）．

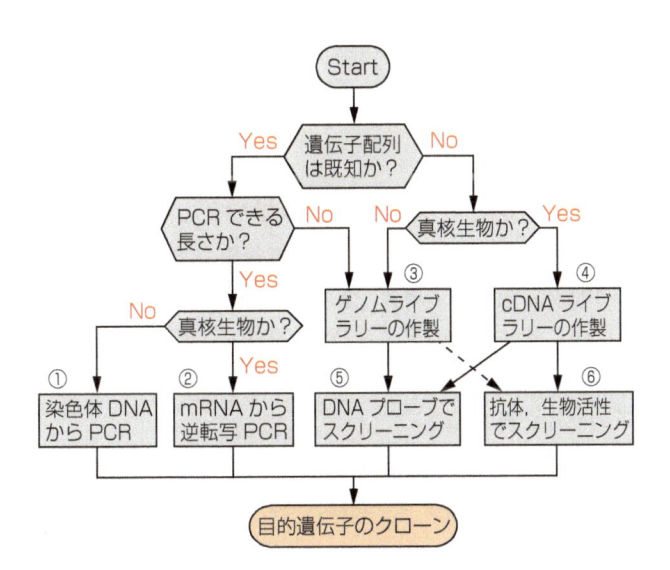

図 5.1 遺伝子クローニングの戦略
対象とする生物のゲノム配列がわかっていれば，目的遺伝子は PCR によって簡便にクローニングすることができる（①，②）．ゲノム配列がわかっていなければ，イントロンをもつ生物において遺伝子から翻訳されるタンパク質を研究対象とする場合は cDNA ライブラリーを（④），転写の制御などイントロンを含む遺伝子そのものを研究対象とする場合やイントロンをもたない生物ではゲノムライブラリーを作製し（③），目的の遺伝子をクローニングする．イントロンをもたない生物では，mRNA にポリ A が付加されないなどの理由で，一部の例外を除いて cDNA ライブラリーを作製することはない．

近年，さまざまな生物のゲノム配列が決定され公開されており[*14,15]，対象とする生物の全ゲノム配列がすでにわかっていることが少なくない[*16]．このような場合，真核生物であれば mRNA を鋳型とした逆転写 PCR によって（図5.1 ②），真核生物以外であればゲノム DNA を鋳型とした PCR で（①），目的の遺伝子をクローニングすることができる[*17]．

目的遺伝子の DNA 配列がわからない場合，まず，対象生物の**遺伝子ライブラリー**（gene library）を作製する（③，④）[*18]．原核生物のようにイントロンをもたない生物の場合，ゲノム DNA を適当なサイズに切断し，それぞれをベクターに連結して宿主に導入することによって**ゲノムライブラリー**（genome library）を作製する．イントロンをもつ生物の場合は，ゲノムライブラリー，または mRNA から逆転写した **cDNA**（complementary DNA）のライブラリーを作製する．次に，これらのライブラリーのなかから，目的の

[*13] すでにその遺伝子をクローニングしている研究者や公的な遺伝子のバンクから入手できる場合もある．

[*14] http://www.ddbj.nig.ac.jp/index-j.html

[*15] http://www.genome.jp/ja/

[*16] 最近では遺伝子の全配列を合成するサービスも利用できる．

[*17] 真核生物の多くはイントロンをもつが，酵母のようにほとんどイントロンがない真核生物を対象とする場合は，まず，染色体をテンプレートとして PCR を試みるのが一般的である．アーキアやウイルスには一部の遺伝子にイントロンがあるが，その数は少なく，長さも短いので，PCR でクローニングした後で，もしイントロンが含まれていれば，合成オリゴ DNA を用いた部位特異的な変異処理によって，その配列を除去することもできる．

[*18] ヒト，マウス，ショウジョウバエ，パン酵母，黄色ブドウ球菌など，さまざまな生物のゲノムライブラリーが市販されている．

遺伝子をもっているクローンを **DNA プローブ**(DNA probe)，抗体，生物活性などを用いて**スクリーニング**(screening)し，目的の遺伝子をクローニングする(⑤，⑥)．

5.3 PCR によるクローニング

目的遺伝子の両端の 17～30 bp の配列がわかっていれば，PCR(3章参照)によってその間の DNA を増幅し，迅速かつ簡便に遺伝子をクローニングできる．

5.3.1 目的遺伝子の全配列がわかっている場合

イントロンがない生物のタンパク質が研究対象である場合，および，遺伝子そのものが研究対象である場合，まず，その生物のゲノム DNA を抽出する[19]（図 5.2 ①）．次に，このゲノム DNA を鋳型とし，増幅したい DNA 配列の両端に相同性のある合成オリゴ DNA をプライマーとして PCR を行い，目的遺伝子の断片を得る(②)．

真核生物のタンパク質が研究対象である場合，まず，mRNA〔**スプライシング**(splicing)によってイントロンが除去されている〕を抽出する(③)．次に，

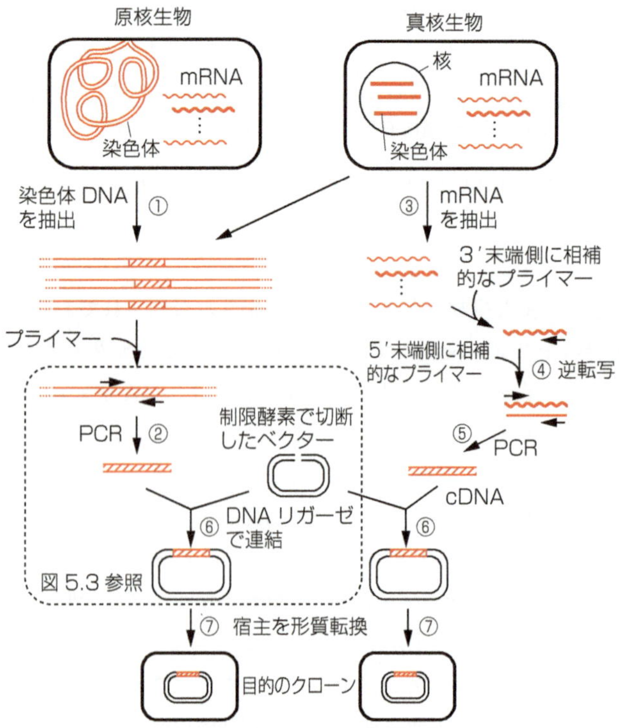

[19] 細胞ごと PCR チューブに入れればよい場合もある．

図 5.2　PCR による遺伝子クローニング

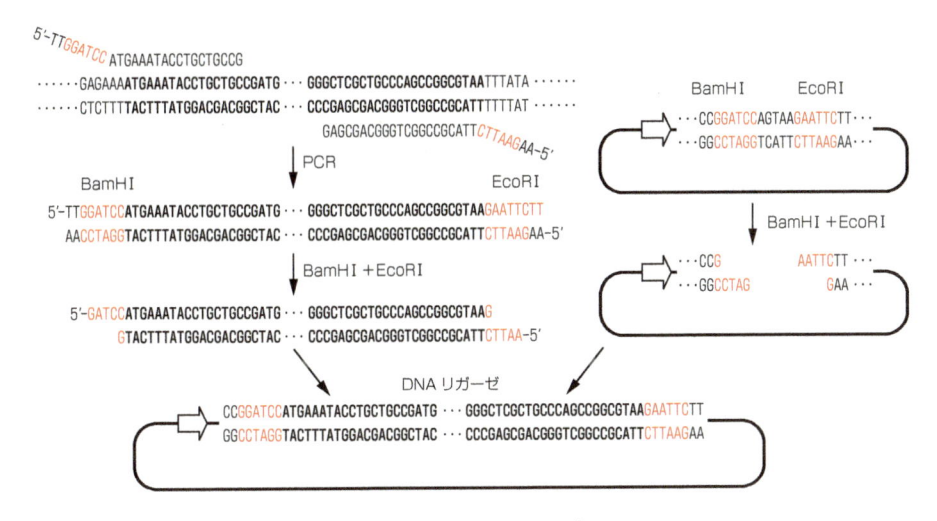

図5.3 遺伝子の挿入方向を限定したクローニング
目的遺伝子の開始コドン ATG から終止コドン TAA までは太字で示してある．赤字は制限酵素の認識配列で，ここでは例として BamHI と EcoRI を用いる場合を示している．太い白矢印はベクター上のプロモーターを示している．

このmRNAを鋳型とし，mRNAの3′末端側に付加されているポリAに相補的なオリゴdTをプライマーとして，逆転写酵素によって相補するDNA（cDNA）を合成する（④）．さらに，5′末端側に相補的なオリゴDNAプライマーを添加してPCRを行うことによって，目的の遺伝子をコードするcDNA断片を得る（⑤）．

以上のようにして得たDNA断片を，制限酵素で切断したベクターDNAにDNAリガーゼで連結し（⑥），大腸菌などの宿主細胞に導入して（⑦），目的の遺伝子をもつクローンを得る．PCRでは，プライマーの5′側には任意の配列を付加できる．そこで図5.3のように，プライマーの5′側に，粘着末端の配列が異なる二つの制限酵素の認識配列を付加しておく．これによって，ベクターのプロモーターの下流に転写の向きを合わせて目的遺伝子を挿入することができる．

なお，目的遺伝子の配列そのものがわかっていなくても，対象とする生物のゲノムDNAの全塩基配列がわかっていて，目的のタンパク質がはっきりしているなら，目的とするタンパク質をトリプシンなどのプロテアーゼで分解し，生じたペプチド断片の精密質量を測定して[*20]データベースと照合すれば，そのタンパク質をコードする遺伝子のDNA配列を知ることができる．

[*20] TOFMS（time-of-flight mass spectrometry, 飛行時間型質量分析法）などを用いる．

5.3.2 目的遺伝子の部分配列がわかる場合

目的遺伝子の部分配列が2カ所わかっていれば，それぞれに対応するプライマーを用いたPCRによってその間の配列を増幅し，クローニングに利用

5章　遺伝子クローニング

することができる．

目的のタンパク質を精製し，プロテアーゼで限定分解したペプチドを分離すれば，エドマン法[*21]などでアミノ酸配列を知ることができる．また，酵素の活性中心付近やATP結合部位のように，タンパク質の機能に重要な部分のアミノ酸配列は，種を超えて保存されていることが多い．このため，近縁種の生物の同じタンパク質のアミノ酸配列がわかっていれば，目的のタンパク質のアミノ酸配列の一部を推定することができる．このような場合，図5.4のように，コドンの縮重を考慮した**縮重プライマー**（degenerated primer）を設計し，その間の遺伝子をPCRによってクローニングすることができる．

[*21] ペプチドのN末端のアミノ酸残基をフェニルイソチオシアネート(phenyl isothiocyanate)で修飾すると，この残基をトリフルオロ酢酸(trifluoroacetic acid)で切り出し，同定することができる．修飾，切り出し，同定を繰り返すことにより，アミノ酸配列を知ることができる（7.2.3項参照）．

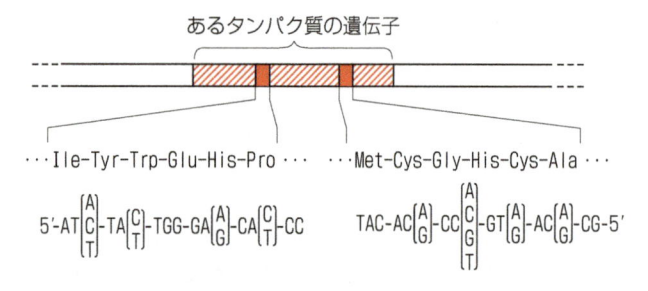

図5.4　配列が保存されている領域と，それに対応する縮重プライマー
あるタンパク質の配列が保存された領域2カ所について，コーディング鎖（coding strand, 左側）に対応するプライマーと非コーディング鎖（noncoding strand, 右側）に対応するプライマーを設計する．たとえばIleにはATA，ATC，ATTという3種類のコドンがあるので（一つのアミノ酸に複数のコドンが対応することをコドン縮重という），DNAを合成する際に，5'末端側から3残基目はA, C, Tの等量混合物で合成する．コドンが少ないアミノ酸が多く含まれる領域を選ぶことが望ましい．この場合，コーディング鎖側（左側）のプライマーは24通り（＝3×2×2×2）の，非コーディング鎖側のプライマーは32通り（＝2×4×2×2）の配列の混合物になる．

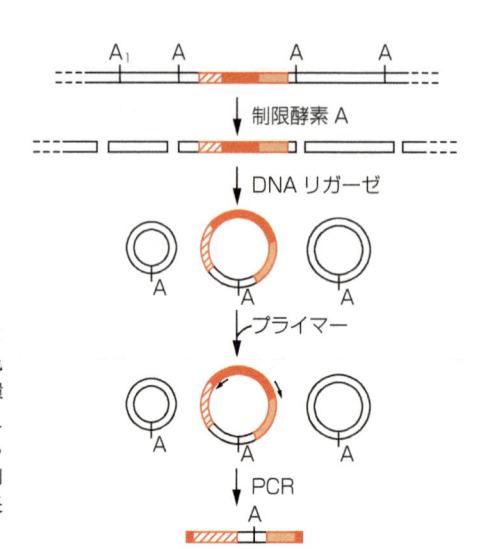

図5.5　インバースPCR
赤色で示した遺伝子のうち，■部分の配列が既知であるとする．まず，制限酵素A（既知の配列中にその認識サイトがないもの）で染色体DNAを切断し，制限酵素Aを失活させてからDNAリガーゼで環状化する．既知の配列の両端の配列をプライマーとしてPCRを行えば，染色体上の■部分の周囲の配列（▨と■）を含む断片が得られる．この断片の配列を決定し，もし全長が得られていなければ，別の制限酵素で同様の操作を繰り返すことによって，目的遺伝子の全長を得ることができる．

部分的に遺伝子がクローニングできれば，その配列をプローブとして，ゲノムライブラリーやcDNAライブラリー（5.4節および5.5節参照）から，目的とする遺伝子DNA断片をもつクローンをスクリーニングする．また，原核生物やウイルスなどのイントロンがない生物の場合は，**インバースPCR**（inverse PCR）によって遺伝子全長分のDNAを取得することもできる（図5.5）．

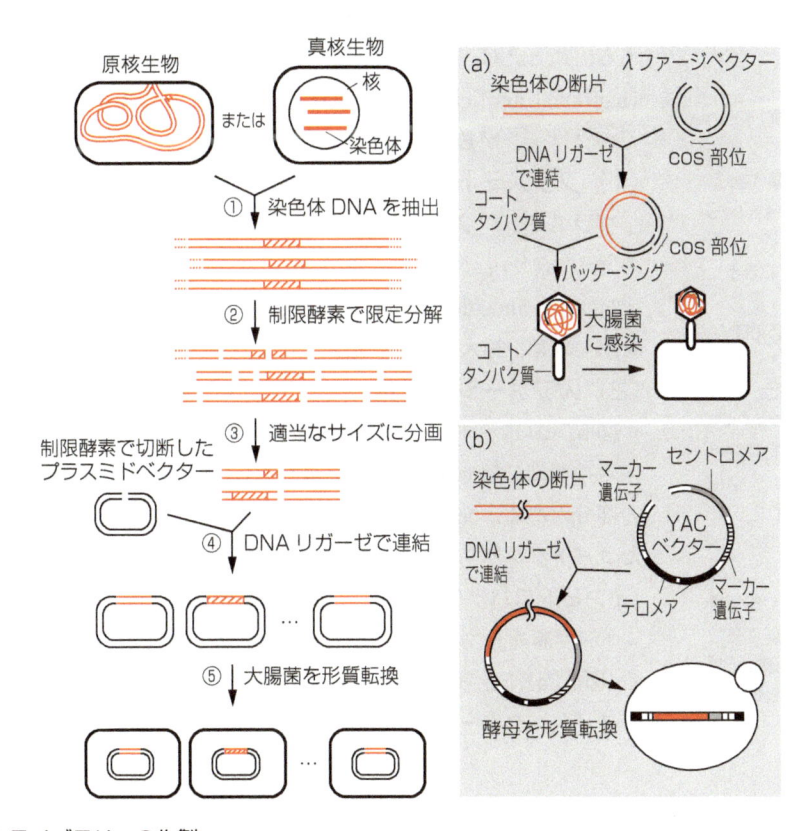

図5.6 ゲノムライブラリーの作製

① まず，染色体DNAを調製し[*a]，② 制限酵素によって部分分解し[*b]，アガロースゲル電気泳動（3.1節参照）などで適当なサイズの断片を精製する（③）[*c]．これを制限酵素で切断したベクターとDNAリガーゼで連結し（④），大腸菌などの宿主に導入することによって（⑤），ゲノムライブラリーを作製する．図の左側には，プラスミドをベクターに用いる場合を示している．④～⑤の段階は，λファージベクターを用いる場合，(a)に示すように，まず，制限酵素処理によってλファージゲノムの中央部を取り除いた断片と染色体DNAの断片を連結し，コートタンパク質と混合することによってファージ粒子を形成させ（インビトロパッケージング），宿主大腸菌に感染させることによってライブラリーを作製する．YACベクターを用いる場合，(b)に示すように，制限酵素で直鎖状にしたベクターと染色体DNAの断片を連結して環状化する．このベクターは酵母のセントロメア配列，および二つのテロメア配列をもち，二つのテロメア配列の間にある制限酵素サイトで切断して再度直鎖状にしたうえで酵母に導入する．

[*a] リゾチームなどの細胞壁分解酵素で処理した後，細胞膜を界面活性剤で溶かし，除タンパクして精製する．凍結させた細胞を物理的な衝撃で割って染色体DNAを取り出す方法もある． [*b] たとえば，6塩基認識の制限酵素は平均約4kbpに1カ所の認識サイトがあるが（$4^6 = 4096 ≒ 4$ kbp），染色体DNAを完全分解してしまうと，目的遺伝子の配列中にその制限酵素サイトがあった場合，その遺伝子の全長を含むクローンを得ることができない．そこで，染色体DNAが部分的に分解される条件で制限酵素処理を行う． [*c] 挿入する断片の一方の端がベクターの一方の端と連結されたとき，挿入断片の他方の端とベクターの他方の端の間の空間的な距離は，挿入断片が小さいほど近く，連結されやすい．このため，小さな断片を取り除いておかないと，ライブラリーに占める大きな断片が挿入されたクローンの割合が少なくなってしまう．

5.4 ゲノムライブラリーの作製

イントロンがない生物が研究対象である場合，およびある生物のゲノム全体を対象とする場合，ゲノム DNA からゲノムライブラリーを作製する（図5.6）．

ここで用いるベクターには以下のようなものがあり，挿入する断片のサイズと目的によって使い分ける．ある生物のゲノムをほぼ確実にカバーするには，ライブラリーの挿入断片の総延長は，ゲノムサイズの 3 ～ 5 倍は必要である．たとえば，3×10^9 bp のヒトゲノムを平均挿入断片長 150 kb の BAC (bacterial artificial chromosome) ライブラリーでカバーするには，6 ～ 10 万のクローンが必要になる．

(1) プラスミドベクター

プラスミドベクター (plasmid vector) は，比較的短い数 kbp 程度[*22]までの遺伝子ライブラリーの作製に用いる．isopropyl-1-thio-β-D-galactopyranoside (IPTG) などで誘導可能なプロモーターを備えたベクターを用いれば，挿入断片上の遺伝子を発現させることができる場合もある[*23]．

(2) λファージベクター

図 5.6(a) に示すように，大腸菌に感染する λファージ（4.1.4 項参照）のゲノムの両端には cos 部位（4.1.5 項参照）と呼ばれる 12 塩基の相補的な一本鎖の部分がある．cos 部位を両端にもつ 36 ～ 51 kbp の DNA を，別に調製したコートタンパク質溶液と混合すると，自発的にファージ粒子が形成される（**インビトロパッケージング**，*in vitro* packaging）．これを利用して，ゲノム DNA 断片をファージ粒子にパッケージングし，ライブラリーを作製できる（図 5.6a）．さらに **λファージベクター**（λ phage vector，4.1.6 項参照）や**コスミドベクター**[*24]も利用される．

[*22] たとえば 3000 bp の DNA は，1000 アミノ酸をコードでき，アミノ酸 1 残基あたりの平均分子量が約 110 なので，最大で分子量約 11 万のタンパク質をコードできる．

[*23] 5.5 節で述べる cDNA ライブラリーとは異なり，染色体ライブラリーの場合は，挿入断片上の遺伝子の 5′側がベクターのプロモーター側に接続されるとは限らない．また，遺伝子が正方向に挿入されていても，プロモーターから開始コドン (initiation codon) までの間に，距離がありすぎたり転写終結配列 (terminator) が存在したりしていれば，その遺伝子が宿主細胞内で発現するとは限らない．

Column

メタゲノムライブラリー

これまでに人類が単離した微生物はほんのわずかで，環境中には，その何十倍もの種類の未知の微生物が存在するとされている．これらの微生物の多くは，単離して純粋培養することが難しく，これまでの研究手法が適用できない．そこで，土壌や海水などから単離や培養を経ずに，直接，網羅的に微生物のゲノム DNA を抽出し，ライブラリーを作製する方法が考案された．こうして作製されたライブラリーをメタゲノムライブラリー (metagenome library) と呼ぶが，そこには数多くの未知の遺伝子が含まれている．これらには，まだ人類が知らない機能をもつタンパク質がコードされていると考えられ，その解析と利用により，これまでにないバイオテクノロジーの進展が期待できる．

（3）人工染色体ベクター

大腸菌や酵母内で，染色体と同様に複製・維持されるように工夫された**人工染色体ベクター**（artificial chromosome vector）を用いれば，100 kbp を超えるゲノム DNA 断片のライブラリーを作製することができ，それぞれ BAC ライブラリー，YAC ライブラリー（図 5.6b）と呼ばれる．

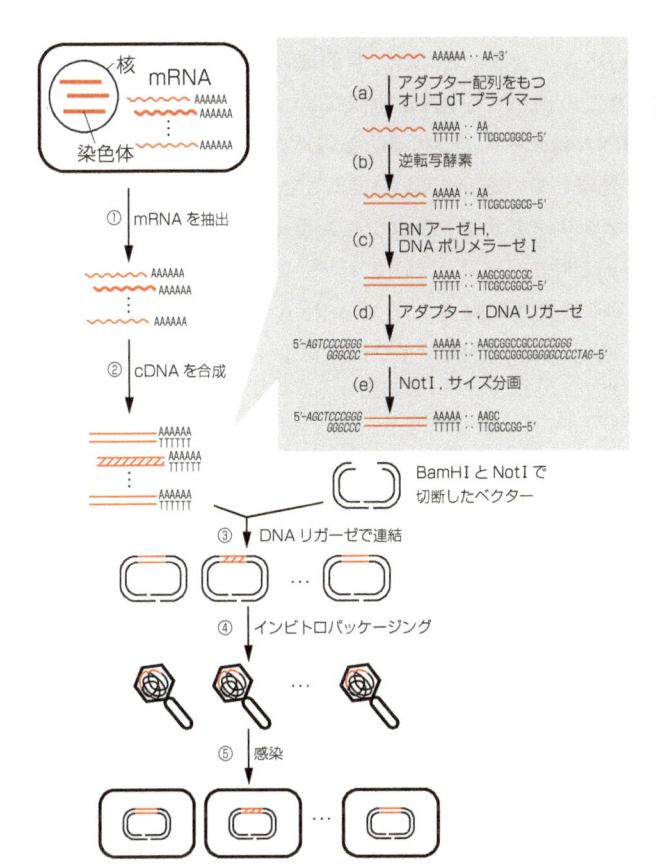

5.5 cDNA ライブラリーの作製

5.5.1 基本手順

イントロンをもつ生物では，細胞から抽出した mRNA から逆転写酵素を用いて cDNA を合成し，これを λ ファージベクターなどに連結することによってライブラリーを作製する（図 5.7）[*25]．ゲノムライブラリーでは，一つのベクターに複数の遺伝子が挿入されたり非翻訳配列も挿入されたりしているのに対して，cDNA ライブラリーでは，一つのベクターに対して一つの遺伝子の cDNA が挿入される．このため，ベクター上のプロモーターの方向に合わせて cDNA を挿入すれば，宿主内でその遺伝子を発現させること

[*24] インビトロパッケージングしたファージを宿主大腸菌に感染させると，それ以降，ベクターはプラスミドとして機能する．ファージは高効率に宿主に感染するので，通常のプラスミドを用いたクローニングに比べて，少ない量のインサート DNA でクローン数が大きなライブラリーを構築することができる．長い挿入断片をより確実に複製・維持するため，宿主内でのコピー数を低下させた改良型がフォスミドベクター（fosmid vector）である．

[*25] ヒト，マウス，ショウジョウバエなどでは，cDNA ライブラリーが市販されており，さまざまな臓器や組織の cDNA ライブラリーも入手できる．

図 5.7 cDNA ライブラリーの作製

① まず，細胞から mRNA を抽出し[*a]，② cDNA を合成する．(a) mRNA の 3′側にはポリ A がついているので，5′側にリンカー配列（図では制限酵素 NotⅠの認識配列 GCGGCCGC を付加してある）をもつオリゴ dT をアニーリングさせる．(b) これをプライマーとして，逆転写酵素で相補する DNA（非コーディング鎖）を合成する[*b]．(c) RNアーゼ H によって mRNA を部分分解し，DNA ポリメラーゼⅠによってコーディング鎖を合成する[*c]．(d) DNA リガーゼによって両端にアダプター配列を連結する（図では制限酵素 BamHI によって生じる粘着末端と相補するアダプター配列を斜体で示している）．(e) 最後に NotⅠによって消化し，サイズ分画して小さいほうの断片を除去する．以上により，5′側と 3′側に異なる粘着末端をもつ cDNA 断片が得られるので，③ 転写翻訳の向きをそろえてベクター（この場合は NotⅠと BamHI によって消化したもの）に連結することができる．④ この DNA をファージ粒子内にパッケージングし，⑤ 宿主大腸菌に感染させ，cDNA ライブラリーを構築する．

[*a] mRNA は分解されやすいので，生物種ごとに最適な抽出法は異なる．抽出した mRNA は，オリゴ dT を固定したカラムなどを用いて精製する．　[*b] 相補鎖合成する基質として dATP, dGTP, dTTP，および 5 位がメチル化された dCTP を用いる．これによって，最後に NotⅠで消化するとき，もし cDNA 内に NotⅠサイトがあっても，C がメチル化されているため切断されない．　[*c] 部分分解した RNA が DNA ポリメラーゼⅠのプライマーとなる．

ができ，遺伝子の翻訳産物に基づいてライブラリーをスクリーニングすることができる(5.6 節参照).

5.5.2 平均化ライブラリー

ゲノムライブラリーの場合には，すべての遺伝子がほぼ均等に含まれる．これに対して，cDNA ライブラリーは mRNA を鋳型にして作製するので，発現量が多い遺伝子ほどライブラリーに占めるその遺伝子の割合は多くなり，逆に，制御タンパク質のように mRNA 量が非常に少ない遺伝子はライブラリーに含まれない場合もある[*26]．これを避けるため，図 5.8 に示す手順で cDNA ライブラリーに含まれる各遺伝子の割合を平均化することができる．これを**平均化ライブラリー**(normalized library)と呼ぶ．

5.5.3 サブトラクションライブラリー

目的とする細胞 A と対照とする細胞 B において，遺伝子の発現の違いを調べる場合，具体的には，特定の組織，時期，条件においてのみ発現する遺伝子を選別してクローニングする場合，次のようにしてライブラリーを作製する．まず，対照とする細胞 B から抽出した mRNA から，図 5.8 と同様の方法でビーズ上に cDNA を合成する．次に，目的細胞 A の mRNA に対して，ビーズに固定されたこの cDNA を過剰に加える．すると，どちらの細胞でも発現している mRNA はビーズ上の相補的な cDNA に結合するので，目的細胞 A で特異的に発現している mRNA を得ることができる．この mRNA から作製したライブラリーを**サブトラクションライブラリー**〔subtraction (subtracted) library〕と呼ぶ．

なお，ゲノム配列が既知の細胞 A と B で mRNA の発現量を比較することが目的であれば，近年では，**DNA マイクロアレイ**(DNA microarray, 7.1.3

[*26] 5 万クローンを含む cDNA ライブラリーを作製するとき，たとえば，全 mRNA に占める mRNA の割合が 1% の遺伝子は 500 クローン含まれるが，0.001% の遺伝子は 0.5 クローンしか含まれていないことになる．

図 5.8 平均化ライブラリーの作製
① まず，抽出した mRNA の半分を，ビーズ上に固定したオリゴ dT にアニーリングさせ，② 逆転写酵素で cDNA を合成し，③ DNA にハイブリダイズした RNA を分解する RN アーゼ H を作用させる．このとき，ビーズ上のそれぞれの遺伝子の cDNA の割合は，全 mRNA に占める各 mRNA の割合に比例する．次に，残り半分の mRNA をビーズと混合すると，ある mRNA がビーズ上の相補 DNA とハイブリダイズする確率は相補 DNA の濃度に比例する．このため，mRNA の発現量が多い遺伝子ほどビーズ上には多数の cDNA があるので，ハイブリダイズする確率は高く，溶液中に残る mRNA の割合は少なくなり，逆に，発現量が少ない遺伝子は溶液中に残る mRNA の割合が多くなる．結果として，溶液中に残った mRNA の量は平均化され，この mRNA を用いて cDNA ライブラリーを作製する．

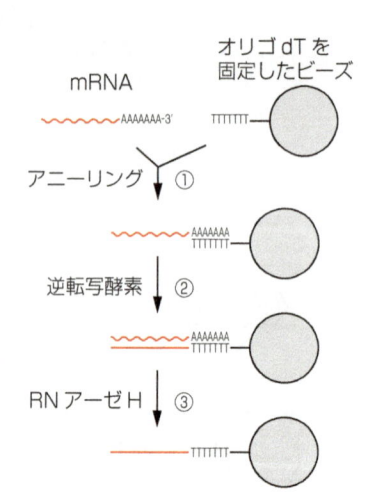

項参照)を用いることが多い*27．また，ある程度の量が発現している遺伝子が対象であれば，高性能のシークエンサーで数万～数十万のcDNA配列を読み取って相対的な発現量を調べる方法もある．

5.6 ライブラリーのスクリーニング

ライブラリーに含まれる目的の遺伝子をもつクローンをスクリーニングする方法は，DNA配列に基づく方法(5.6.1～5.6.2項)と，翻訳産物に基づく方法(5.6.3～5.6.4項)に大別される．

5.6.1 DNAプローブによるスクリーニング

目的とする遺伝子の少なくとも一部の配列が既知である場合，その配列をプローブ*28として，以下のようにしてライブラリーをスクリーニングすることができる．

(1) フィルターを用いる方法

図5.9に示すように，まず，寒天培地上にライブラリーのプラークもしくはコロニーを形成させ，これらに含まれるDNAを一本鎖に解離させた状態でフィルターに固定しておく．次に，標識した一本鎖のプローブDNAを準備してフィルターと反応させる．プローブは相補的な目的遺伝子のDNAにだけ結合するので，これが結合するプラークもしくはコロニーを選択すれば，目的遺伝子をもつクローンを得ることができる．

(2) マイクロタイタープレートを用いる方法

まず，96もしくは384の**ウエル**(well, 穴)をもつ**マイクロタイタープレート**(microtiter plate)に，1ウエルあたり10～100クローンが含まれるようにライブラリーを分注しておく．図5.10のように，培地を分注した別のプレートに96本(もしくは384本)のピンを用いてライブラリーを植菌し，培養した後，プレートごと遠心分離して細胞を集め，適当な溶菌処理を行ってDNAを抽出する．その後，目的の遺伝子の部分配列からデザインしたプライマーを用いてPCRを行うと，目的遺伝子をもつクローンが入っているウエルにだけ遺伝子の増幅が起きる．この陽性反応*29があったウエルに対応するマスタープレートのウエルに入っている宿主細胞を寒天培地にまいてコロニーを形成させ，(1)に示した方法でスクリーニングすれば，目的遺伝子をもつクローンが得られる．

*27 合成ゲノム配列が既知であれば，すべてのオープンリーディングフレームに特異的に対応するDNAプローブをもつマイクロアレイを外注して作製することができる．

*28 図5.4に示した縮重プライマー，あるいは5.3.2項に示した方法でクローニングした遺伝子断片を用いる．

*29 遺伝子の増幅量に比例して蛍光強度が増加することを利用する方法，電気泳動で高分子の二本鎖DNAを検出する方法などがある．

5章 遺伝子クローニング

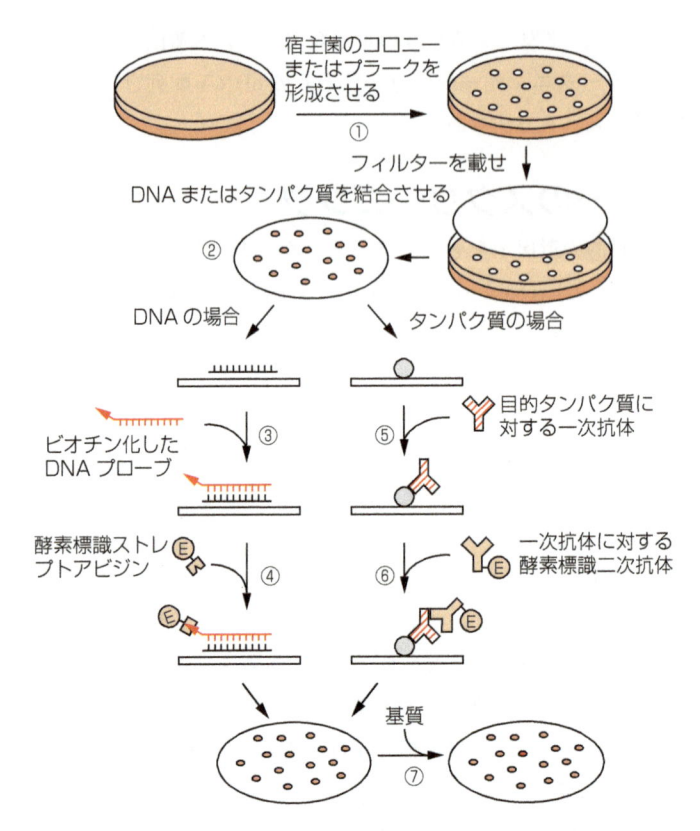

図5.9 ライブラリーのスクリーニング
① λファージライブラリー溶液を宿主大腸菌の培養液と混合して寒天培地に塗布し，プラーク[*a]を形成させる[*b]．②寒天培地にフィルター[*c]を載せ，プラークに含まれるDNAまたはタンパク質を吸着させる[*d]．③DNAを対象にスクリーニングする場合，目的遺伝子と相補的なプローブDNA〔ここでは5'末端をビオチン(biotin)で標識したもの〕をフィルター上のDNAとハイブリダイズさせ，④続いて酵素[*e]で標識したストレプトアビジン(streptavidin)[*f]を反応させる．⑤タンパク質を対象にスクリーニングする場合，まず，目的タンパク質に対する一次抗体(primary antibody)を反応させ，⑥続いて一次抗体を認識する酵素標識した二次抗体(secondary antibody)を反応させる[*g]．以上によって，フィルター上には目的のクローンがある部分にだけ標識酵素が存在することになり，⑦標識酵素が作用すると発色する基質を添加してその部分を染色すれば，その位置に対応するプラークからベクターDNAを回収し，目的遺伝子をクローニングすることができる．

[*a] 寒天培地には一面に宿主大腸菌が増殖するが，λファージ粒子があった部分では，宿主大腸菌への感染，ファージ粒子の複製，宿主大腸菌の溶菌が繰り返し起きるので，宿主大腸菌が溶菌したプラーク（円形のクリアゾーン）が形成される．プラークにはλファージのゲノムDNAが含まれており，寒天培地にIPTGを含ませておけば，cDNAから翻訳されたタンパク質が含まれている．[*b] プラスミド，BAC，YACなどのライブラリーを用いる場合は，寒天培地上のコロニーを写しとったメンブレンを新しい寒天培地上に載せてしばらく培養し，溶菌，固定，一本鎖DNAへの変性処理を行う．[*c] DNAやタンパク質を吸着しやすくする加工を施したニトロセルロース(nitrocellulose)，ナイロン(nylon)などのフィルターを用いる．[*d] DNA配列に基づいてスクリーニングする場合，この段階でアルカリ処理をしてDNAを一本鎖に解離させておく．[*e] ペルオキシダーゼやアルカリホスファターゼなどが用いられる．[*f] ビオチンと非常に強く特異的に結合するタンパク質．[*g] 一次抗体はそれぞれの研究者が作製する必要があるが，酵素標識二次抗体は市販されている．研究者自身が一次抗体を酵素標識すれば，フィルター上のタンパク質を直接検出することもできる．

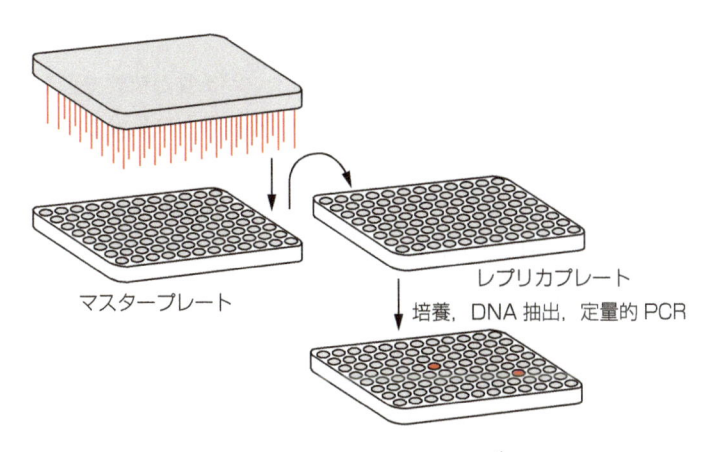

図5.10 マイクロタイタープレートを用いたスクリーニング

5.6.2 ディファレンシャルハイブリダイゼーション

　ある組織，ある時期，ある条件においてのみ特異的に発現する遺伝子をクローニングする場合，次のような方法でスクリーニングすることもできる．まず，目的の細胞 A の cDNA ライブラリーについて，図5.9 に示した方法でフィルターを2枚作製する．次に，細胞 A および対照とする細胞 B から全 mRNA を抽出し，逆転写反応を利用してプローブを作製する．それぞれのプローブを2枚のフィルター上の DNA とハイブリダイズさせ，一方にのみシグナルが出るプラークを選択する．これを**ディファレンシャルハイブリダイゼーション**（differential hybridization）という．しかし，この方法では，発現量が少ない遺伝子や，発現量の差が数倍未満の遺伝子の検出は難しい．このような場合は，5.5.3項に示したサブトラクションライブラリーを作製してスクリーニングするか，ゲノム配列が既知であれば，DNA マイクロアレイ解析によって発現量に差がある遺伝子を特定し，cDNA ライブラリーから PCR によって目的遺伝子をクローニングするのが一般的である．

Column

スクリーニングロボット

　図5.10に示した一連の操作を自動で行うスクリーニングロボットも開発されており，これを用いれば，1日に1万クローン以上の生物活性を調べることもできる．企業が開発のために行う研究であれば，このような力任せの方法が最適な場合もあるが，これまでの遺伝子のクローニングのほとんどは，研究者のアイデアや機転によって成し遂げられたものである．遺伝子工学を学び始めた諸君には，スクリーニングロボットに頼らず，エレガントな実験手法を考えだせるよう，基礎をしっかり学んでほしい．

5.6.3 抗体によるスクリーニング

抗体によるスクリーニングは，目的とするタンパク質が精製できる場合に適用する．まず，精製したタンパク質をマウスやウサギに免疫して抗体をつくらせ，この抗体を精製しておく[*30]．次に，IPTGなどでcDNAの発現を誘導できる λ ファージベクターによって作製したcDNAライブラリーを用い，図5.9に示した方法でフィルターを作製し，精製した抗体を用いて目的のタンパク質が含まれているプラークを同定する．

5.6.4 活性によるスクリーニング

目的のタンパク質の生物活性を何らかの方法で検出できる場合，5.6.3項と同様に，cDNAライブラリーの発現を誘導して目的のクローンをスクリーニングすることがある．図5.10に示した方法で，マイクロタイタープレート中で λ ファージベクターを用いたcDNAライブラリーを発現させ，目的のクローンが含まれるウエルを同定する．たとえばリパーゼであれば，p-ニトロフェニル酢酸など，酵素分解されると色が出る基質を用いて目的のクローンを同定することができる．

[*30] ウサギなどの動物に目的タンパク質を皮下注射して抗体をつくらせ，血清から精製する方法（ポリクローナル抗体）のほかに，免疫したマウスの脾臓細胞を取り出し，無限増殖するミエローマ細胞と融合させ，増殖しながら抗体を産生するハイブリドーマ細胞を得て，その培養上清から調製する方法（モノクローナル抗体）がある（8章参照）．

練習問題

1. 遺伝子組換え生物の第一種使用と第二種使用の違いを説明しなさい．
2. クラス2に属する生物のcDNAライブラリーをクラス1に属する宿主で作製する場合，どのレベルの拡散防止措置をとればよいかを述べなさい．
3. 組換え生物を冷凍して保管する場合，どのような注意が必要か述べなさい．
4. 所属機関外の研究者から遺伝子のクローンを分与してもらう場合，どのような手続きが必要かを述べなさい．
5. ゲノムライブラリーとcDNAライブラリーの違いを述べなさい．
6. 細菌のある酵素の遺伝子をクローニングしたい．その酵素のアミノ酸配列はわかっていないが，類縁の数種類の細菌についてはアミノ酸配列がわかっている．どのような戦略をとればよいか，概略を述べなさい．
7. ある動物の雌では発現せず，雄でのみ発現する遺伝子をクローニングしたい．その動物のゲノム配列が既知である場合と未知である場合について，それぞれどのような戦略をとればよいか，概略を述べなさい．

6章 遺伝子発現

6.1 はじめに

　1972年にコーエンとボイヤーが生みだした遺伝子組換え技術は，外来DNAを運び屋（ベクター）と呼ぶDNAと結合させ，異種の細胞（ホスト）を用いて増幅することを可能にした．しかし，忘れてならない彼らのもう一つの大きな成果は，カエル由来のリボソーム遺伝子を大腸菌に入れた際，そのRNAを発現させることができたことである．クリックが提唱したセントラルドグマによれば，DNAからmRNAを転写させることができれば，そこからタンパク質を翻訳させることが可能になる．すなわち，それまで大量の生物材料を集めてそこから精製するしかなかった微量のタンパク質を，異種細胞を用いて大量生産し，これまでよりはるかに容易に得る道が開けたのである．これは，20世紀後半のバイオテクノロジーの，最初の大きな成果といえるだろう．実際にそれ以来，インスリンやヒト成長因子などがそれまでにない規模でバイオ医薬品として使われるようになり，さらに今世紀に入り，ヒト型抗体が抗体医薬としてがんや関節リウマチなど難治性疾患の特効薬として実用化されてきている．また，これらの医薬品の開発につながる基礎研究においても，大量かつ多品種のタンパク質を迅速につくる手段の重要性が増している．

6.2 原核微生物を用いた発現系
6.2.1 大腸菌を用いたタンパク質発現系

　各種のホストベクター系のなかで，歴史的に最も研究が進み，かつ現在最も頻繁に使われているのが大腸菌 *Escherichia coli*（*E. coli*）の系である．これは，大腸菌がいわゆるモデル生物で遺伝学的研究が盛んに行われた結果，

6章 遺伝子発現

高い安全性を保ちながら遺伝子操作に適した菌が多数育種されてきたことによる．さらに，単離された遺伝子を用いたタンパク質発現についても，系を大きく変更することなく迅速に行うことができるので，まずは大腸菌発現系を試すのが効率的である．

しかしながら大腸菌に限らず，原核生物で異種のタンパク質を発現させる際には，以下に示すような気をつけるべき点がいくつかある．

- 真核生物の RNA は，そのままでは細菌宿主で発現されない．
  → 宿主のプロモーター，SD 配列[*1] を結合させる．
- 細菌宿主はスプライシングが行えない．
  → cDNA を用いる．
- 糖鎖などの翻訳後修飾が行えない．
- 真核由来タンパク質は細菌のプロテアーゼで優先的に分解されやすい．
  → プロテアーゼ欠損株を用いる．

さらに，種による翻訳開始シグナルや分泌シグナルの違い，コドン使用頻度の違いなどがあるので，まずはこれらに留意して全長タンパク質が十分量発現されるよう発現ベクターを構築する．

具体的な発現ベクターとして用いられるプラスミドの例を図 6.1 に示す．一般に，発現ベクターには通常のクローニングベクターに含まれる複製起点，

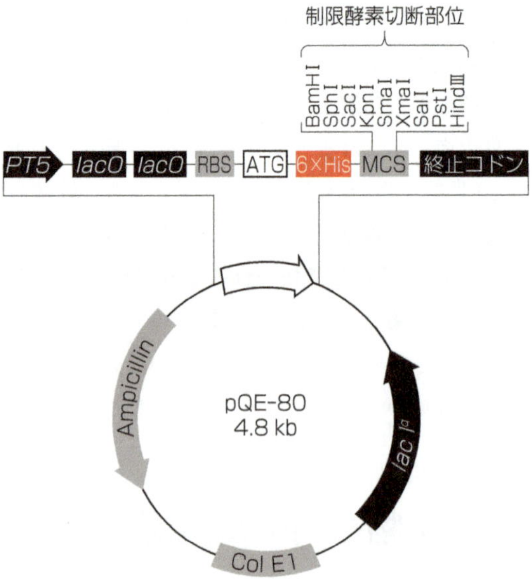

[*1] シャイン・ダルガーノ配列，リボソーム結合部位 (RBS) ともいう．発見者の名にちなんで名づけられた．原核細胞遺伝子の開始コドンの約 10 塩基上流に共通して見いだされるプリン塩基 (A/G) に富んだ配列．16S リボソーム RNA の 3' 末端にあるピリミジンに富んだ配列と相互作用して，翻訳開始複合体の形成が促される．

図 6.1 大腸菌発現ベクターの一例
PT5：T5 プロモーター，*lacO*：*lac* オペレーター（2 コピー），RBS：リボソーム結合部位，ATG：開始コドン，Ampicillin：アンピシリン耐性遺伝子，ColE1：大腸菌複製起点，*lac I^q*：ラクトースリプレッサー．キアゲン社カタログを参考に作図．

選択マーカー，**マルチクローニング部位**(MCS)の3要素に加え，目的遺伝子mRNAを転写させるための強力な**プロモーター**配列がMCSの上流に含まれている．さらに多くの場合，MCSの下流には転写を終結させるターミネーターと呼ばれる配列が組み込まれ，効率よく目的のmRNAのみが産生されるよう工夫されている．プロモーターとしては，ラクトースオペロン由来の*lac*プロモーターや，これと*trp*プロモーターの一部を融合し活性を高めた*tac*プロモーターが使われたり，T5ファージ由来の*T5*プロモーターなどを*lac*オペレーターと組み合わせ，誘導可能な**プロモーター・オペレーター系**(promoter-operator system)として使われることが多い．一般に，異種タンパク質は大量発現されると宿主に毒性を発揮することが多いため，まずはタンパク質発現をなるべく抑えて発現ベクターを保持した菌を培養し，その後十分な菌体量(通常OD$_{550}$は0.5〜0.8)に菌が増殖した時点で発現誘導を行う．*lac*プロモーター・オペレーター系では，IPTG(5章参照)の添加により，オペレーター(*lacO*)に結合したリプレッサー(*lacI*産物)を解離させ，これを簡便に行うことができる(図6.2．次頁のコラムも参照)．

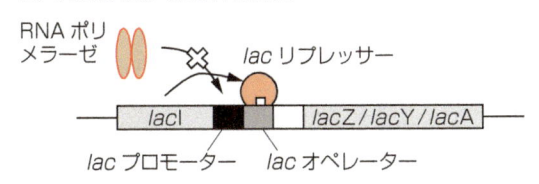

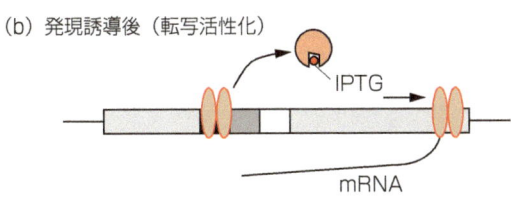

図6.2 *lac*プロモーター・オペレーター系のIPTGによる誘導
lacZ/*lacY*/*lacA*：ラクトースオペロンを構成する酵素群．発現ベクターでは，この部分に目的遺伝子を挿入する．半田 宏編著，『新しい遺伝子工学』，昭晃堂(2006)，図4.11を参考に作図．

最近では，さらに大量にタンパク質を得るため，より強力な*T7*プロモーターを用いた発現ベクターが使われることも多い．T7ファージ由来の*T7*プロモーターは*tac*や*T5*より強力だが，大腸菌のRNAポリメラーゼによって認識されない．そのため，このようなベクターを使う際には，ゲノム上の*lac*プロモーター下にT7 RNAポリメラーゼ遺伝子を組み込んだ大腸菌を用いることで，IPTGでポリメラーゼの発現，さらには目的タンパク質の発現を誘導することができる．この際のホストとしては，異種タンパク質分解能をもつ*lon*プロテアーゼを欠損させたBL21(DE3)という*E. coli* B株由来の

*2 ジスルフィド結合（2 個のシステイン残基のチオール基同士の結合）をもつタンパク質は，還元的な条件下にある細胞質では発現が通常難しいが，このようなタンパク質についても細胞内発現が可能な変異体のホスト大腸菌（Origami B, Shuffle express など）が市販されている．元来，分泌性であるタンパク質の発現を試みる際には試す価値がある．

株と，その誘導体がしばしば用いられる．たとえば，T7 RNA ポリメラーゼに結合してその活性を抑える T7 リゾチームをコードするプラスミド pLysS をもつ大腸菌 BL21（DE3, pLysS）[*2]は，誘導前の発現レベルを低くでき，毒性の高いタンパク質を大量発現させる場合によく用いられる．

　ところで，これら発現ベクターの MCS の前後には，精製を容易にするためのタグ配列がしばしば含まれている．とくに有用性が高いのは，His6 タグと呼ばれる連続した 6 個の His 残基をコードする配列で，これを目的タンパク質に付加したかたちで発現させることで，固定化金属アフィニティークロマトグラフィー（IMAC）による精製[*3]が可能になる．大量発現されたタンパク質の場合，1 回の IMAC のみによる精製でも必要十分な精製度が得られることも多いが，さらに必要に応じてイオン交換，ゲル沪過などのクロマトグラフィーを行うことで，より純度の高いタンパク質を得ることができる（88 頁のコラム参照）．

Column

異種タンパク質の大量発現

　せっかく苦労してつくった発現系がうまく働かないときほど悲しいことはない．しかし，そこですぐあきらめる前に，ちょっとだけ考えてほしい．微生物（以下，菌とする）にとって，つくらなくても生きていけるタンパク質をつくりつつ増えるのは苦痛以外の何ものでもない．たとえば，多くのクローニング用プラスミドにコードされている抗生物質アンピシリン耐性遺伝子は，実はアンピシリンを分解するタンパク質（β-ラクタマーゼ）の遺伝子であるが，菌はできればこんなタンパク質などつくりたくないと思っている（多分）．しかし，これをつくらないとアンピシリン存在下で細胞壁を合成できず増殖できないため，しかたなくつくっている．結果，プラスミドは菌内に安定に保持される．大腸菌由来の抗生物質耐性タンパク質でさえそうなので，まして外来タンパク質で菌に毒性があるものなど死んでも（？）つくりたくないはずである．まだ発現誘導していないからといって安心してはいけない．選択マーカーによる選択によって維持されるのは選択マーカー遺伝子のみであって，目的遺伝子が同時に維持されるのを保証するものではない．菌が順調に増えているように見えても，あたかも空トラックが高速道路を爆走するかのように積み荷がなくなっている場合も多いのである．少量培養で目的タンパク質がうまく発現していてもスケールアップすると生産性が一気に下がることがあるのは，その顕著な例である．漫画『もやしもん』のように，菌の気持ちになって考えると妙に納得でき，またその対策も見えてくるかもしれない．

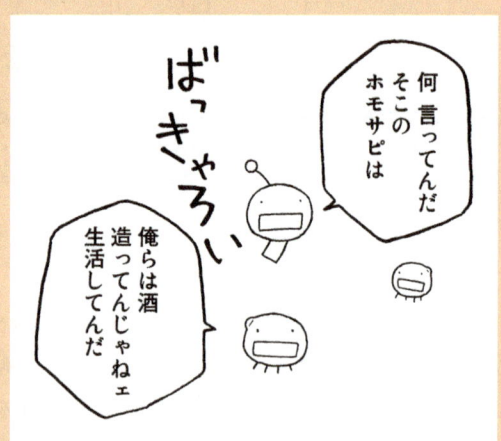

『もやしもん』より．©石川雅之／講談社

6.2.2 そのほかの微生物発現系

このほか，とくに異種タンパク質の分泌発現に適した宿主である枯草菌（納豆菌）の類縁種 Brevibacillus brevis を用いた発現系がある．グラム陽性細菌のため，大腸菌のようなグラム陰性菌に比べてタンパク質の分泌生産に適しており，タンパク質によっては 1 L あたり数 g の発現が可能である．

6.3 真核微生物を用いた発現系

ヒト由来の遺伝子産物など，大腸菌を用いて活性のあるタンパク質を得ることが難しい場合，あるいは真核細胞でなければ機能評価ができない場合には，真核細胞発現系を用いることになる．この際の選択肢としては，比較的安価かつ迅速に培養が可能な酵母などの真核微生物を用いた発現系と，時間と費用はかかるが，目的タンパク質に翻訳後修飾などが正しく行われ，より完全な機能発現を期待できる培養動物細胞発現系，両者の中間的な性質をもつ昆虫細胞発現系などがあり，これらを必要に応じて選ぶことになる．この節では微生物を用いた系について述べる．

6.3.1 パン酵母発現系

現在，タンパク質発現に最もよく用いられる真核微生物は，昔から発酵産業に広く用いられてきた酵母である．酵母は出芽酵母と分裂酵母に大きく分けられるが，最も広く用いられているのは出芽酵母の一種であるパン酵母 Saccharomyces cerevisiae である．この酵母は，古来，酒やワインの醸造に用いられてきたことからもわかるように，安全性が高く培養技術も発達しており，いろいろな意味で扱いやすい宿主といえる．一方，ベクターとしては 4 章に挙げた 2 μm プラスミド，ミニ染色体プラスミド，相同組換え用ベクターなどがあり，これらに大腸菌用の複製起点を組み込んだシャトルベクターがおもに使われている．実際の遺伝子発現の際には，遺伝子操作が容易な大腸菌の系で組換えベクターを構築し，できたベクターを酵母に導入した後，形質転換株の選択と培養を行うことが多い．プロモーターとしては恒常的発現タイプのものがよく用いられる．

ベクターをタンパク質の発現に用いるにあたっては，それぞれの特徴を理解しておくとよい．すなわち，より多くの発現量を求める場合には，細胞内でマルチコピーになる YRp や YEp（2 μm）プラスミドが最適である．一方，発現量より長期間にわたる発現の安定性を重視する場合，より安定に保持されるミニ染色体ベクター YCp や，相同組換えにより染色体に目的遺伝子を組み込むタイプの YIp ベクターを用いるべきである（図 4.10, 4 章参照）．

*3 IMAC は immobilized metal affinity chromatography の略．ニッケルやコバルトなどをキレート剤でアガロースビーズなどに固定化した樹脂を用いる．なお，最終産物からタグ配列を除き天然型と同じものを得たい場合には，両者の間に血液凝固因子 X などの特異的プロテアーゼの切断部位を挿入しておき，精製後にこれらでタグ配列を切断する方法もある．

Column

可溶性発現と不溶性発現

真核生物由来のタンパク質を大腸菌で発現させた場合，電気泳動では期待通りの大きさのタンパク質が発現されているにもかかわらず，期待された結合や酵素の活性が認められないことがある．このような現象は，大腸菌内で不溶性画分（封入体，inclusion body）として核酸や膜成分とともに沈殿しているために起こることが多い（図6A）．これはおもに，大腸菌リボソームの翻訳速度が真核細胞のそれの5～10倍あるにもかかわらず，分子シャペロン[*a]などによるタンパク質のフォールディング能力が真核細胞のそれに比べて貧弱であることによる．とくに膜タンパク質など疎水性残基の多いタンパク質では，この傾向が著しく，構造・機能解析における大きな障害の一つとなっている．このような場合，とるべき戦略は大きく分けて①条件検討によって可溶性画分に発現させる方法，②あえて不溶性画分を精製し，その後に巻き戻し操作（refolding）により活性タンパク質を得る方法，がある．①では，培養温度を下げてタンパク質合成速度を下げる，可溶性タンパク質との融合タンパク質として可溶性を高めて発現させる，分子シャペロンを共発現させてフォールディングを促進するなどの方策がある．②では，これとは逆に，培養温度は菌の増殖に最適な37℃にして，菌の破砕後に不溶性画分を精製し，6M塩酸グアニジンなどでこれを溶解した後，IMACなどによる精製と巻き戻しを行う．どちらの方法が絶対よいということはなく，場合に応じてこれらを使い分けるとよい．

[*a] 翻訳後のタンパク質の立体構造形成を助けるタンパク質群の総称．合成直後のタンパク質の，天然タンパク質では露出していない疎水性残基などを認識し，ATPのエネルギーを用いたりして，そのフォールディングを助ける．真正細菌では，樽型の形状をしたGroEL/GroES，熱ショックタンパク質Hsp70ファミリーに属するDnaKなどがある．

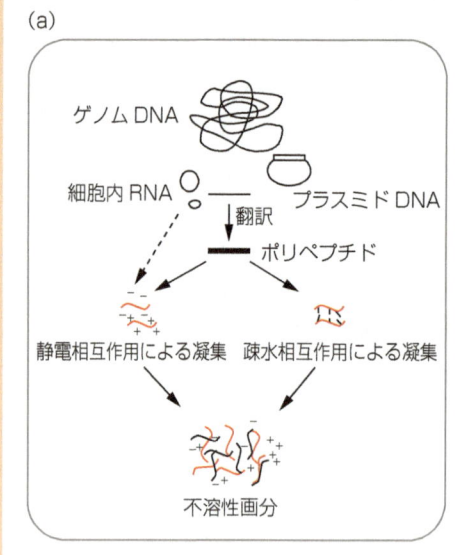

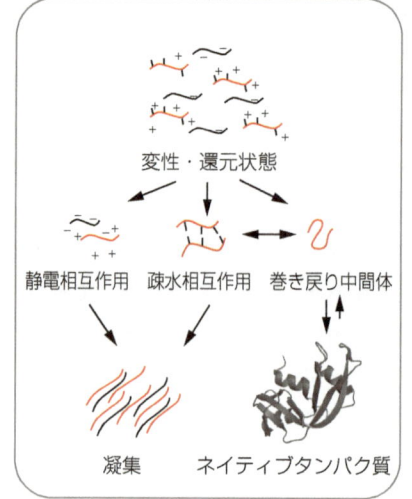

図6A 不溶性画分とその巻き戻し
(a) 大腸菌菌体内での不溶性画分の形成過程，(b) 試験管内での巻き戻し過程における巻き戻りと凝集との競争機構．

6.3.2 メタノール資化性酵母発現系

　モデル生物であるパン酵母の発現系は，変異体が豊富に存在することなど，その遺伝情報の多さもあって現在でも多く利用されている．しかし，タンパク質の大量生産のためには，メタノールを炭素源として利用可能なメタノール資化性出芽酵母の一種 *Pichia*（ピキア）*pastoris* がしばしば用いられる．最も使われる発現ベクターの例を図6.3に示す．このベクターのクローニングサイトの前後には，酵母ゲノム中のアルコールオキシダーゼの遺伝子 *AOX1* と相同な配列がコードされている．クローニングサイトに発現させたい遺伝子を組み込んだベクターを制限酵素で線状化し，電気穿孔法（4章参照）などで導入すると，酵母内の組換え酵素によって高い確率で相同配列の部分で遺伝子組換えが起きる（相同組換え）．この結果，染色体上の強力な *AOX1* プロモーターの下流に目的遺伝子が挿入され，培地に適量のメタノールを加えることで，その発現を誘導することができる．さらに組換え酵母をジャーファーメンター（培養槽）を用いて最適なメタノール濃度と溶存酸素濃度に制御しながら培養することで，細胞を高密度に保って長期間培養し，大量のタンパク質を得ることが可能である．この際，適切な分泌シグナルを結合しておくことで産物を培養液中に分泌生産させることもでき，この結果，タンパク質によっては1Lあたり数gの収量が得られたとの報告もある．一般に酵母は，後述の動物細胞に比べて安価な培地を用いて短期間に生産物を得ることが可能であり，生産物の活性などが目的に合致していれば非常に有用な方法となりうる．

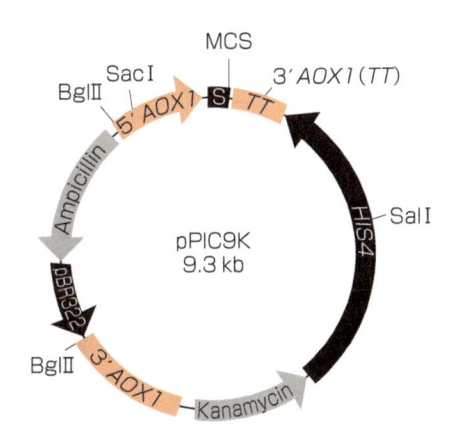

図6.3　メタノール資化性酵母（*Pichia pastoris*）の発現系
5'*AOX1*：アルコールオキシダーゼプロモーター，S：α因子分泌シグナル，3'*AOX1*(*TT*)：転写終結部位，*p*BR322：大腸菌複製起点，Kanamycin：カナマイシン耐性遺伝子，*HIS4*：ヒスチジン合成酵素遺伝子，MCS：マルチクローニング部位．ライフテクノロジーズ社カタログを参考に作図．

6.4 動物細胞を用いた発現系

真核細胞である酵母発現系を用いても翻訳後修飾の違いなどの理由で活性のあるタンパク質が得られない場合，動物細胞による生産を考える必要がある．

6.4.1 哺乳類培養細胞発現系

組換え医薬品(**生物製剤**，biologics)の生産においては，ヒトに投与した場合の抗原性や，とくに大腸菌を宿主とした場合には菌由来のリポ多糖(LPS)などの内毒素(エンドトキシン)の混入が問題になる．このような問題を避けるため，組換え医薬品の商業生産においては，安全性と生産性の高いヒトやげっ歯類(マウスなど)の培養細胞が使われる場合が多い．またベクターとしては，おもに染色体への組込みを想定したプラスミドベクター，あるいはウイルスベクターが用いられる．例外として，SV40 ウイルスの複製起点をもつプラスミドベクターは，SV40 の複製に必要なタンパク質 T 抗原をもつアフリカミドリザル由来の COS 細胞あるいはヒト 293T 細胞で，少なくとも数日間，染色体外において高いコピー数で維持されるため，タンパク質を一過性に高発現させることができ，よく用いられる．代表的な発現ベクターの構造を図 6.4 に示す．このベクターには，恒常的に mRNA の高発現が可能なヒトサイトメガロウイルス(CMV)由来のプロモーター[*4]下流に目的遺伝子を挿入するための MCS と，効率のよい転写終結とポリアデニル化のためのウシ成長ホルモン(BGH)由来の配列が配置されている．また，この近傍に SV40 の複製起点，動物細胞内での選択のための抗生物質ネオマイシン(G418)耐性遺伝子，さらに大腸菌の複製起点と抗生物質耐性遺伝子が選択

*4 ヒトに感染するが，通常は無害なサイトメガロウイルス(cytomegarovirus)由来のプロモーター．哺乳動物細胞内で遺伝子の恒常的な発現を行う．哺乳動物のプロモーターより強力で，大量の転写産物を発現する．

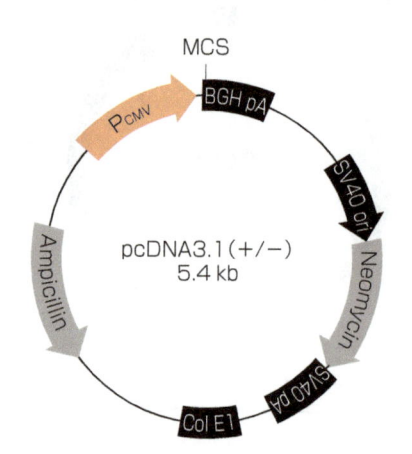

図 6.4 代表的な発現ベクターの構造
P_{CMV}：CMV プロモーター，BGH pA：ウシ成長因子ポリ A 付加シグナル，Neomycin：G418 耐性遺伝子，SV40 pA：SV40 ポリ A 付加シグナル，MCS：マルチクローニング部位．ライフテクノロジーズ社カタログを参考に作図．

マーカーとしてコードされている．これにより，リポフェクション法(4章参照)や電気穿孔法によって細胞に導入されたベクターから，一過性に目的遺伝子 mRNA の強力な転写が可能になる．さらに，ベクターが染色体に組み込まれた細胞を抗生物質で選択することで，安定に目的遺伝子を高発現する細胞を得ることができる．

また，用いるベクターの選択マーカーと細胞の組合せによっては，染色体内に挿入した遺伝子の増幅が可能なことも知られている．たとえば，選択マーカーとして大腸菌デヒドロ葉酸還元酵素(DHFR)，細胞として天竺ネズミ卵母細胞由来の CHO 細胞を使うことで，選択に用いる薬剤(DHFR の阻害剤であるメトトレキセート，MTX)の濃度を数週間にわたり徐々に上げていき，ベクターが挿入された遺伝子領域のコピー数を増やし，その結果 DHFR さらには目的遺伝子の発現量を増幅することができる[*5]．

浮遊性細胞など高い導入効率が得にくい細胞への遺伝子導入が必要な場合，より高い導入効率を得るためにレトロウイルスやレンチウイルスなどウイルス由来のベクターも多く用いられる．この種のベクターでは多くの場合，安全性を考えて，専用のウイルス作製用細胞(パッケージング細胞)を用いなければウイルス粒子が産生されないように工夫されている．各種細胞への導入に適したベクターが市販されている．

6.4.2 昆虫細胞発現系

一般に哺乳類細胞の生産性はほかの発現系と比べて低いため，より迅速かつ高収率に目的タンパク質を得られるよう，カイコのウイルスであるバキュロウイルスを用いた発現系が開発されている[*6]．この系では，カイコの多核体病の原因である，感染細胞の核内に多核体と呼ばれる巨大な封入体をつくるウイルスの多核体遺伝子を，目的タンパク質の遺伝子と置き換えたウイルスを作製し，カイコの培養細胞に感染させる．これを数日間培養することにより，細胞内に大量のタンパク質を産生できる．また用いるウイルスの種類によっては，感染細胞からウイルス粒子を回収し，カイコ幼虫に注射することで，さらに数日でカイコの体内に安価に大量の組換えタンパク質をつくらせることが可能である．カイコに限らず動物個体を用いた発現系では，高価な培地を用意する必要がなく，低コストでスケールアップが容易なメリットがある．

6.5 そのほかの発現系

このほか，植物細胞を用いた組換えタンパク質生産も盛んに研究されている．エネルギー源として太陽光を利用できるため，とくに生産コスト面で大きな潜在的なメリットがある(14章参照)．また，少量でも多種類のタンパ

[*5] タンパク質の生産コストを考えると，生産性向上は重要な課題である．とくに最近，医薬品として大量に使われるようになったヒト型抗体では，培養コストの低減は待ったなしの課題である．最近では遺伝子増幅した CHO 細胞の高密度培養により，たとえば治療用ヒト型抗体で数 g/L の生産性が得られるようになってきた．

[*6] たとえば AcMNPV ウイルスと Sf9 細胞の組合せがよく用いられる．

ク質を発現させたいときに，細胞抽出液を用いて簡便な操作でタンパク質を発現可能にする，無細胞タンパク質合成系も広く用いられるようになってきた（下のコラム参照）．

6.6　レポーター遺伝子

　細胞内で標的とする遺伝子の機能解析を行うときには，細胞内への遺伝子導入効率，遺伝子の転写を制御しているプロモーター活性，遺伝子産物であるタンパク質の発現活性，細胞内や生体内での発現時期・局在性などを調べる必要がある．しかし，一般的には標的遺伝子やその発現産物であるタンパク質そのものの観察や検出，また，その機能を簡便な方法で測定・評価することは難しい．**レポーター遺伝子**は目印としての役割を担う遺伝子であり，このような機能解析を容易かつ簡便に行うために利用されている．このレポーター遺伝子の産物であるレポータータンパク質は，次のような条件を満足する必要がある．

① 機能解析に使用する細胞に，本来存在しない．
② 細胞内で毒性を示さない．
③ 蛍光，発光，酵素活性など，簡便で高感度に再現性よく測定できるレポーター活性を示す．

Column

無細胞タンパク質合成系

　宿主細胞を用いた発現系には，宿主に毒性のあるタンパク質の合成が難しい，目的タンパク質の取得までに時間がかかる，バイオハザードに留意する必要があるといった問題がある．そこで，細胞由来のタンパク質合成系を試験管内で再構成して用いる無細胞タンパク質合成系が開発されている．通常，タンパク質合成能の高い大腸菌，コムギ胚芽，ウサギ網状赤血球などの細胞抽出液と，ATPなどのエネルギー源，鋳型mRNA（あるいはDNAとRNAポリメラーゼ）を反応容器内で混合することで，通常，1時間から数時間で目的タンパク質のみを合成させることができる．

　無細胞系の一つのメリットは，反応液の組成を自由に設定できることである．たとえば合成反応の際，安定同位体をもつアミノ酸や非天然アミノ酸をtRNAと結合したかたち（アミノアシルtRNA）で入れておくことで，非天然タンパク質を容易に調製できる．また，酸化還元状態を調整することでジスルフィド結合をもつタンパク質を発現させ，さらに脂質成分を添加することによって膜タンパク質を発現させることも可能である．

　さらに最近，細胞抽出液ではなく翻訳に必須な因子のみで再構成した無細胞タンパク質合成系，抽出液中のタンパク合成阻害物質を除くことで合成量を飛躍的に向上させたコムギ胚芽系など，従来にない特徴をもった発現系が日本のグループにより開発された．ゲノム由来タンパク質の解析のような，多種のタンパク質の迅速な同時生産に適した方法として活用されている．

④ レポーター活性が細胞内のほかのタンパク質の影響を受けない．

6.6.1 レポーター遺伝子の種類とレポーター活性の検出
(1) レポーター遺伝子の種類
　微生物や動物細胞では，大腸菌由来β-ガラクトシダーゼ[*7]遺伝子(*lacZ*)，ヒト胎盤由来分泌型アルカリホスファターゼ(SEAP)[*8]遺伝子，ホタル由来ルシフェラーゼ(Luc)[*9]などの酵素遺伝子，緑色蛍光タンパク質(GFP)[*10]やその蛍光色変異体の遺伝子が，レポーター遺伝子として広く利用されている．

　植物細胞では，Luc遺伝子とGFP遺伝子に加えて，大腸菌由来のβ-グルクロニダーゼ(GUS)[*11]遺伝子が広く用いられている．

(2) レポーター活性の検出
　レポーター活性の検出には，目的に応じて細胞集団全体として行う場合と細胞ごとに行う場合がある．細胞集団のレポーター活性の評価には，酵素型のレポーターが広く用いられている．この場合は，細胞集塊から細胞抽出液を調製し，これに基質を加えて反応させ，生成物に由来する吸光度，蛍光，発光などのシグナル強度を各種の分光光度計で測定し，レポーター活性を定量的に評価することができる．SEAP遺伝子レポーターの場合では細胞外にレポータータンパク質が分泌されるため，細胞抽出液を調製する必要はなく，細胞培養液に基質を加えるだけでレポーター活性を簡便に測定できる．そのため，細胞集団のレポーター活性の評価に適している．

　細胞ごとのレポーター活性を酵素型のレポーター遺伝子を用いて評価する場合には，細胞内に酵素の基質を導入する必要があるため，細胞膜を透過しやすい基質を用いるか，基質の細胞膜透過性を高めるような前処理が行われる．一方，GFPレポーター遺伝子は，タンパク質自体が蛍光を発するため基質や前処理が不要であり，細胞ごとのレポーター活性の評価に適している．レポーター活性の検出には，細胞1個ごとの蛍光を測定できるフローサイトメーター(10章参照)あるいは蛍光顕微鏡(7.4.1項参照)が用いられる．

6.6.2 レポーター遺伝子の応用例
　図6.5に示すように，各種のレポーター遺伝子が開発され，遺伝子導入効率解析[*12]，転写活性解析[*13]，翻訳活性解析[*14]などに用いられている．転写活性解析を行う際に，細胞への遺伝子導入効率や細胞抽出液調製の効率の違いなどが転写活性の評価に影響を及ぼすことがある．このような場合には，細胞内で常に発現している遺伝子(たとえば解糖系のグリセルアルデヒド3-リン酸脱水素酵素，核酸合成系のチミジンリン酸化酵素，細胞骨格のβ-アクチン遺伝子など)のプロモーターやCMVプロモーターの下流に，レポー

[*7] ラクトースをグルコースとガラクトースに分解する酵素．X-gal(4.1.3項参照)を基質とする反応では青色を呈する不溶性産物ができ，酵素活性の検出が容易なため，その遺伝子*lacZ*はレポーター遺伝子として古くから使用されている．

[*8] アルカリ性条件下でリン酸エステル化合物を加水分解する酵素．肝臓，腎臓，小腸，胎盤など，広く全身の細胞で発現しているが，その大部分は細胞膜上に局在している．

[*9] ホタルや発光バクテリアなどの生物発光において，基質ルシフェリンを酸化して発光させる酵素．ルシフェラーゼの種類によって発光色は緑，黄，オレンジ，赤と変化する．発光を光電子増倍管で高感度に検出できるため，ホタルとサンゴの一種ウミシイタケ由来のルシフェラーゼの遺伝子がレポーター遺伝子として広く利用されている．

[*10] 青色の光を吸収して緑色の蛍光を発光するオワンクラゲ由来のタンパク質．GFP(green fluorescent protein)の発色は基質を必要とせず，また異種細胞での発現も容易である(7.3.3項参照)．

[*11] D-グルクロン酸のβ型配糖体に作用してβ-グルクロニド結合を加水分解し，D-グルクロン酸を生成する酵素．高等植物や微生物にも存在するが，とくに動物においては全組織に存在する．多くの植物細胞内ではこの酵素の活性がほとんど認められないので，レポーター遺伝子としてよく用いられる．

6章 遺伝子発現

*12 標的遺伝子を細胞に導入して，その遺伝子の機能を解析しようとする際，同一のプロモーターで遺伝子発現が制御される別々のベクターに，標的遺伝子とレポーター遺伝子を組み込んで細胞に共導入する．レポーター遺伝子が発現している細胞では，標的遺伝子も同時に導入され発現していることが期待されるため，全細胞中のレポーター遺伝子発現細胞の割合を求めることで，遺伝子導入効率を評価することができる．

*13 遺伝子の発現制御はおもに転写の段階で行われており，その中心的な役割を担っているのが，その遺伝子の上流に位置する転写活性調節領域とプロモーターである．さまざまな転写調節因子がこの領域に結合し，転写を活性化あるいは抑制することによって転写の制御が行われる．このような転写の制御機構を解析するために，解析対象とするプロモーターの下流にレポーター遺伝子を連結したベクターが利用される．このレポーター遺伝子の発現産物であるレポータータンパク質の活性測定によって，プロモーターの転写活性を評価することができる．

*14 標的遺伝子の翻訳活性は，その遺伝子産物であるタンパク質の発現量や活性が指標となる．しかし，微量なタンパク質の発現量や活性の測定には煩雑な作業が必要であり，時間とコストがかかる．そこで標的遺伝子とレポーター遺伝子を融合したキメラ遺伝子を作製し，この融合タンパク質のレポーター活性によって標的遺伝子の発現活性を評価する．翻訳活性評価の場合にも，2種類のレポーター遺伝子を用いてレポーター活性の規格化を行うことができる．

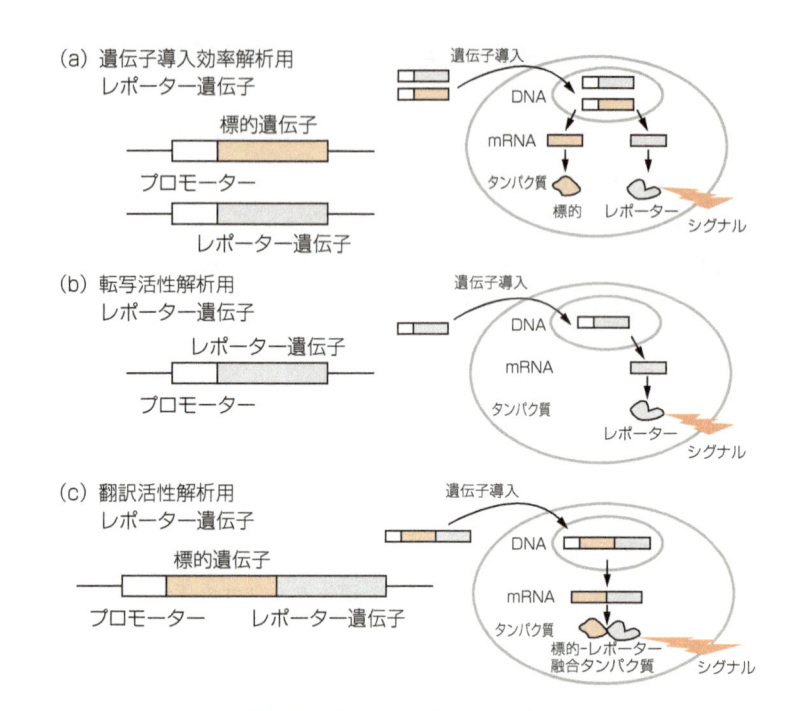

図 6.5　各種のレポーター遺伝子

ター活性を規格化するための別のレポーター遺伝子を連結したベクターが共導入される．これら二つのレポーター活性の比を求めることによって規格化し，実験条件の変動の影響を補正することができる．

また，細胞は発生に伴ってさまざまな組織の細胞に分化するが，この過程は分化にかかわる多くの遺伝子の発現調節によって行われている．標的遺伝子が分化のどの時期に，どの組織で発現しているかを簡便に解析するために，標的遺伝子の発現を制御しているプロモーターの下流に，GFP遺伝子やLuc遺伝子などのレポーター遺伝子，あるいは標的遺伝子とレポーター遺伝子との融合遺伝子を連結したベクターが用いられる．

6.7　ディスプレイ技術

増殖や複製が可能な細胞，ファージ・ウイルス粒子などの表層にペプチドやタンパク質などの標的分子を提示し，増やすことができるディスプレイ（提示）技術は，ペプチドやタンパク質の機能解析やライブラリーからの機能性分子選択（スクリーニング），固定化生体触媒としての利用など，さまざまな分野に応用することが可能である．ここで，表層に提示された標的分子の設計図である遺伝子は，これらを提示するそれぞれの細胞やファージ・ウイルス粒子の中に存在しているため，遺伝子とその発現産物であるペプチドやタンパク質を一対一に対応づける技術であるといえる．そのような意味で，無

細胞タンパク質合成系を利用して，mRNAとそれに対応する標的分子を直接あるいはリボソームを介して一対一で連結する方法も，それぞれmRNAディスプレイ技術*15，リボソームディスプレイ技術*16 と呼ばれる．

6.7.1 各種のディスプレイ技術
(1) 細胞表層ディスプレイ技術

細胞表層に局在しているタンパク質やその局在化を担う部位と標的分子を融合し，細胞表層に提示することができる．これは，遺伝子工学技術を用いて細胞表層タンパク質遺伝子の上流側(DNAの5′側)，内部，あるいは下流側(DNAの3′側)など，さまざまな位置に標的分子の遺伝子を挿入した融合遺伝子を作製し，これを細胞に導入して転写・翻訳させ，細胞表層に提示するという方法である(図6.6a)．

大腸菌などのグラム陰性細菌では，マルトース受容体LamB，細胞の接合や病原性にかかわるOmpAなどの外膜に存在するタンパク質に標的分子を融合し，提示できる．またブドウ球菌，乳酸菌，枯草菌などのグラム陽性細菌では，細胞膜を覆う厚い細胞壁のペプチドグリカンにGPIアンカー*17 を介して連結されるプロテインA*18 やプロテイナーゼPのN末端側に標的分子を融合して細胞表層に提示する系が開発されている．

酵母もグラム陽性細菌と同様に厚い細胞壁で細胞膜が覆われており，細胞

*15 タンパク質合成を阻害する抗生物質であるピューロマイシンを3′末端に化学修飾したmRNAを鋳型としてペプチド鎖を合成し，ピューロマイシンをリボソームのPサイトにある合成されたペプチド鎖のC末端と共有結合させ，mRNA上に標的分子を安定に提示する方法(図6.6c参照)．

*16 無細胞タンパク質合成系を用いて，リボソーム上に標的分子を提示する方法(図6.6c参照)．翻訳を行うmRNAから終止コドン以下を除去するか，解離因子群を無細胞タンパク質合成系から除くかすると，リボソームのmRNAからの解離が起こらず，その結果，mRNA―リボソーム―ペプチド鎖の複合体が形成され，リボソーム1分子上に1分子の標的分子を提示することができる．

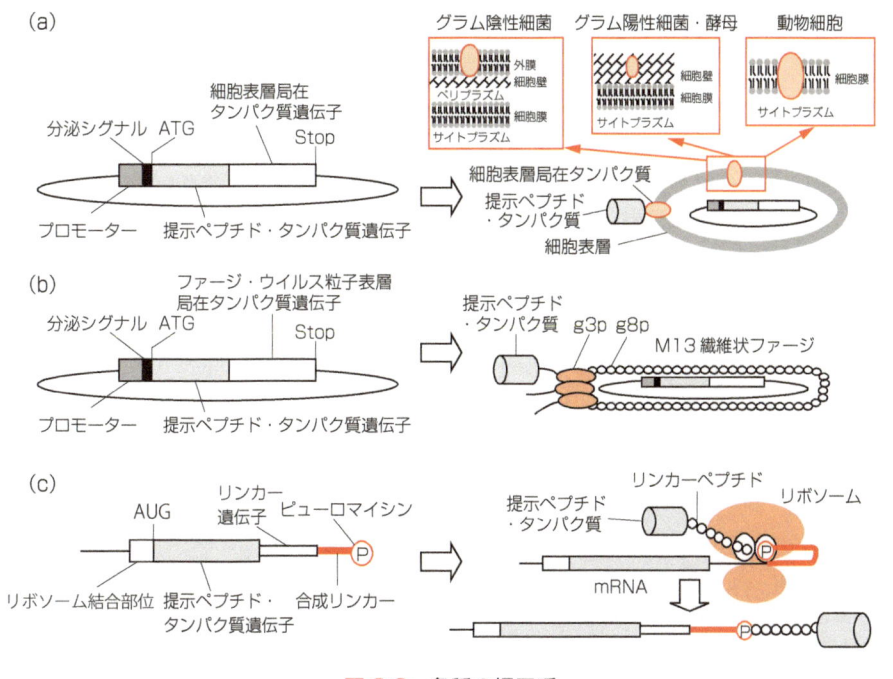

図6.6 各種の提示系

*17 グリコシルホスファチジルイノシトール(GPI)アンカーはタンパク質のC末端にアミド結合して,細胞膜の外側にさまざまなタンパク質をつなぎ止める役割を果たしている.グラム陽性細菌や酵母の細胞壁に局在している細胞表層タンパク質の多くはGPIアンカータンパク質であり,細胞膜に提示された後にホスファチジルイノシトールに特異的なホスホリパーゼによって細胞膜から切断されて細胞表層に移行し,GPIアンカーの糖鎖中のマンノース基が細胞壁のグリカン鎖に共有結合で連結される.

*18 黄色ブドウ球菌の細胞壁成分の5%を占めるタンパク質.免疫グロブリンG(IgG)の重鎖の定常領域CH2,CH3(Fc部分)と特異的に結合する.この性質を利用して,IgG抗体のアフィニティー精製にも広く用いられている.

の接合にかかわるα-アグルチニンやa-アグルチニン,凝集性酵母の凝集にかかわるレクチン様凝集タンパク質Flo1p[*19]などの細胞表層タンパク質に標的分子を融合して提示する方法が用いられている.

動物細胞の場合には,一回膜貫通型の受容体であるチロシンキナーゼ受容体のN末端側に融合することによって細胞膜上に提示できる.

(2) ファージ・バキュロウイルスディスプレイ技術

ファージのコートタンパク質やバキュロウイルスのエンベロープタンパク質に融合して,これらファージやウイルスの表層に標的ペプチドやタンパク質を提示する方法である(図6.6b).

繊維状M13ファージではコートタンパク質g3pやg8pのN末端を提示に利用し,T7ファージの場合にはコートタンパク質g10pのN末端とC末端がいずれもファージ表層の外側に露出しているため,両末端を提示に利用することが可能である.バキュロウイルスの場合には,エンベロープを構成する糖タンパク質であるgp64のN末端に融合してウイルス表層に提示される.

6.7.2 各種ディスプレイ技術の応用

細胞ディスプレイ法の利点として,培養により機能性ペプチドやタンパク質を提示した細胞を増殖させ,繰り返し利用できるため,図6.7に示すようにさまざまな分野への応用が期待されている.乳酸菌は,乳製品や漬物など

Column

タンパク質につけられた荷札

人間社会において適材適所が組織運営の要諦であるのと同様に,細胞という社会においても,タンパク質を適材適所に配置することが細胞のさまざまな高次機能の実現に不可欠である.タンパク質はリボソームによって細胞質で生合成された後,核,ミトコンドリア,葉緑体,ペルオキシソーム,小胞体など,必要な細胞内小器官に輸送される.また,小胞体に輸送されたタンパク質は,ゴルジ体を経由して,リソソーム,細胞膜,細胞外などへ輸送小胞によって運ばれる.この小胞輸送はコンテナ輸送のようなもので,同じ目的地に向かうタンパク質は同じ輸送小胞に積み込まれる.

タンパク質はどのようにして目的地に間違いなく正確に運ばれるのだろうか? 郵便物や荷物は,郵便番号や住所などの行き先を示す荷札をつけることによって,世界中のどこへでも正確に輸送することができる.実は,タンパク質を輸送する際にも同じ仕組みが使われている.行き先を指定する荷札に相当するのが,タンパク質のN末端,C末端,あるいはペプチド鎖の内部に付加されたシグナル配列,局在化シグナル,移行シグナルと呼ばれる短いペプチドである.現在,細胞内小器官膜表面上の受容体や輸送小胞膜表面上の運び屋タンパク質がこの荷札を認識し,選別するメカニズムの解明が構造生物学の分野で進められている.このような荷札を遺伝子工学的に付加することにより,タンパク質を細胞膜や望みの細胞内小器官に輸送しディスプレイすることができる.

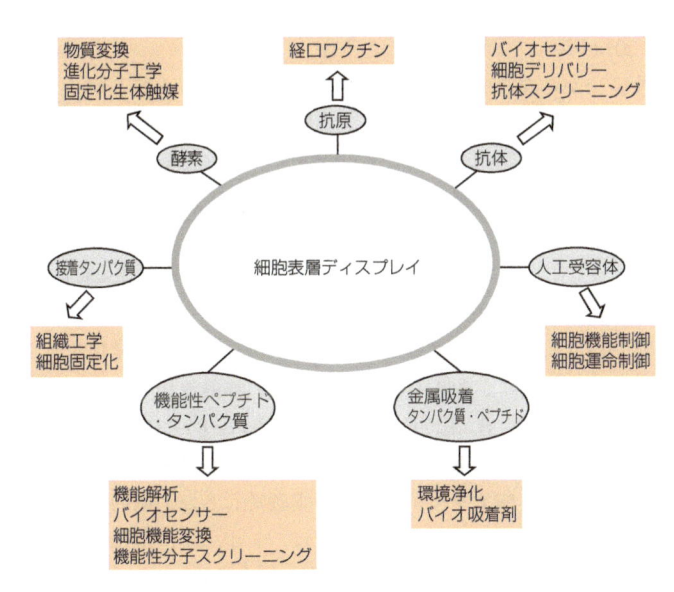

図 6.7 細胞表層に提示される分子とその応用

*19 凝集性酵母の細胞表層に局在するタンパク質で，N 末端側にグリカン鎖と強く相互作用するレクチン様の繰返しドメインをもち，C 末端側の GPI アンカーによって細胞壁に連結されている．通常は C 末端側の GPI アンカー領域を利用して細胞壁に提示するため，標的分子は N 末端側に融合されるが，Flo1p の場合は N 末端側のレクチン様ドメインが細胞壁中のグリカン鎖と強く相互作用するため，GPI アンカーを除いた C 末端側に融合し提示することも可能である．

の発酵食品に含まれ，これまで日常的に食されてきた安全性が高いグラム陽性菌である．この乳酸菌の細胞表層に抗原を提示することで，経口ワクチンへの応用が期待される．また，さまざまな酵素を細胞表層に提示することで，新しい機能を付与した生体触媒の開発が可能となる．たとえば，酵母はグルコースを代謝してエタノールを生産できるが，デンプンやセルロースなどのバイオマスを直接代謝することはできない．これらの高分子糖質をグルコースに分解するグルコアミラーゼと α-アミラーゼ，あるいはセルラーゼと β-グルコシダーゼを酵母の細胞表層に提示することにより，デンプンやセルロースからのエタノール生産が可能となる．さらには，細胞表層にさまざまな種類の抗体を提示した細胞のライブラリーを作製し，特定の抗原に強く結合する抗体を迅速にスクリーニングし，生産するシステムの構築も可能である．

ファージ・バキュロウイルスディスプレイ法，リボソーム・mRNA ディスプレイ法は $10^8 \sim 10^{12}$ 程度の大きな数のライブラリーを扱うことが可能なため，ペプチド，酵素，抗体などの機能性分子のライブラリーを提示し，リガンドに対して結合性の高いものをスクリーニングする目的に利用されている．

練習問題

1 一般に大腸菌のクローニングベクターは 1 菌体あたりのコピー数が多いもの（> 200）が好んで使われるが，発現ベクターはむしろ少ないコピー数のも

の(< 20)が多い．これはなぜだろうか．

2 不溶性画分から巻き戻したタンパク質が天然タンパク質と同じ立体構造をもつかどうかを確かめる方法を三つ以上述べなさい．

3 酵母では細菌や動物細胞と異なり，選択マーカーとしては抗生物質耐性遺伝子よりも栄養要求性遺伝子が用いられる場合が多い．これはなぜだと考えられるか．

4 この章で取り上げた発現系(原核細胞，酵母，動物細胞，昆虫細胞，無細胞)のそれぞれの長所・短所をまとめなさい．

5 標的タンパク質遺伝子のプロモーターの上流に，遺伝子発現を制御する三つの調節 DNA 配列があるものとする．この標的遺伝子の発現が，A〜F の六つの組織のうち B, E, F で見られた(図 6B ①)．この三つの調節 DNA 配列の各組織における遺伝子発現の制御に果たす役割を明らかにするために，レポーター遺伝子を用いて以下の実験を行った．標的遺伝子の部分をレポーター遺伝子に置き換えた場合には，レポーター遺伝子の各組織での発現様式は標的遺伝子の発現様式とまったく同じであった(②)．しかし，プロモーターの上流にそれぞれ一つの調節 DNA 配列を配置した場合(③〜⑤)と，二つの調節 DNA 配列1と2を配置した場合(⑥)には，各組織においてレポーター遺伝子の異なった発現様式が観察された．このような実験結果に基づいて，三つの調節 DNA 配列の各組織における標的タンパク質遺伝子発現の制御に果たす役割を説明しなさい．

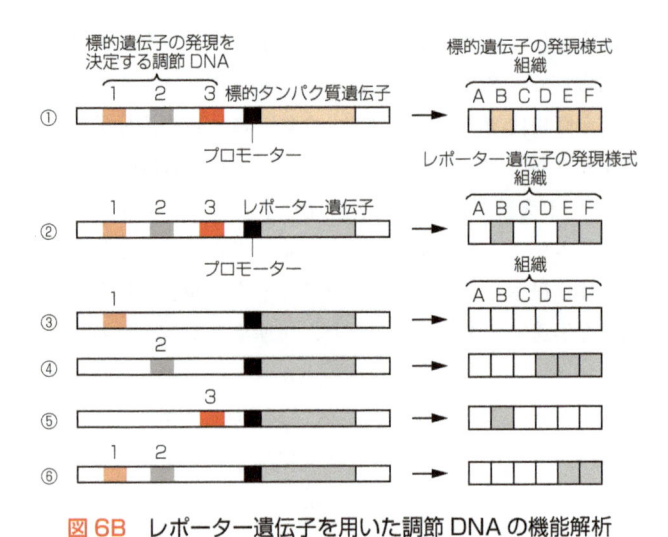

図 6B レポーター遺伝子を用いた調節 DNA の機能解析

6 グラム陰性細菌のマルトース受容体 LamB は 5 回膜貫通タンパク質で，その N 末端と C 末端が細胞外膜の内側のペリプラズムに存在する(図 6C)．この LamB に 20 アミノ酸からなるペプチドを融合して細胞表層に提示する場合，LamB のどの位置に融合すればよいか述べなさい．また，大きなタ

ンパク質を提示することが可能かどうかについて，その理由も含めて述べなさい．

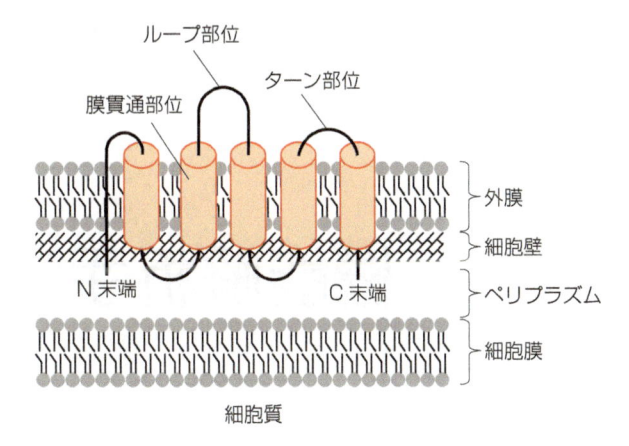

図6C　受容体 LamB の構造

7章 機能解析手法

　この章においては，目的の遺伝子が発現していることを転写レベル，翻訳レベルで確認するための手法と，得られたタンパク質の機能解析について概説する．とくにタンパク質の機能解析に対するアプローチには標準的な手法はなく，現在も新しい解析技術が開発されている．目的のタンパク質の真の機能を解析するためには，目的に合わせた手法を選択することが重要である．

7.1　mRNA の解析手法

　細胞内での特定遺伝子の転写量を計測するために，さまざまな手法が開発されている．転写産物である mRNA を検出するためには，細胞を破砕した後，RNA だけを抽出し，得られた RNA をさまざまな方法でシグナルに変換し，核酸量や配列情報を取得する．この節では，RNA の検出方法として，従来から利用されてきたノーザンブロット法に加え，簡易的な解析が可能なリアルタイム RT-PCR，および DNA マイクロアレイを用いた解析手法を紹介する．

7.1.1　ノーザンブロット法

　細胞内における各遺伝子の発現，つまり転写により生じた mRNA を解析するための最もオーソドックスな手法として**ノーザンブロット法**（northern blotting）がある．サザンブロット法（3章参照）と基本的な原理は同じであるが，サザンブロット法が DNA を検出するのに対して，ノーザンブロット法は RNA を検出する手法として開発された．この方法で最初に行うのは細胞からの RNA の調製である．RNA は汗や唾液，または器具などに付着している RNA 分解酵素によって容易に分解されるため，取扱いの際には十分な

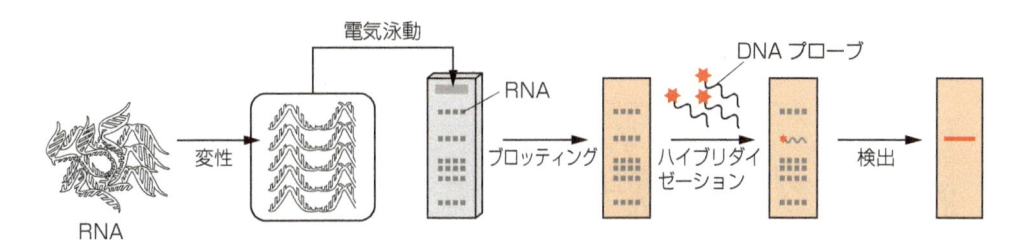

図7.1 ノーザンブロット法を用いた標的RNAの検出
検出したいRNA配列に相補的なDNAプローブを使用.

注意が必要である．高次構造をとっているRNA分子に対し，ホルムアミドなどの変性剤により変性した後，アガロースゲルを用いた電気泳動により分離する．その後，このゲル内に分離されたRNAをメンブレン[*1]上に移し，固定する．検出したいRNA配列に相補的なDNAあるいはRNAプローブを標識し，ハイブリダイゼーションさせることにより，標的RNAの量およびサイズを検出することができる（図7.1）．従来は，プローブに^{32}P（半減期14.3日）を標識したヌクレオチドが用いられていたが，近年では蛍光標識など非放射性標識したものが開発されている．

[*1] ニトロセルロースメンブレンまたはナイロンメンブレンが用いられる．ニトロセルロースメンブレンに対しては80℃で2時間乾熱処理，ナイロンメンブレンに対してはUV照射を行うことで，RNAをメンブレンに固定することができる．

7.1.2 リアルタイムRT-PCR

RNAをPCRにより検出可能なレベルまで増幅する技術として**RT-PCR**（reverse transcription polymerase chain reaction）がある．これは，RNAを鋳型に逆転写を行い，生成されたDNAに対してPCRを行う方法である．この方法を利用して**リアルタイムRT-PCR法**は開発された．ノーザンブロット法と比較して正確かつ迅速に遺伝子発現量を定量でき，微量な遺伝子発現も高感度に検出できるため，分子生物学の分野において広く用いられている．この方法ではまず，検出するRNAに対し，増幅プライマーを設計し，RNAを鋳型として逆転写とPCRを行う．DNAが指数関数的に増幅する様子をリアルタイムでモニタリングすることにより，サンプル中に存在したRNAのコピー数を計測する．

図7.2(a)は増幅曲線を示しており，サンプルのRNAが多いほど増幅曲線が早いサイクルで立ち上がる．段階希釈したスタンダードサンプルを用いてリアルタイムRT-PCRを行うと，スタンダードサンプルに含まれるRNA量が多い順番に等間隔で並んだ増幅曲線を得られる．ここで適当なところに**閾値**（threshold）を設定すると，閾値と増幅曲線が交わる点である**Ct値**（threshold cycle value）が算出される．Ct値とRNA量の間には直線関係があり，図7.2(b)のような検量線を作成することができる．この検量線を用いることで，サンプル中に存在するRNAコピー数を算出することができる．

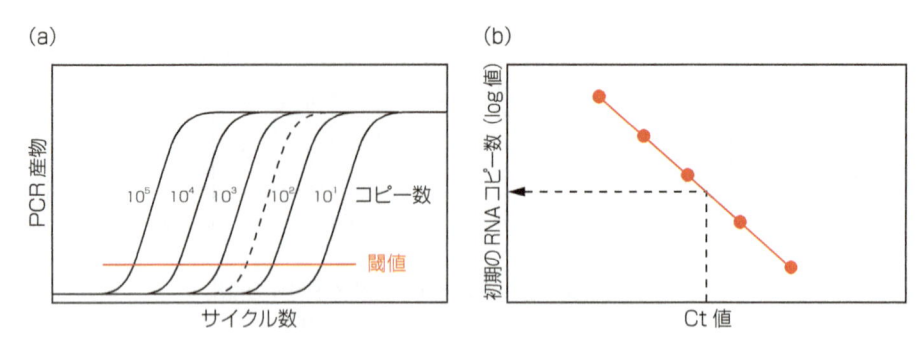

図 7.2 PCR 産物の増幅曲線(a)および検量線(b)
破線は RNA コピー数が未知のサンプルを示す．(b)の各プロットは，(a)の各コピー数における閾値に対応する．

ここで，増幅した DNA のみが特異的に検出されるような工夫があり，DNA の二本鎖に挿入されることで蛍光を示すインターカレーターを使用する方法，または増幅した DNA 産物に特異的に結合して蛍光を発するプローブを使用した方法がある．インターカレーターを用いた方法では，プローブを設計する必要がないため比較的簡単に使用できるが，非特異的に増幅した二本鎖 DNA やプライマーダイマーで生じた二本鎖 DNA により蛍光を発してしまうため，偽陽性が発生しやすい[*2]．これに対してプローブを用いた方法では，増幅産物の中の両プライマー領域の内側に結合するよう設計されたプローブを使用するため，目的の増幅産物にのみ特異的に結合して蛍光を発することにより，偽陽性の可能性が低くなる．

7.1.3 DNA マイクロアレイ

　遺伝子発現の解析方法としては，上記で紹介したノーザンブロット法やリアルタイム RT-PCR 法が多用されていたが，これらの方法では膨大な数の遺伝子の発現を同時に解析することは困難である．そこで細胞内の多種の遺伝子発現を一度に解析できる手法として，**DNA マイクロアレイ**[*3]を用いた遺伝子発現解析が開発された．この DNA マイクロアレイを用いた発現解析手法を図 7.3 に示す．二つの異なる条件で調製した細胞集団から，それぞれ mRNA を抽出・精製する．この mRNA を元に逆転写反応により**相補的 DNA(cDNA)**を合成する．この蛍光標識 cDNA と DNA マイクロアレイ上に配置したプローブとでハイブリダイゼーションさせる．洗浄した後，マイクロアレイ用スキャナーを用いて全スポットの蛍光強度を測定する．このとき，二つの細胞集団の蛍光強度比を比較することで，各細胞集団に特徴的に発現している遺伝子を網羅的に解析することができる．DNA マイクロアレイは，生物がもつすべての遺伝子の動的挙動を効率的，また定量的に計測することが可能であるため，mRNA の解析においてスタンダードな解析手法

[*2] 反応後に，反応チューブ温度を少しずつ上昇させ，二本鎖 DNA の解離曲線を得ることで，偽陽性と区別することは可能．

[*3] 対象となる生物がもつ遺伝子を元に，数千から数万種類の DNA プローブをスライドガラス上に微小な間隔でスポットする方法とスライドガラス上で直接合成する方法があり，DNA プローブが多数配列（アレイ）されているものを DNA マイクロアレイと呼ぶ．ヒト，マウスをはじめ酵母や大腸菌などモデル生物種の全遺伝子を網羅した DNA マイクロアレイが販売されている．

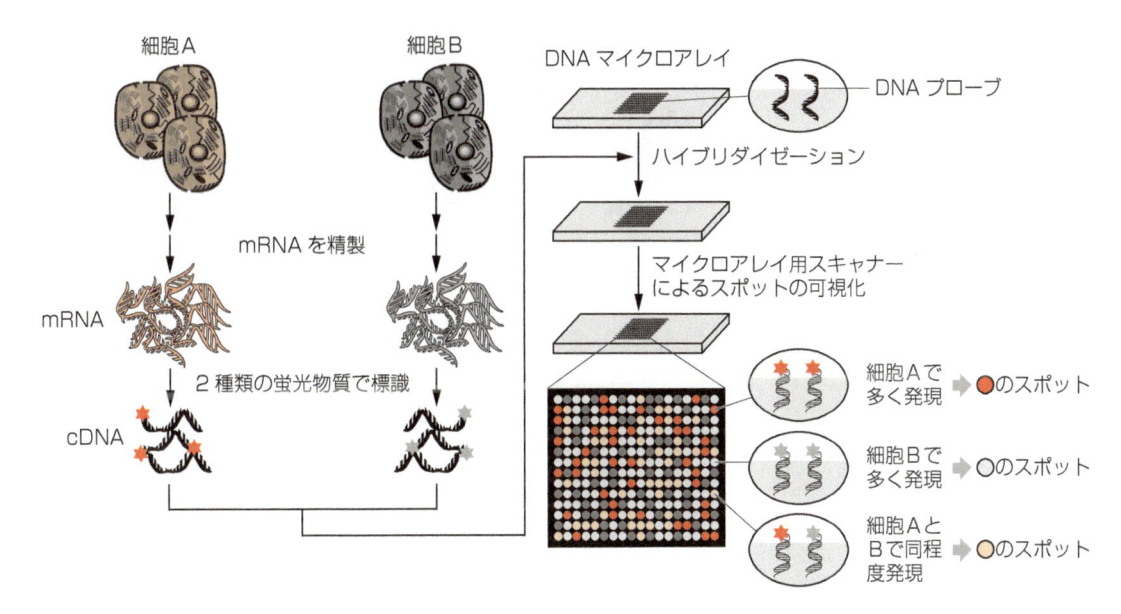

図7.3 DNA マイクロアレイを用いた遺伝子発現解析

となっている．

7.2 タンパク質の解析手法

　細胞内で mRNA が合成されて次に起きるのが，翻訳によるタンパク質合成である．20種類のアミノ酸がつくりだす高分子のタンパク質は，個々のアミノ酸側鎖の性質を生かして細胞内で重要な機能を発揮している．タンパク質の性質が多様であるため，目的タンパク質の種類や必要な情報によって，解析手法を選択することが重要である．とくに近年のゲノムプロジェクトの進行とともに，網羅的なタンパク質解析が進められている．以下に，タンパク質解析において最も利用されている方法を紹介する．

7.2.1 電気泳動によるタンパク質の分離・検出

　翻訳レベルを確認する手法として，最初に行われるのは **SDS**[*4]**-ポリアクリルアミドゲル電気泳動**(SDS-polyacrylamide gel electrophoresis: **SDS-PAGE**)によるタンパク質の分離・検出である．この方法ではまず，SDS とジスルフィド結合を切断可能な還元剤とを混合・煮沸することで変性タンパク質を負に帯電させる(図7.4a)．これをポリアクリルアミドゲル中で電気泳動すると，タンパク質は陰極から陽極へ向けて泳動される．ゲルのふるいと電気泳動によって，ほぼ分子量に従って分離される．一方，**Native-PAGE** では SDS のような変性剤を用いずに，タンパク質の活性を保持したまま，電気泳動を行う．この方法では，多量体を形成するものはそのまま泳動され，

[*4] ドデシル硫酸ナトリウムと呼ばれる陰イオン性の界面活性剤．SDS はタンパク質の疎水性部位に結合し，直鎖状の負電荷に帯電した変性タンパク質を調製可能である．

7章　機能解析手法

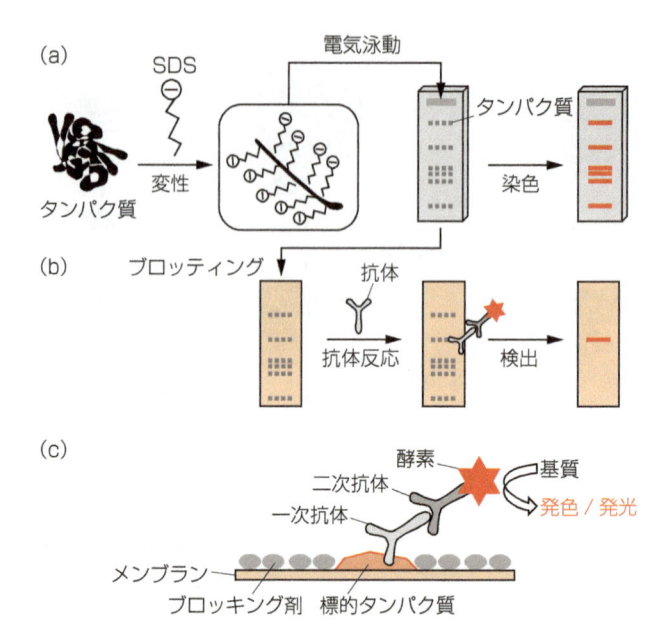

**図7.4　SDS-PAGE(a)およびウェスタンブロット法(b, c)を用いた
タンパク質の解析**

*5　CBBを用いた染色では1バンドあたり50〜100ng程度，また銀染色では1バンドあたり2〜5ngが検出限界である．銀染色法は，タンパク質の種類により発色に違いが見られるが，微量なタンパク質でも検出できることが特徴である．

*6　泳動ゲル中にpH勾配を作製し，タンパク質の等電点の違いを利用して分離する電気泳動．

*7　ウェスタンブロット法で使用するメンブレンは，タンパク質が結合しやすいニトロセルロースメンブレンまたはPVDF（polyvinylidene difluoride）メンブレンである．

　また不溶性タンパク質は分離が困難である．分離後，ゲル中のタンパク質を可視化するためには，染色操作が必要である．一般的にはCBB（Coomassie brilliant blue）染色や銀染色によりタンパク質を検出する[*5]．

　また，混合タンパク質溶液から分離精度よくタンパク質を検出するために，2段階の電気泳動により分離する手法として**二次元電気泳動**（two-dimensional electrophoresis）がある．一般的に，一次元目に等電点電気泳動[*6]を用いてタンパク質の分子表面電荷の差によって分離し，さらに二次元目にSDS-PAGEを用いて分子の大きさによって分離することで，混合タンパク質をそれぞれ単一に分離する．この手法を用いることで，細胞全タンパク質を数千以上にも及ぶスポットに分離することができ，近年のプロテオーム解析（12.7節参照）において，二次元電気泳動は重要な役割を担っている．

7.2.2　ウェスタンブロット法

　ウェスタンブロット法は，SDS-PAGEなどによりゲル内で分離したタンパク質を，メンブレン[*7]に転写し，目的のタンパク質に対する抗体でそのタンパク質を検出する手法である．細胞内ではさまざまなタンパク質が発現しており，そのなかから目的のタンパク質が発現していることを確認するためには，この手法が非常に有効である．ウェスタンブロット法の概要を図7.4(b)に示す．最初に7.2.1項に示した手順でタンパク質を分離する．その後，

ゲルからタンパク質をメンブレンへ電気的に移動・固定化する．タンパク質を転写した後のメンブレンフィルターに対して，抗体との非特異的吸着を防ぐために BSA（bovine serum albumin）またはスキムミルクなどを用いてブロッキング処理を行う．次に，このメンブレンフィルター上に存在する目的タンパク質を特異的に可視化するために，抗体と反応させて検出する．ウェスタンブロット法には通常，2種類の抗体が使用されており，目的タンパク質に特異的に結合する抗体を一次抗体と呼ぶ．一次抗体を酵素標識し，検出に用いることもできるが，一般的には一次抗体に対する酵素標識[*8]抗体（二次抗体）を用いて感度を向上させて検出する（図7.4c）．この方法は，ゲル電気泳動の高い分離能に，特異性が高い抗原抗体反応を応用することで，細胞抽出液などのタンパク質混合溶液中に微量に含まれるタンパク質でも高感度に検出できるため，タンパク質解析において重要な解析手法となっている．

[*8] 標識酵素にはおもに AP（alkaline phosphatase）や HRP（horse radish peroxidase）が用いられており，酵素活性による発色や化学発光により検出する．また，近年では蛍光標識した二次抗体も多く市販されており，より正確に定量したタンパク質検出が可能である．

7.2.3 エドマン分解法によるタンパク質同定

タンパク質の同定法として，**エドマン分解**（Edman degradation method）に基づいた N 末端プロテインシークエンサーによって配列を決定する手法が用いられている．エドマン分解法は，タンパク質の N 末端側から1残基ずつ逐次分解し，生じたアミノ酸誘導体を同定する手法である．原理を図7.5に示す．最初の反応はカップリング反応と呼ばれ，塩基性条件下で N 末端

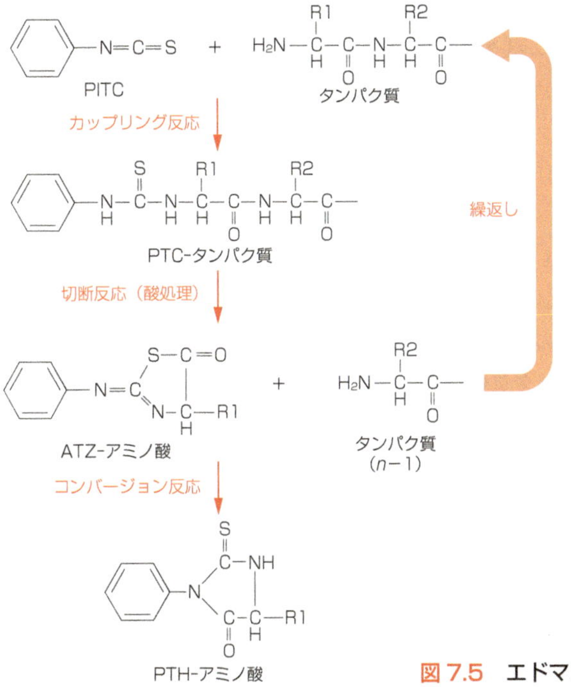

図7.5　エドマン分解の原理

のアミノ基にPITC（phenylisothiocyanate）が結合し，PTC（phenylthiocarbamoyl）誘導体が生じる．次にこれを酸処理することでN末端から最初のアミド結合で切断され，環状構造のATZ（anilinothiazolinone）-アミノ酸が遊離する．その後，ATZ-アミノ酸を抽出し，残ったタンパク質にはさらにカップリングを行い，逐次的に反応を進める．ATZ-アミノ酸には酸性条件下で，安定な誘導体であるPTH（phenylthiohydantoin）-アミノ酸へのコンバージョン反応が起こる．生じたアミノ酸誘導体は高速液体クロマトグラフィー（HPLC）で分析され，ピークが出現した時間からアミノ酸の種類が同定される．この手法はN末端を含む10残基程度の配列を決定できるため，データベースさえ存在すれば確実にタンパク質を同定できる手法といえる．しかしながらN末端のアミノ基が化学修飾を受けている場合は，エドマン分解の反応が起こらないために分析できない．また操作の煩雑さや測定時間を要することから，網羅的解析において重要なハイスループット化[*9]が困難であるといった問題も残されている．

*9 high-throughput. 高速処理，高効率処理．

7.2.4 LC-MSによるタンパク質同定

　質量分析（mass spectrometry: MS）の飛躍的な進歩と，ゲノム解析から得られた膨大なアミノ酸配列情報のデータベース構築により，細胞内のタンパク質機能解析研究の方法が大きく変化している．その解析方法とは，細胞内で発現したタンパク質群を電気泳動や液体クロマトグラフィー（liquid chromatography: LC）により分離し，MSによる分子量測定とデータベースとの照合から，タンパク質を同定する方法である．この項では，LCとMSをオンラインで連結した**LC-MS**を用いた網羅的タンパク質同定法を紹介する．まず，タンパク質群をトリプシンなどのプロテアーゼ処理によりペプチド断片化した後，HPLC（high performance LC）により分離・濃縮する．その後，分離されたペプチドの質量を分析する．質量分析装置においては，ペプチドをイオン化した後に質量と電荷の比（m/z）によって分離し，その強度を測定することで試料の質量を正確に決定することができる．ペプチド断片に由来するイオンの質量を測定し，既知のタンパク質一次構造データベースと比較して，タンパク質の網羅的解析を実施する．この手法は**PMF**（peptide mass fingerprinting）法と呼ばれる（図7.6）．

　イオン化の方法およびイオンの分離法によっていくつかのタイプに分類されるが，その代表例としてマトリクス支援レーザー脱離イオン化飛行時間型質量分析計（MALDI-TOF MS）[*10]とエレクトロスプレー・イオン化質量分析計（ESI-MS）が挙げられる．MSは，アミノ酸配列分析のほかに翻訳後修飾の分析など幅広い応用が可能である．これまで不可能であったタンパク質やペプチドなどの高分子を気相にイオン化する手法の開発により，LC-MS

*10 田中耕一氏（島津製作所）は，この装置を用いたソフトレーザー脱離法によりタンパク質のイオン化に成功し，2002年ノーベル化学賞を受賞した．

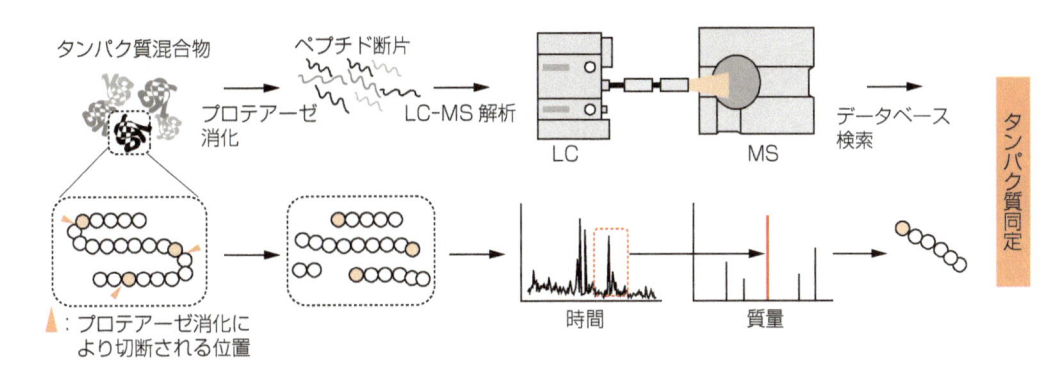

図 7.6　LC-MS を用いたタンパク質の同定

はタンパク質解析における重要な地位を獲得した．

7.3 タンパク質間相互作用の解析

　タンパク質間相互作用は，細胞内で起きる生体情報の伝達や制御に重要な役割を担っており，疾病発症のメカニズム解明や新規の医薬品開発につながる．タンパク質間相互作用の解析手法には，結合の有無のみを解析する手法から速度論を含めた相互作用解析が行える手法までさまざまである．この節では，とくに遺伝子工学の分野において頻用されている分子間相互作用実験手法に絞って紹介する．

7.3.1 酵母ツーハイブリッド法

　タンパク質間の分子間相互作用を網羅的に解析する手法として，出芽酵母を用いた**酵母ツーハイブリッド**（yeast two-hybrid: Y2H）**法**が挙げられる．Y2H 法は，レポーター遺伝子の転写活性を指標として二つのタンパク質間の相互作用を酵母内で検出するシステムである．その原理を図 7.7 に示す．標的となるタンパク質（bait）の遺伝子を DNA 結合タンパク質の遺伝子（DBD）と融合したものと，その標的タンパク質と相互作用すると考えられる別の標的タンパク質（prey）の遺伝子を転写活性化遺伝子（AD）と融合させたものの双方を酵母内で発現させる．レポーター遺伝子は酵母の染色体中に組み込んであり，酵母細胞内で bait と prey が相互作用をした場合，レポーター遺伝子上流の転写が活性化され，レポーターの発現[11]が促進される．相互作用が確認された遺伝子は，酵母より単離し回収後，そのほかの機能解析に用いることができる．この手法は酵母の細胞内で行われるため，弱い相互作用も検出でき，また標的タンパク質を精製する必要がないため，遺伝子さえ手に入ればさまざまな分子間相互作用の解析に用いることができる[12]．

[11]　実際には，培地プレート上での栄養要求性の回復や，β-ガラクトシダーゼ活性の測定により，タンパク質間の相互作用の有無が判定できる．

[12]　Y2H 法の欠点として，細胞核内の転写装置の近傍で起こらなければならないため，細胞膜タンパク質の分子間相互作用には向いていない．また，この手法は感度が高い反面，偽陽性がでやすく，相互作用の判定が難しいこともしばしばある．

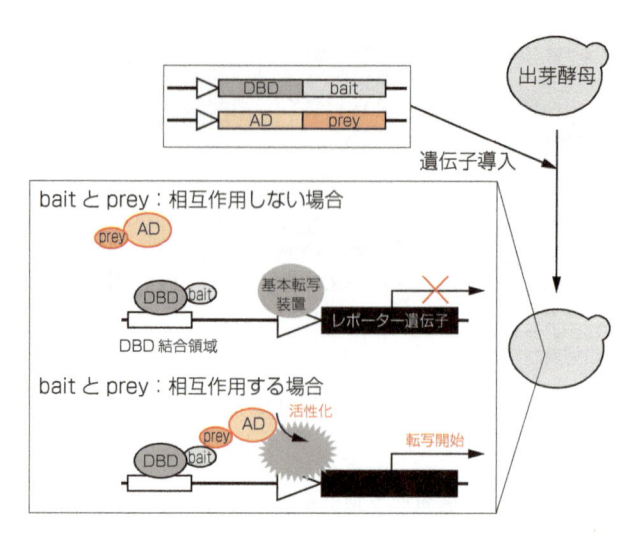

図7.7　酵母ツーハイブリッド法の原理

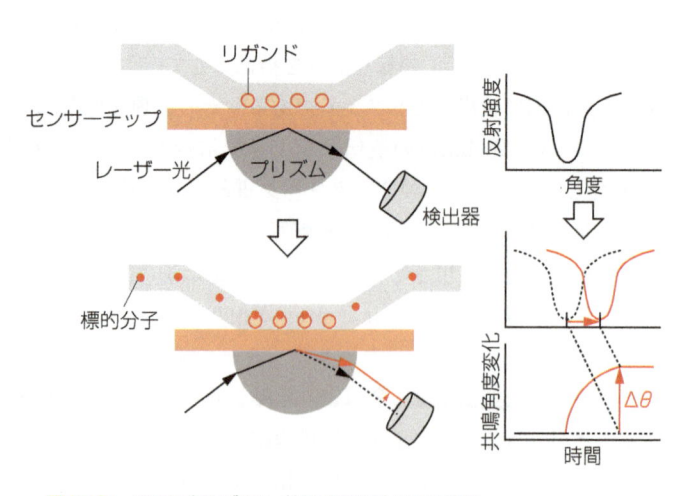

7.3.2　表面プラズモン共鳴法

　表面プラズモン共鳴(surface plasmon resonance: SPR)**法**とは，表面プラズモン共鳴(SPR)を利用して生体分子間相互作用を速度論的に解析する手法である．この手法は標的タンパク質を標識する必要がなく，またリアルタイムで計測できることを特徴とする．その原理は，50 nm程度の金属薄膜表面にプリズムを介してレーザー光を入射すると，反射光の一部に反射光強度が低下した部分が観察される．これが表面プラズモン共鳴である．入射角を走査して，エバネッセント波[*13]と表面プラズモン波の波数を一致させると共鳴現象によりエバネッセント波が表面プラズモン波の励起に使用され，反射

*13　屈折率の異なる界面(プリズムと金属薄膜の界面)で光が全反射する際に，屈折率の小さな媒質にしみ出した電磁場が発生する．この電磁場は境界面に沿って伝搬する波であり，エバネッセント波と呼ばれる．

図7.8　表面プラズモン共鳴(SPR)法の原理
センサーチップ表面で2分子間の結合反応が起きると質量変化が生じ，その結果，屈折率が変化する．

光が減少する．SPR現象は試料の屈折率に依存するために，試料の変化を共鳴角度変化として捉えることができる（図7.8）．センサーチップ表面での試料の変化を縦軸[*14]にとり，試料の時間変化を測定データとして表示する．屈折率変化の割合はすべての生体分子で同じため，相互作用をリアルタイムで見ることができる．

*14 縦軸の単位はresonance unit(RU)で表され，1RU = 1pg/mm^2 に相当する．

7.3.3 蛍光タンパク質の融合による解析

GFP（green fluorescent protein）[*15]は，タンパク質の局在，結合，遺伝子発現の研究などにレポーター分子として広く用いられている．GFP遺伝子を各タンパク質の遺伝子に融合することで細胞内においてリアルタイムに挙動を追うことができる．さらに，GFPの改変型を組み合わせることで分子間相互作用の解析に発展可能である．野生型のGFPは最大励起波長395 nm，蛍光波長508 nmで緑色蛍光を発する（蛍光の原理は7.4.1項を参照）．しかしながら，この野生型GFPは蛍光強度が弱く，レポーター遺伝子としても至適化されていなかった．そこで，蛍光強度の強い改良型GFPや，蛍光波長を変化させたシアン色蛍光タンパク質（CFP），黄色蛍光タンパク質（YFP）が開発されてきた．このような改変型GFPを用いたタンパク質間相互作用の解析法では，相互作用を観察したい2種類のタンパク質にCFPおよびYFPをそれぞれ遺伝子融合し，細胞内で発現させる．このとき2種類

*15 蛍光クラゲ Aequorea victoria から単離されたタンパク質．238個のアミノ酸で構成され，そのうち6個のアミノ酸からなるペプチドが蛍光の発生に関連する発色団を構成している．

Column

クラゲの光で，がんを見る ── GFPの発見から利用まで

2008年に下村 脩博士を含む3名の科学者がノーベル化学賞を受賞した．受賞理由は「光るタンパク質，GFPの発見と開発」である．GFPは，まさに研究用の道具として現在のライフサイエンス分野に欠かせないタンパク質である．下村博士がGFPを発見したのは1960年代のこと．数十万匹のクラゲを収集・解剖して，ついに光る正体を突き止めた．それからGFPの遺伝子がクローニングされ，現在のようにライフサイエンスの研究用の道具として利用されたのはずいぶん後，遺伝子工学が進歩した1990年代に入ってからである．GFPはライフサイエンス研究に爆発的な貢献をすることになった．それは，生きた細胞の中でタンパク質を可視化できること．病気の原因となっているタンパク質など，生体内で調べたいタンパク質の遺伝子にGFPの遺伝子を融合させることで，そのタンパク質が生きた細胞の中でどのように動くかを光によって追跡することができるようになった．これまで生命科学者が抱いていた謎をGFPによって次々と解いていったわけである．この手法は，がん発生のメカニズム解明に関する研究でも利用されており，GFPを発現させたがん細胞をマウスに移植することで転移と増殖過程を捉えることができる．このような道具として使用されているタンパク質，GFPに関してノーベル賞が与えられたことは，ライフサイエンスの分野で研究を進める研究者へ夢と希望を与えた．

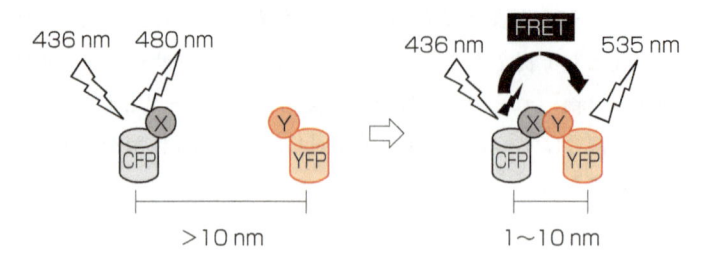

図 7.9 CFPとYFPを用いた蛍光共鳴エネルギー移動(FRET)によるタンパク質間相互作用の解析

相互作用を観察したい 2 種類のタンパク質(X, Y)を CFP および YFP に融合して発現させる. X と Y が離れているときは, CFP の励起により 480 nm の光を放出するが, X と Y が近接すると FRET により YFP が励起され, 535 nm の光を放出する.

のタンパク質が相互作用を示すとき, つまり 2 つのタンパク質が近接しているときには**蛍光共鳴エネルギー移動**(fluorescence resonance energy transfer: FRET)[*16]が起きる(図 7.9). FRET はタンパク質間の距離に大きく影響を受け, 1〜10 nm の範囲でしか観察できない. この距離はタンパク質が複合体を形成する距離に近いため, 相互作用解析に利用することができる.

7.4 顕微鏡を用いた解析

細胞内または細胞表面に存在するタンパク質の挙動を調べるために, 最も直接的な解析手法として顕微鏡を用いたタンパク質の観察がある. これは, 蛍光標識した抗体や蛍光タンパク質の融合発現などを組み合わせることで, タンパク質 1 分子レベルでの検出も可能といわれている. また, タンパク質間の相互作用を分子間力顕微鏡で評価する方法なども開発され, タンパク質研究において顕微鏡の活用は必須となっている. さまざまな顕微鏡が開発されているが, この節においてはタンパク質の解析に利用されているものに絞り紹介する.

7.4.1 蛍光顕微鏡

蛍光顕微鏡(fluorescence microscope)は, さまざまな蛍光標識の抗体が開発されたことを受け, その需要に応えて開発された比較的新しい顕微鏡である. 光学顕微鏡などに使用されている可視光線を用いた光源とは異なり, ある特定波長の光で対象となる標本を照射して, 標本から発する蛍光を観察する. 蛍光の原理は, 蛍光物質にある特定の波長の光が照射されると, その物質の原子がエネルギーを吸収することによって電子が基底状態から励起状態に遷移し, その後安定を保てなくなった電子が吸収したエネルギーを光として放出して, 再び基底状態にもどる現象である(図 7.10a). このときに照射

*16 ある励起された蛍光分子(ドナー)から近接する蛍光分子(アクセプター)へエネルギーが共鳴現象により移動する現象を指す. GFP 改変型を利用した FRET では, 励起された CFP(ドナー)の近傍に YFP (アクセプター)が存在すると, CFP からの励起エネルギーが YFP へ移動し, この蛍光タンパク質が基底状態にもどるときに, YFP の蛍光波長の光を放出することを利用している.

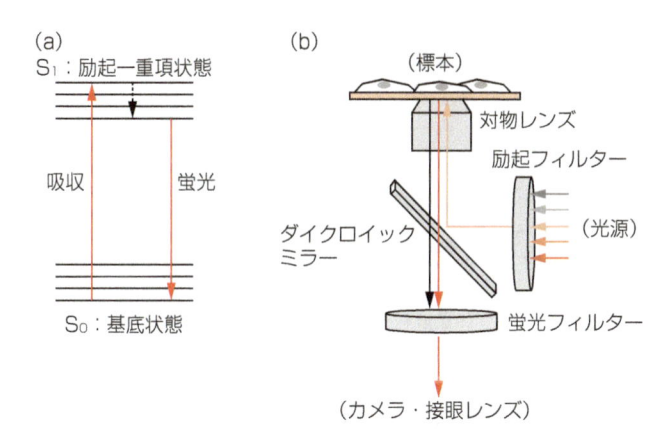

図 7.10 蛍光の発光原理(a)および落射型蛍光顕微鏡の光学系(b)

する光を励起光と呼び，また放出される光を蛍光と呼んでいる．次に，このような蛍光物質を含む標本を顕微鏡で観察する際の原理を図 7.10(b) に示す．この顕微鏡は落射型と呼ばれる蛍光顕微鏡であり，対物レンズが励起光の照明と蛍光像[17]の観察の両方を兼ねる仕組みである．光源から発する光はさまざまな波長が混じっているため，まず励起フィルターを用いて，使用する蛍光物質に適した波長帯の光を透過させる．次にダイクロイックミラー[18]を用いて励起光の波長のみを試料に照射する．ダイクロイックミラーで反射した励起光は対物レンズを経て標本に届く．ここで励起された蛍光物質由来の蛍光は接眼レンズへ向かう光路へ進む．励起光の大部分は再びダイクロイックミラーで反射されるが，一部は透過してしまうため，蛍光フィルターを用いて放出された蛍光のみを選択的に透過させ，低いバックグラウンドで標本からの蛍光を観察することが可能である．さらに，レーザー光を光源とする顕微鏡である**共焦点レーザースキャン顕微鏡**（confocal laser scanning microscope）[19]の登場により，厚みのある試料に対しても高画質な画像が得られるようになった．このように蛍光顕微鏡は，蛍光標識の抗体を使用した標的タンパク質の可視化や蛍光タンパク質の細胞内発現を観察するなど，タンパク質解析の重要な研究ツールとして利用されている．

7.4.2 電子顕微鏡

電子顕微鏡（electron microscope）は，光源の代わりにきわめて波長が短い電子線を用いて標本を観察する顕微鏡であり，光学顕微鏡では見ることができない何十万倍という倍率で標本を観察することができる．電子を高電圧で加速することで電子線（一次電子線）を発生させ，試料に照射する．このとき一部の電子は物質を透過し（透過電子），また照射部表面近くから反射電子，二次電子，陰極蛍光，X 線などが放出される（図 7.11）．電子顕微鏡には大き

[17] 光源には水銀やキセノンランプが用いられる．

[18] ある波長の光は鏡のように反射するのに対して，別の波長の光はガラスのように透過させるという特殊な光学特性をもつ．

[19] この顕微鏡は，試料面をレーザーで走査してその焦点面の蛍光と反射光の空間分布を記録し，コンピュータを通してその切片画像を再現することで厚い試料中の特定の面に焦点を合わせ，かつその上下の焦点が合っていない面からの光を排除することが可能である．

7章　機能解析手法

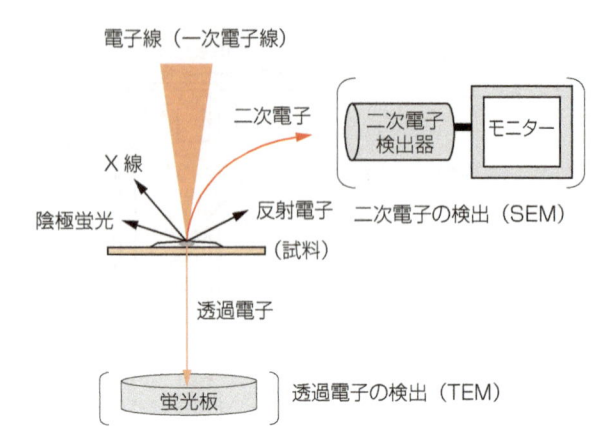

図7.11　電子線を試料に照射した際に発生する二次電子，透過電子などの模式図

く分けて，この透過電子線によって対象物の濃淡を描かせる**透過型電子顕微鏡**（transmission electron microscope: TEM）と二次電子を検出して表面状態を描かせる**走査型電子顕微鏡**（scanning electron microscope: SEM）の2種類がある．TEMでは，電子線が透過できるぐらいに薄い標本を作製し[20]，電子線を透過させることで像を観察する．TEMの原理には，試料に電子ビームを照射した際に，電子がよく透過するところは明るく見え（透過波），散乱される部分から出た電子ビーム（回折波）は対象物絞りのところでカットされるため，暗く見えるという現象を用いている．このコントラストによって像が見える[21]．一方，SEMではTEMのように試料全体に電子線を当てるのではなく，細かい電子線で試料を走査し，電子線を当てた座標の情報と照射点より放出される二次電子をシンチレーターと光電子倍増管とを組み合わせた検出器で増幅して電気信号に変え，像を構築して表示する[22]．

7.4.3　原子間力顕微鏡

走査トンネル顕微鏡（scanning tunneling microscope: STM）は，試料と細い針（探針）の間のトンネル電流を検出することで表面の構造を原子レベルの分解能で観察できる顕微鏡である．STMは金属，半導体などの固体表面の観察に適しているが，導電性の試料しか観察できない．そこで局所プローブとして探針と試料表面間に働く原子間力を利用することで，絶縁体であるセラミックス，高分子や生体物質などの観察が可能な**原子間力顕微鏡**（atomic force microscope: AFM）が開発された．AFMは，先端をとがらせた針を膜の表面上で走査して，原子間力によって生じた探針の動きを電気信号に変えることで表面の形状を観察する．STMやAFMは**走査プローブ顕微鏡**（scanning probe microscope: SPM）と呼ばれており，用途に応じてさまざまな研究に使われている．AFMの原理図を図7.12に示す．AFM探針は，一

[20]　ミクロトーム（microtome）を用いて超薄膜切片（0.1～5μm）をつくる．

[21]　細胞などの生物試料はコントラストがつきにくいため，鉛やウランなどの重金属染色によってコントラストをつける．分解能は0.1～0.3nmほどであり，高分解能のTEMでは原子配列も見ることができる．

[22]　SEMは焦点深度が深いため，凹凸の激しい試料表面でも全体にピントの合った立体像が観察できる．一般的なSEMの分解能は1～5nm程度であるが，超高分解能SEMも開発されている．

7.4 顕微鏡を用いた解析

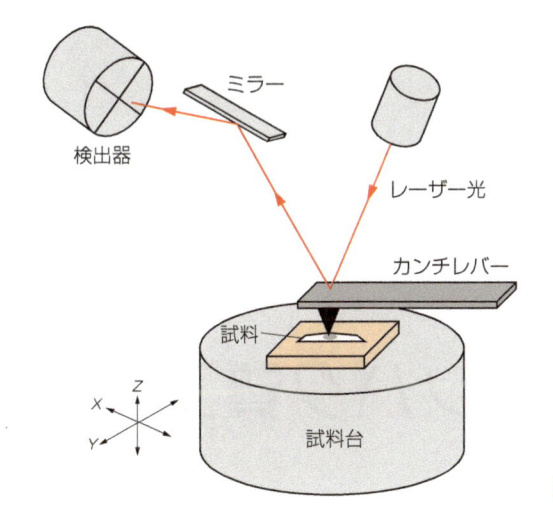

図 7.12 原子間力顕微鏡の原理

端を固定された薄い板バネの自由端につけられており，これをカンチレバーと呼んでいる．この探針と試料表面を微小な力で接触させ，カンチレバーのたわみ量が一定になるように探針-試料間距離をフィードバック制御しながら，試料を載せた台を前後左右に二次元走査する．このとき探針は試料表面の凹凸に従って上下運動をすることになり，この探針の動きを検出し，二次元イメージングすることで表面の形状を観察できる．カンチレバーの押しつけ力（たわみ信号）は「光てこ方式」により検出される．図 7.12 のようにレーザー光をカンチレバー背面に照射し，反射した光を上下で 2 分割，または上下左右に 4 分割された検出器（光ダイオード）で検出する．この検出器に入る光の強度差から，カンチレバーの平衡位置からの上下方向へのずれを測定する．このような AFM は，TEM と異なり大気圧での観察が可能なため，生体分子の解析にも頻用されており，DNA やペプチド，さらに細胞表面の膜タンパク質の画像取得に成功している．

練習問題

1. サザンブロット法とノーザンブロット法の違いを説明しなさい．
2. 細胞内に転写された mRNA を網羅的に解析する手法を一つ述べなさい．
3. SDS-PAGE はタンパク質を分子量の違いにより分離することができる．その理由を説明しなさい．
4. エドマン分解法の利点と欠点を述べなさい．
5. タンパク質間相互作用の解析に酵母の転写制御を利用した酵母ツーハイブリッド法が利用されている．その原理について図を用いて説明しなさい．
6. 蛍光共鳴エネルギー移動（FRET）が起こる条件を二つ挙げなさい．
7. 透過型電子顕微鏡（TEM）と走査型電子顕微鏡（SEM）の違いを説明しなさい．

8章 タンパク質工学

タンパク質工学(protein engineering)は，1983年にウルマー(K. M. Ulmer)によって初めて提唱された概念で，理論的な設計に基づいて目的の機能をもつタンパク質を創製するための技術をいう．タンパク質工学の研究サイクルを図8.1に示す．新しい機能をもつタンパク質，あるいは改良された機能をもつタンパク質の創製のためには，図8.1で示したおのおのの研究が不可欠である．酵素，抗体，機能性タンパク質など，すべてのタンパク質について，このサイクルにより目的を達成することが可能となる．この章では，まずタンパク質設計のための基本原理として，タンパク質の基本構造について学ぶ．次に，分子設計と各種解析について基本技術を学ぶ．最後に，ウルマーが概念を提唱した際に最も重要であると指摘した抗体について，その基礎と工学的な研究例を紹介する．

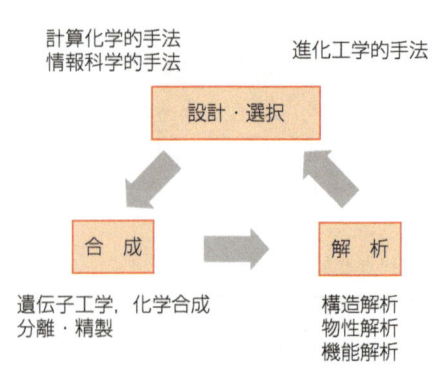

図8.1 タンパク質工学の研究サイクル

8.1 タンパク質の基本構造 ── 階層構造

アミノ酸の共重合体であるタンパク質の構造には四つの階層（正確には，超二次構造を含めて五つ）があり，これを**階層構造**（hierarchial structure）と呼ぶ．以下に，各階層ごとにタンパク質の構造を説明する．

8.1.1 アミノ酸

すべてのタンパク質はポリマー（重合体）であり，それを構成する単位はα-アミノ酸である．アミノ基が，カルボキシル基のついたα-炭素（C_α）に結合していることから，α-アミノ酸と呼ばれる．すべてアミノ基，カルボキシル基，水素原子と，それぞれの残基に固有の側鎖からなる．α-炭素に結合している側鎖の炭素をβ-炭素という．唯一の例外はプロリンで，水素原子の代わりに側鎖との結合が2本分ある．側鎖によってα-アミノ酸の化学的性質が決まる．タンパク質は20種類のアミノ酸からできている（図1.12参照）．側鎖が水素原子であるグリシンを除いて，C_α原子は四つの異なる分子と結合しているため，アミノ酸は光学活性であり，L型とD型に分けられる．天然に存在するタンパク質では常にL型のみが用いられる．

20種類の天然アミノ酸は，化学的性質に基づいていくつかのグループに分けることができる．重要な性質は電荷，極性，非極性（疎水性），分子サイズ，官能基である[*1]．アミノ酸側鎖と水との相互作用はタンパク質の立体構造に大きな影響を及ぼすので，側鎖についての物理化学的性質の理解はとても重要である．

グリシンを除けば，すべての天然アミノ酸はβ-炭素の置換体であること，すなわちアラニンが基本であり，そのβ-炭素に結合している水素にさまざまな置換基が存在していることがわかる（表8.1）．タンパク質の構造・機能・物性解析において，アミノ酸側鎖の役割を考察する際の変異導入で，グリシンではなくアラニンに置換した変異体を用いるのも，このことによる．

① 脂肪族アミノ酸

タンパク質の表面構造はおよそ7割が親水性であり，炭化水素鎖を側鎖にもつアミノ酸はタンパク質の内部に埋め込まれ，疎水性コアを形成することが多い．アラニン，バリン，ロイシン，イソロイシンがある．

② 芳香族アミノ酸

側鎖に芳香環をもつアミノ酸であり，フェニルアラニン，チロシン，トリプトファンを含む．芳香族がもつπ電子は，とくに標的分子との結合で重要である．また，チロシンはヒドロキシ基があることから疎水性が弱く，標的分子との結合においても水素結合形成に重要な役割を果たすほか，リン酸化酵素によるリン酸化が各種シグナル伝達系において重要である．

[*1] 生理的条件（一般的にはpH7）において帯電しているか，電気的に中性であるかという分け方や，水と有機溶媒のどちらに溶けやすいか，あるいは側鎖に存在する官能基で分類することもある．タンパク質の立体構造における位置によって，側鎖の性質が変化することも重要である．

表8.1 タンパク質を構成する20種類のアミノ酸

アミノ酸	略記号		R	アミノ酸	略記号		R
	3文字記号	1文字記号			3文字記号	1文字記号	
グリシン	Gly	G	—H	システイン	Cys	C	—CH$_2$—SH
アラニン	Ala	A	—CH$_3$	メチオニン	Met	M	—CH$_2$CH$_2$—S—CH$_3$
バリン	Val	V	—CH(CH$_3$)$_2$	アスパラギン	Asn	N	—CH$_2$C(=O)NH$_2$
ロイシン	Leu	L	—CH$_2$—CH(CH$_3$)$_2$				
イソロイシン	Ile	I	—CH(CH$_3$)—C$_2$H$_5$	グルタミン	Gln	Q	—(CH$_2$)$_2$C(=O)NH$_2$
フェニルアラニン	Phe	F	—CH$_2$—C$_6$H$_5$				
プロリン	Pro	P	—(CH$_2$)$_3$— (アミノ基と環構造を形成する)	アスパラギン酸	Asp	D	—CH$_2$COOH
				グルタミン酸	Glu	E	—(CH$_2$)$_2$COOH
				ヒスチジン	His	H	—CH$_2$—(イミダゾール)
トリプトファン	Trp	W	—CH$_2$—(インドール)				
				リシン	Lys	K	—(CH$_2$)$_4$—NH$_2$
セリン	Ser	S	—CH$_2$OH	アルギニン	Arg	R	—(CH$_2$)$_3$—NH—C(=NH$_2^+$)NH$_2$
トレオニン	Thr	T	—CH(CH$_3$)—OH				
チロシン	Tyr	Y	—CH$_2$—C$_6$H$_4$—OH				

③ 荷電アミノ酸

荷電残基は親水性が強く,通常,タンパク質の表面に見られる.正の電荷をもつアミノ酸はリシンとアルギニンである.負の電荷をもつのはグルタミン酸とアスパラギン酸である.ヒスチジンはpHによって,あるいはタンパク質の構造によって,正の電荷をもつ場合がある.

④ 極性アミノ酸

側鎖にヒドロキシ基やアミド基のような官能基をもつアミノ酸で,弱い親水性である.セリンとトレオニンはヒドロキシ基をもち,アスパラギンとグルタミンはアミド基をもつ.これらのアミノ酸は,タンパク質の構造形成あるいは標的分子結合において,水素結合の供与体あるいは受容体になることが多い.ヒドロキシ基は,とくにシグナル伝達系において,リン酸化酵素によってリン酸化されることも多い.

⑤ 非極性アミノ酸

①~④に属さないアミノ酸で,タンパク質の構造や機能において特殊な性質をもつ.システインは他のシステインとジスルフィド結合をつくる.プロリンは疎水性だが,分子表面に存在することの多いターン構造やループ構造などを安定化させることができるため,タンパク質分子表面に頻繁に現れる.

グリシンは構造が小さくて柔軟性が最も高く，コラーゲンのような構造タンパク質に頻繁に見られる．メチオニンもこのグループに属する．

8.1.2 ペプチド結合

ペプチド結合は，あるアミノ酸の α-アミノ基と別のアミノ酸の α-カルボキシル基が脱水縮合されることにより形成される．ペプチド結合は，窒素上にある孤立電子対が炭素上の π 軌道に流れ込み，図8.2のような共鳴構造をとるため，二重結合に近くなることから，ほぼ平面構造をとる．ポリペプチド鎖の中で自由に回転できるのはペプチド結合と α-炭素の間の結合のみで，二面角 ϕ（N-C_α 間）と二面角 ψ（C_α-C_1 間）は特定の範囲の値をもつことが知られている（図8.3）．これらの角はタンパク質の自由度を表しており，実際にはタンパク質の立体構造形成において，ある一定の値しかとることができない．図8.3(b)に示すようなラマチャンドランプロットがよく用いられる．

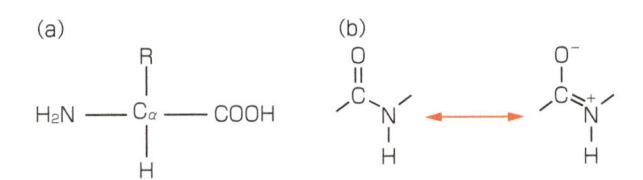

図8.2 アミノ酸(a)とペプチド結合の共鳴構造(b)

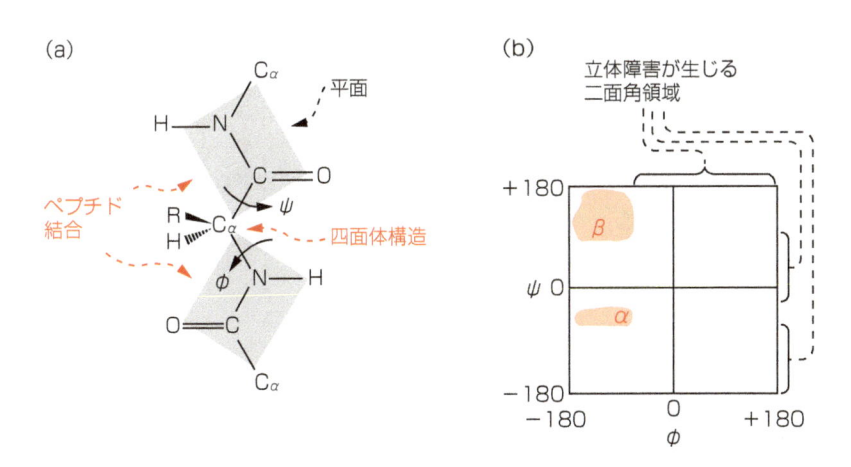

図8.3 ペプチド結合の二面角(a)とラマチャンドランプロット(b)
(b)中の α は α ヘリックス構造，β は β シート構造に特有の二面角領域を表す．

8.1.3 一次構造

ペプチドまたはタンパク質のアミノ酸の並び方や配列のことを**一次構造**ま

*2 residue. タンパク質の構造中, アミノ酸に相当する部分.

たは**アミノ酸配列**(amino acid sequence)という．ポリペプチドの両末端は，アミノ基である場合をアミノ末端あるいはN末端と呼び，カルボキシル基である場合をカルボキシル末端あるいはC末端と呼ぶ．残基[*2]は通常，N末端から数える．タンパク質の一次構造は対応する遺伝子によって決定され，配列はそのタンパク質に固有のものであり，構造と機能を決定する．これを**アンフィンゼンのドグマ**(Anfinsen's dogma)という．

8.1.4 二次構造

ポリペプチド鎖の中のペプチド結合同士(主鎖同士)，同一鎖内や異なる鎖間で水素結合を形成してつくられる規則的な二次元構造を**二次構造**という．1951年にポーリング(L. C. Pauling)が，結合長や結合角などの既知の情報に従いペプチドのモデルを組み立てることによって，**αヘリックス**(α-helix)と**βシート**(β-sheet)を提案した(図8.4)．

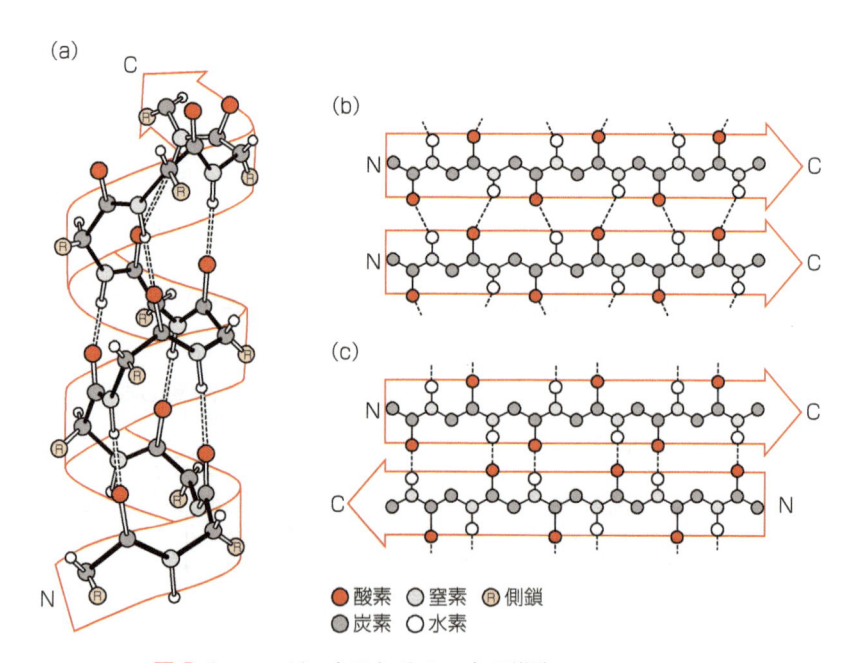

図8.4 αヘリックスとβシートの構造
(a)右巻きαヘリックス, (b)平行βシート, (c)逆平行βシート.
(b)と(c)で, C_α上の側鎖は省略されている.

*3 グルタミン酸, ロイシン, アラニン, メチオニンはαヘリックスに頻繁に見られ, グリシン, プロリン, チロシン, アスパラギンはらせん構造を壊しやすい.

αヘリックス構造では，主鎖のアミド結合のNHとC=Oが分子内で水素結合し，規則的ならせん構造をつくる[*3]．3.6アミノ酸ごとに1回転する．L-アミノ酸のみでできている天然のタンパク質のらせんは常に右巻きである．

2本のペプチド鎖を引き延ばして，平行または逆平行に並べると，両者のNHとC=Oが規則的に配列される．これらが次々と水素結合してできる

シートをβシートと呼び[*4]，2本の鎖が平行であるときを平行βシート，逆平行であるときを逆平行βシートという．タンパク質構造中では，ねじれたり湾曲したりすることが多い．

　αヘリックスもβシートも，ペプチド結合のすべての水素供与基と水素受容基が水素結合にかかわっている．側鎖はその構造をとらせやすくするかどうかを決めているだけであり，二次構造は主鎖のみで形成されていることが重要である．これら二つの二次構造は特定の二面角 ψ と ϕ をもち，対称的な形をしている．このためラマチャンドランプロットではそれぞれ特定の領域を占める．

　タンパク質には，ほかにもβターン構造やループ構造がある．これらにも規則性がある．これらの折れ曲がり構造には，プロリンとグリシンが重要な役割を果たしている．また，一定の二次構造を示さない**ランダムコイル**(random coil)と呼ばれる構造がある．最近では，このランダムコイル構造を含むタンパク質を**天然変性タンパク質**(intrinsically unfolded protein: IUP)と呼ぶことも多い．ランダムコイル構造がタンパク質の機能を決定することが，数多くの例で観察されている．

[*4] イソロイシン，チロシン，バリンはβシートを形成しやすく，グルタミン酸，アスパラギン酸，プロリンは壊しやすい．

8.1.5　超二次構造（モチーフ）

　複数の二次構造が集まることによってできる規則構造を**超二次構造**(supersecondary structure)または**モチーフ**(motif)という．この構造は，タンパク質間相互作用やタンパク質-核酸相互作用にしばしば必須である．DNA認識モチーフとしてヘリックス・ターン・ヘリックス(HTH)やジンクフィンガーモチーフ，転写因子に多く見られタンパク質の会合に関連するロイシンジッパー，カルシウム結合に見られるEFハンドモチーフなどがよく知られている．

8.1.6　三次構造，ドメイン

　ポリペプチド鎖は，α炭素の両側のC—C結合やC—N結合の回転から折りたたまれ，立体構造をとる．これを**三次構造**という．三次構造の形成は，疎水性残基が水と反発してタンパク質の中央部分に集まろうとする力によって進み，水素結合，イオン結合，ジスルフィド結合などにより構造がさらに安定化される．すべての二次構造がαヘリックスである α 型，βシートのみからなる β 型，両方をもつ α+β 型，交互に並ぶ α/β 型に大きく分けられる．タンパク質の中で，二次構造やモチーフの集合から一つの独立した構造を形成するとき，このような構造を**ドメイン**(domain)と呼ぶ．一つのドメインからなるタンパク質もあれば，抗体や受容体など免疫系に多く存在するタンパク質のように，複数のドメインから構成されているものもある．

8.1.7 四次構造

三次構造をとった複数のポリペプチド鎖が会合してできる構造を**四次構造**という．四次構造を構成したそれぞれの鎖は**サブユニット**（subunit）と呼ばれる．それぞれのサブユニットは決まった接触面で規則正しく会合する．四次構造は三次構造と同じ要因によって安定化される[*5]．

タンパク質が四次構造をとる利点として，機能調節能，協同性（アロステリック効果という），多機能をもつことができる，大きな構造体をとることができる，などが挙げられる．ヘモグロビン，DNAポリメラーゼ，各種代謝酵素などについて，協同性が研究されている．タンパク質の機能を向上させたり新しい機能をもたせたりするときに，これらはきわめて重要な点である．

[*5] 二つ以上のポリペプチドからなる複合体を多量体（マルチマー）と呼び，サブユニットが二つ，三つ，四つの場合をそれぞれ二量体（ダイマー），三量体（トリマー），四量体（テトラマー）という．また，同じサブユニットだけから構成されているものをホモ多量体（ホモテトラマーなど），別々のサブユニットから構成されているものをヘテロ多量体（ヘテロダイマーなど）という．

8.2 タンパク質の設計と解析

既存のタンパク質について，目的の機能を付与するために，あるいは今もっている機能を向上させるために，その構造を変化させる設計が必要となる．また，目的の機能をもつ人工タンパク質を創製するために，新たな構造の設計が必要となる．タンパク質の構造と機能の相関について，実験的なアプローチと計算機によるアプローチから数多くの知見が得られているものの，普遍的な法則は確立されていない．

タンパク質の立体構造構築原理や機能発現に関する多くの知見は，タンパク質への部位特異的変異導入，各種進化工学的手法による機能改変，新機能付与，人工タンパク質の創製などの試みから蓄積されてきている（図8.5）．

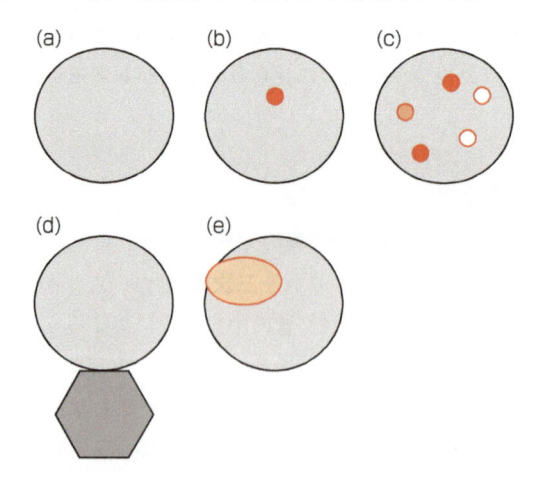

図8.5 タンパク質工学におけるさまざまなアプローチ
(a) 天然と同じ配列をもつタンパク質を野生型という．(b) 単変異など部位特異的に変異を導入した変異体．(c) 無作為に変異を導入した変異体．(d) 野生型に機能性タンパク質ドメインやペプチドタグを融合させた融合タンパク質．(e) モチーフなどを野生型タンパク質に導入したタンパク質をキメラタンパク質という．

8.2.1 タンパク質への変異導入

　タンパク質の機能について知見を得るためだけでなく，立体構造情報や配列情報に基づいて合理的に機能を改良・改変するための部位を設計し，**変異導入**(mutagenesis)を行うこともできる．変異導入の方法には，部位特異的変異導入(4章参照)，無作為変異導入，遺伝子シャッフリングがある(図8.6)．部位特異的変異導入では，変異導入箇所を中心とした20塩基程度の変異導入プライマーDNAを設計し，遺伝子にアニールさせ，酵素合成により変異遺伝子を作製する．さまざまな手法が報告され使われてきたが，最近では，PCRを用いた系が使われることが多い．無作為変異導入は，遺伝学的手法として，変異誘因薬剤などにより変異を誘発する方法(4章参照)や，PCRの条件において，基質濃度を変化させたりMnイオンを入れたりして酵素反応の忠実度を下げる方法(エラープローン PCR[*6])がある．さまざまに変異導入された遺伝子をシャッフルして，効率よく変異導入された遺伝子を用意することを遺伝子シャッフリングと呼ぶ．

*6 error-prone PCR. dNTPの組成を敢えてアンバランスにしてPCRを行うことで，DNAポリメラーゼが間違えた塩基を取り込むことを誘発させ，変異を導入する．

8.2.2 ドメイン，モチーフの融合，キメラタンパク質

　多くのタンパク質は三次構造としてドメインを基本単位としている．ドメインはタンパク質全体の構造における要素の一つであり，それ自体で安定化され，ほかの部分とは独立にフォールディングする．興味深いことに，ドメイン構造やモチーフ構造は，生物種によらず保存されている場合が多いことに加え，多種類のタンパク質に共通して見られる．そこで，機能のわかっているドメインやモチーフをまったく異種のタンパク質に移植することがあり，これを**キメラ化**(chimerism)という．また，構築したタンパク質を**キメラタンパク質**(chimeric protein)と呼ぶ(図8.5e 参照)．

　ドメインやモチーフの数は，タンパク質分子の数よりはるかに少ない．さまざまなタンパク質にこれらが共通して存在するのは，遺伝子の一部がゲノムの中で重複したり位置が変わったりという進化の結果である．これは，あるタンパク質のドメインが別のタンパク質のドメインにも導入されて新しい機能が加わってきたことを意味する．タンパク質工学においては，これらの生物学的な現象をまねて新しい機能をもつ分子を創製している．

8.2.3 変異タンパク質の発現と調製

　組換えタンパク質は，その遺伝子を適切な発現ベクターに挿入し，そのベクターを各種宿主，たとえば大腸菌，酵母，昆虫細胞，植物細胞，哺乳動物細胞に導入し，遺伝子発現を誘導することにより生産する．無細胞タンパク質合成系も有効な手法である．さまざまな宿主-ベクター系が開発され，市販されている．調製したいタンパク質によって，有効な宿主およびベクター

8章 タンパク質工学

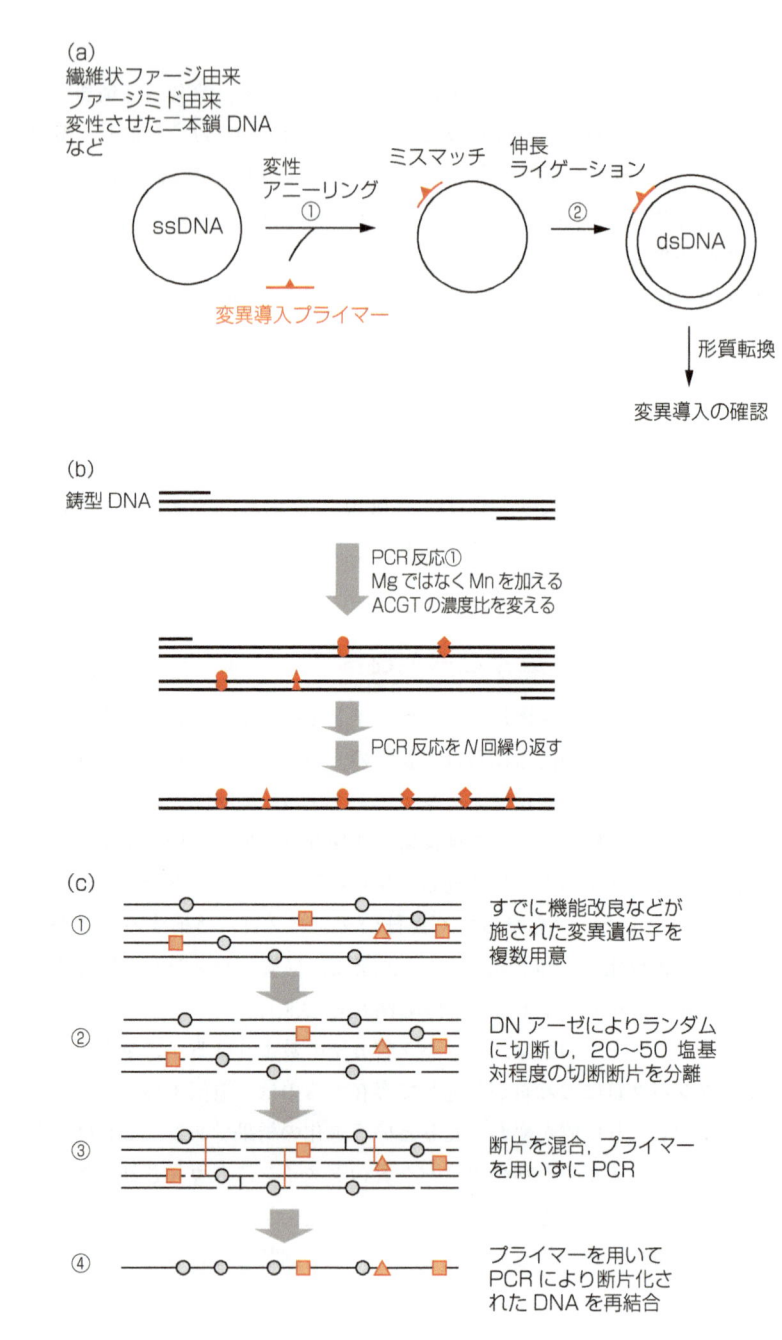

図8.6 変異導入法
(a)部位特異的変異導入の概念．(b)エラープローンPCRによる無作為変異導入．●▲◆は変異遺伝子を示す．(c)遺伝子シャッフリング法．

が異なる．たとえば，糖鎖付加など翻訳後修飾を受ける分子種の場合，折りたたみ構造の制御が必要な際は，昆虫細胞や哺乳動物細胞を用いる．分泌系のタンパク質は，適切なシグナルペプチドを融合して発現させ，細胞外に分泌させる．発現タンパク質は，しばしば菌体内や細胞内に封入体を形成し，不溶性顆粒として沈殿する．このような場合は，尿素やグアニジン塩酸塩，適切な界面活性剤などで抽出した後，リフォールディングと呼ばれる作業が必要となる．可溶性タンパク質として得られた後，クロマトグラフィーという分離操作によって精製する*7．

8.2.4 構造解析

タンパク質の一次構造やアミノ酸配列は，エドマン法や質量分析法により決定できる．エドマン法は自動化されており，N末端が修飾されていなければ，1 pmol（10^{-12} mol）程度あれば，数十アミノ酸からなるペプチド配列を決定することも可能である．トリプシンなどの分解酵素によってタンパク質を断片化した後に質量分析法により分析し，その質量から配列データベースより検索する方法が多用されてきている．また，タンパク質が翻訳後に受ける修飾の種類や位置を決定するには，質量分析法が必須である．翻訳後修飾は，さまざまな疾病に関連することが知られているほか，標的分子と相互作用する分子の同定にも超高感度質量分析装置による解析が有効である．

タンパク質の二次構造は，分光学的手法，とくに紫外吸収，円偏光二色性（CD，3章参照），赤外吸収，ラマン散乱などのスペクトルを測定することで解析できる．とりわけCDは操作が簡便であり，必要とされるタンパク質の量が少なくてすむこと，溶液中における構造変化を観測できることから，熱処理，化学処理，化学修飾，変異導入などによる二次構造変化の議論に活用されている*8．とくに変異導入の効果を簡便に観察するのに有効な方法である．

タンパク質の三次構造は，X線結晶構造解析や核磁気共鳴法（NMR），電子顕微鏡を用いた解析により決定できる．タンパク質結晶を作製でき，一定の解像度の回折データが得られれば，結晶構造解析により原子レベルでの記述が可能となる（3章参照）．NMRは溶液中での動的な構造を観察できることから，タンパク質の構造・機能を議論するうえで有効な手法である*9．極低温電子顕微鏡解析により，バクテリオロドプシン，イオンチャネルなどの膜タンパク質の構造が記述されている．立体構造解析法の技術革新により，タンパク質の三次構造に関する情報は飛躍的なスピードで蓄積されており，タンパク質工学の進展を加速させている．

*7 イオン交換クロマトグラフィーや分子篩（ふるい）クロマトグラフィーを用いることが多い．最近では，この分離操作を容易にするため，組換えタンパク質を，Hisx6やflagのようなペプチドタグ，あるいはマルトース結合タンパク質（MBP）やSUMOタンパク質，緑色蛍光タンパク質（GFP）のようなタンパク質タグと融合させて発現させ，タグに特異的に結合できる樹脂を用いて精製することが多い．これらのタグを用いるときは，目的タンパク質とタグの間にTEV（tabacco etch virus）やfactor Xa，トロンビンなどのプロテアーゼ切断部位を準備し，精製後，これらのプロテアーゼでタグを切断・分離する．発現させた組換えタンパク質の折りたたみ構造が不安定な場合，切断効率が悪いことも多く，注意が必要である．

*8 二次構造は遠紫外領域（180〜250 nm）のCDスペクトルに反映され，近紫外領域（250〜300 nm）はTrp（トリプトファン）やTyr（チロシン）の周辺環境を反映している．

*9 多次元NMR，安定同位体標識技術の確立などから，タンパク質の動的構造解析に威力を発揮している．

8.2.5　物性解析 ── 安定化因子とフォールディング

　タンパク質の構造を安定化する因子として，水素結合，疎水結合，イオン結合（塩結合，塩橋），ファンデルワールス結合がある．水素結合やイオン結合は，結合に方向性があり，タンパク質の構造や安定性を決定するうえで重要な因子である．また，水溶液中で非極性基が水との接触を避ける現象である疎水結合は，方向性はないものの，多くの非極性残基が集合するので，構造形成や安定性に大きな影響を及ぼす．電気的に中性のカルボニル基，アミド基，メチル基などの間に双極子相互作用が働くことによって生じるファンデルワールス結合は，タンパク質の構造や安定性に大きな影響を及ぼす．

　タンパク質の折りたたみ反応（フォールディング反応ともいう）について，その経路はわかっていないことも多い．近距離相互作用，遠距離相互作用が複雑にからみ合うことによりフォールディング経路が決定される．フォールディング反応のエネルギー図は，フォールディングファネルと呼ばれるような漏斗の形にたとえられる．タンパク質のフォールディングは一次構造やアミノ酸配列によって決定されるが（アンフィンゼンのドグマ），細胞内では，そのフォールディングを助けるタンパク質が多数存在することが知られている[*10]．

　タンパク質の物性あるいは構造安定性は，CDスペクトルや，トリプトファン，チロシンなどの蛍光スペクトルを用いて分光学的に解析する．熱や尿素，グアニジン塩酸塩などの変性剤により，タンパク質を変性させ，その温度や濃度による変化から，自由エネルギー変化を求める．示差走査型熱量測定（differential scanning calorimetry: DSC）によって，昇温時の熱量変化から求められる．最近では，色素結合とタンパク質構造の部分変性との間に相関があることを利用して，同様の解析を行うこともある．変異導入により新機能を付与したり，高機能化を図ったりする場合において，しばしばその変化が物性に影響を及ぼすことから，これらの解析を行うことは必須である．

8.2.6　機能解析

　研究対象を酵素とした場合は，酵素反応解析によることが基本である．これについては専門書を参照されたい．ここでは，相互作用解析について簡単に紹介する．

　解析したいタンパク質に特異的な抗体が入手可能な場合や，ペプチドタグを融合させたタンパク質の場合の相互作用解析は，固相に標的分子を固定化し，解析したいタンパク質を結合させた後，残ったタンパク質に対して酵素標識した抗体を結合させて，その酵素反応により結合量を決定する．これをELISA（enzyme-linked immunosorbent assay）という．表面プラズモン共鳴法では，タンパク質相互作用によって起こる質量変化を速度論的にリアルタ

*10　GroEL-ES などのシャペロニン，プロテインジスルフィドイソメラーゼ（PDI），ペプチジルプロリルシストランスイソメラーゼ（PPI）などがある．

イムで測定することができる．適切な条件を設定すれば，少量のタンパク質量で正確に各種パラメータを求めることができる．相互作用によって発生する熱量を測定し，その変化から親和定数を求めるのが等温滴定型熱量測定（isothermal titration calorimetry: ITC）である．溶液中のタンパク質相互作用で発熱や吸熱を起こすものに関しては，ITC が簡便で信頼できるデータを与える．

8.3 抗体工学

　この節では，タンパク質のなかでも最も盛んに研究が進められ，基礎研究はもとより，各種産業，とりわけ診断薬や治療薬として用いられている抗体について，タンパク質工学の研究例として，構造，調製法，医薬品への応用を簡単に紹介したい．

8.3.1 抗体の構造

　抗体分子は大小 2 種類のポリペプチド鎖（H 鎖と L 鎖）からなる分子であり，骨格構造の違いにより IgM，IgG，IgA，IgD，IgE の五つのクラスに分類される．いずれの抗体分子も，構成するすべてのドメインが，イムノグロブリンフォールドと呼ばれる一対のジスルフィド結合により安定化された逆平行 β シート構造により，形成されている．五つのクラスのうち IgG が血清中に最も多く存在し，さまざまな分子の検出だけでなく，治療薬や診断薬に用いられている．IgG は 2 本の H 鎖と 2 本の L 鎖により構成される，分子量約 150 kDa の巨大分子である（図 8.7）．可変領域（F_v）と呼ばれる，N 末端側の分子量約 25 kDa のドメインで，標的分子である抗原と結合する（図 8.7）．F_v にある相補性決定領域（complementarity-determining region: CDR）と呼ばれる，とくに配列変化に富む 6 本のループ（H 鎖，L 鎖 3 本ず

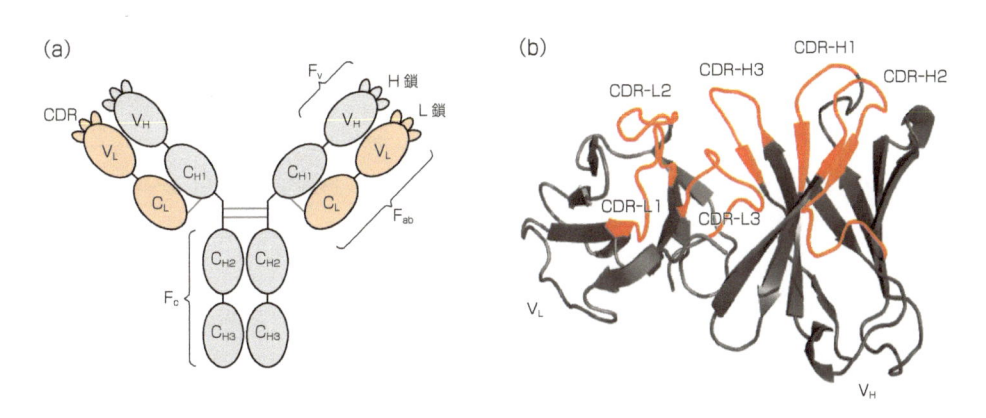

図 8.7　抗体の構造
(a)抗体全分子，(b)抗体の可変領域と 6 本の CDR．

つ)の配列の組合せを変化させることにより，低分子化合物からDNAやペプチド，可溶性タンパク質，ウイルス，細胞表面抗原といった巨大分子，さらにはプラスチックや金属材料表面まで，さまざまな分子を認識することができる．

　原理的には20種類すべてのアミノ酸をCDRに導入することにより，さまざまな分子認識能が獲得できると考えられるが，実際には，チロシンやセリン，アスパラギン酸，アスパラギンなどが頻繁に用いられる．これは，CDRがとりうるループ構造(これをカノニカル構造という)に限りがあること，F_vのヘテロダイマー構造の安定化とCDR構造に関連があることによる．CDRにより形成されるタンパク質表面に芳香環，ヒドロキシ基，アミド基，カルボキシル基などの官能基を三次元的に配置し，抗原を認識する．これらのアミノ酸がもつ官能基の位置が抗原特異性を決定している．

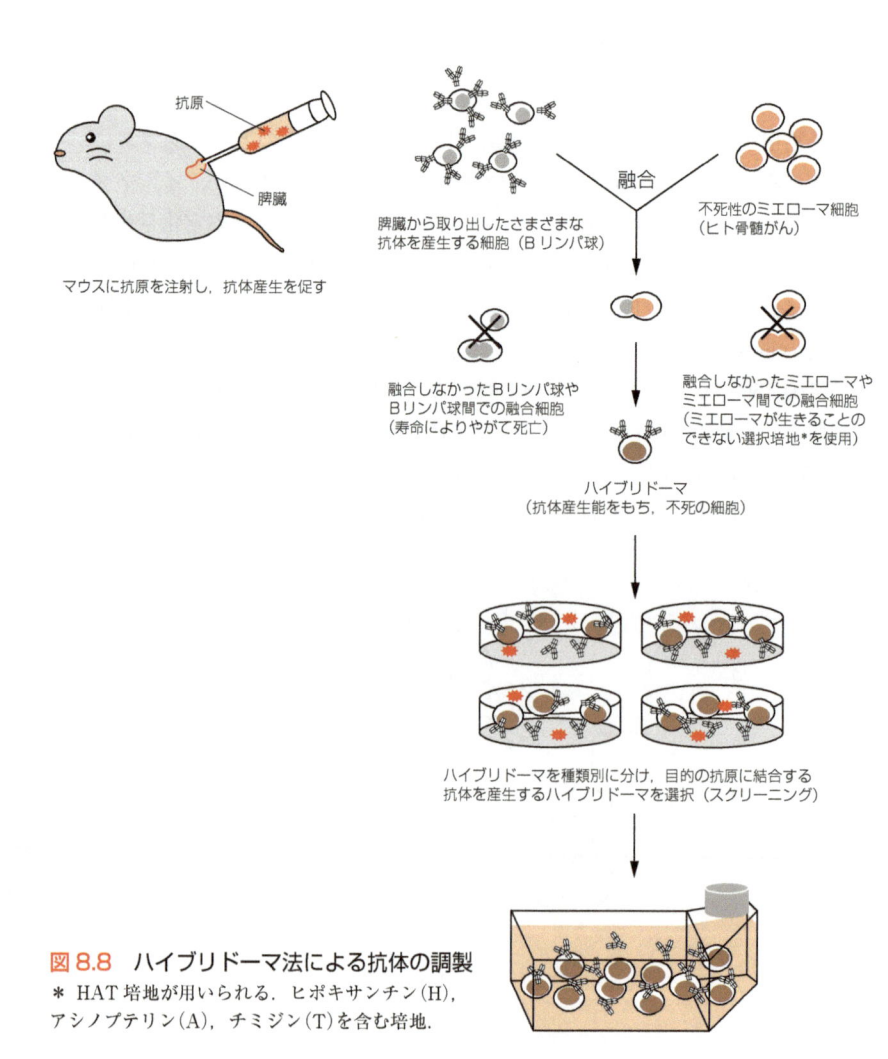

図8.8　ハイブリドーマ法による抗体の調製
＊HAT培地が用いられる．ヒポキサンチン(H)，アミノプテリン(A)，チミジン(T)を含む培地．

8.3.2 抗体分子の調製

抗体は，モノクローナル抗体としてハイブリドーマ法により調製されることがほとんどである．ただし，マウスなどの実験動物を用いた調製が難しい抗原について，あるいはモノクローナル抗体の機能改良を図るためにはファージディスプレイ（6章参照）などの各種ディスプレイ法により調製することもある．ハイブリドーマ法は，図8.8に示すように，マウスなどに抗原を注射し免疫した後，脾臓細胞と不死細胞のミエローマ細胞を融合させて不死化し，目的の抗原結合能をもつ抗体分子を分泌する細胞（ハイブリドーマ細胞という）を選択する方法である．

抗体の可変領域やF_{ab}領域は，遺伝子が入手できれば，大腸菌などの微生物発現系により発現させることが可能であり，封入体として発現しても，優れたリフォールディング系が確立していることから，調製は比較的容易に行える．IgGはハイブリドーマを培養し，培養上清からプロテインA[*11]クロマトグラフィーなどにより精製する．

[*11] 黄色ブドウ球菌由来のタンパク質で，抗体に特異的に結合する．クロマトグラフィー担体に固定して抗体の分離・精製に用いられる．

8.3.3 抗体医薬

高い抗原特異性・親和性を生かして，抗体は各種医薬品に応用されている．しかしながら，モノクローナル抗体はマウス由来であり，ヒトに直接投与すると異種抗原として認識され，HAMA（human anti-mouse antibody）が生

Column

革新的な治療薬開発 ── バイオ医薬，次世代抗体

通常われわれが服用する薬は，有機合成により調製されていることが多い．それに対し，生物を用いて調製されている医薬品をバイオ医薬品と呼ぶ．抗生物質のなかには，微生物を培養して調製されているものも多い．

モノクローナル抗体の作製法が開発されたとき，すぐに治療への応用が期待されて，ミサイル療法と呼ばれ，さらに開発が進んだ．しかし実際に今も使われているのは，臓器移植の際に免疫賦活剤として使われているOKT3のみである．その原因は，モノクローナル抗体がマウス由来であることにあった．ヒトに投与するとHAMA反応が起こり，副作用を生じさせるからである．この欠点は，ヒト抗体にマウス抗体の抗原認識領域を移植する（グラフティングする）ことで大幅に軽減された．ヒト抗体を産生するマウスの利用など，現在では顕著な技術革新が図られ，次々と治療用抗体が世に出てきている．

最近では，「次世代抗体」と総称されるように，タンパク質工学のあらゆる技術論が導入され，発現系や，培養，精製，製剤といった調製システムの整備，変異導入による改良・改変が図られ，国内外で開発競争が続いている．これも，抗体がもつ高い特異性・親和性が創薬にとって魅力的な特性であること，そして何より，本章で述べたタンパク質工学の技術革新あってのことである．情報科学の応用もいよいよ現実的になっている今，抗体工学は新しい時代を迎えている．今後の発展を注視したいところである．

成してしまう．そこで，マウス抗体の可変領域をヒト抗体に導入したり，マウス抗体のCDRをヒト抗体の骨格領域に移植したりして，HAMA反応を抑える．マウス抗体可変領域を導入したヒト抗体を**キメラ抗体**（chimeric antibody）と呼ぶ．また，ある抗体のCDRを別の抗体の骨格領域に移植することを**CDRグラフティング**（CDR-grafting）と呼び，とくにマウス抗体のCDRをグラフティングしたヒト抗体を**ヒト化抗体**（human antibody）という（図8.9）．キメラ抗体の例にリツキシマブ（CD20特異的抗体，非ホジキンリンパ腫治療薬），ヒト化抗体の例にトラスツズマブ（ヒト上皮成長因子受容体

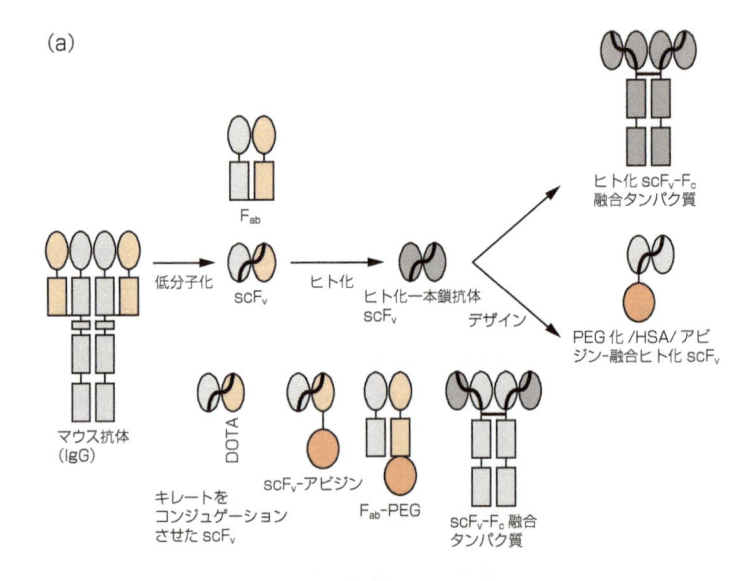

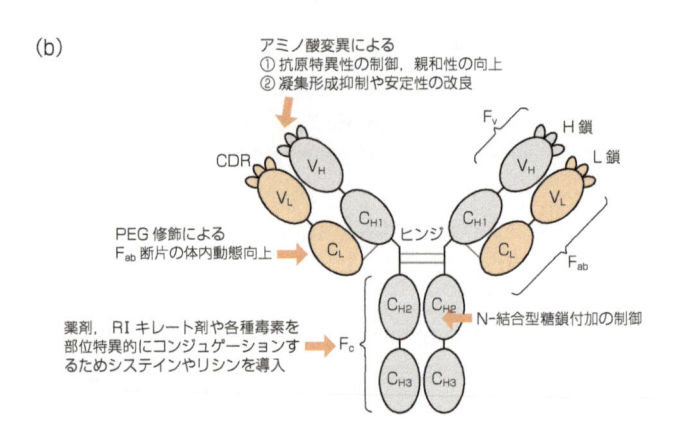

図8.9 抗体工学
(a)マウス抗体の可変領域遺伝子を入手できれば，さまざまな分子形態を創製できる．PEGはポリエチレングリコール，HSAはヒト血清アルブミン，scF_vはF_vのドメインをリンカーで結合させた一本鎖抗体．(b)IgGにさまざまな変異を導入して，より有効に治療薬や診断薬として利用できる．

特異的抗体，乳がんの治療薬）がある[*12]．30種類程度の抗体が医薬品として認可されており，今後その数は増加するものと思われる．タンパク質工学の観点では，キメラ抗体はドメインの入れ替え，ヒト化抗体はループ領域入れ替えの例ということができる．がん免疫療法，自己免疫疾患の治療などにおいて，抗体医薬が大きく貢献している．抗体医薬品開発には，高発現するチャイニーズハムスター卵細胞（CHO 細胞）の樹立と高密度培養，プロテインA クロマトグラフィーによる精製，安定化試験，高濃度製剤のための適切な緩衝剤，添加剤の選択など，タンパク質工学の諸技術が生かされている．

[*12] いずれもリツキサン（リツキシマブ），ハーセプチン（トラスツズマブ）という商品名で知られている．

8.3.4　抗体工学

抗体の特異性・親和性を向上させることで，より高感度に，また少量で目的を達成することが可能になる．部位特異的変異導入あるいは無作為変異導入と各種ディスプレイ法による表現系選択を用いて，親和性の向上が試みられている．親和性の改良には，ホットスポットと呼ばれる相互作用に必須な部位以外に着目することが多い．抗体は数多くの分子種について構造解析されていることもあり，計算化学により精度高く構造予測ができ，今後，溶媒も含めた相互作用の結合エネルギーの高精度な計算が，抗体の改良・改変を加速させるものと思われる．

ビオチンと高い結合能をもつアビジンやアルカリ性ホスファターゼ，ペルオキシダーゼなどの機能性タンパク質や酵素と抗体とを化学的に結合させる（コンジュゲーションという）だけでなく，遺伝子工学を用いて融合タンパク質として調製することができる．また，抗体のアミノ酸配列にリシンやシステインを人工的に導入し，部位特異的に金属キレート剤や各種薬剤をコンジュゲーションさせることで，ドラッグデリバリーシステム（DDS）に用いる試みも盛んに行われており，治療薬や診断薬，たとえば放射線療法やMRI 造影剤へ応用されている（図 8.9 参照）．

練習問題

1. ペプチド結合の化学構造式を書き，なぜペプチド結合が平面構造をもつかを説明しなさい．
2. 次の性質をもつアミノ酸の名称と，その pH 7 での化学構造式を書きなさい．① 中性で負電荷をもつ．② 側鎖が平面をもつ．③ 側鎖に硫黄をもつ．
3. タンパク質の階層構造について説明しなさい．
4. タンパク質におけるある部位の側鎖の役割を考察する際に，グリシンではなくアラニンに変異させることが多い．それはなぜか．
5. 抗体は標的抗原との相互作用にチロシンの側鎖を使うことが多い．これはどうしてか．チロシンの化学構造式から考察しなさい．

8章 タンパク質工学

6 抗体に機能性分子を結合させる際，酵素などとの融合タンパク質とする際に考えられる利点と問題点を挙げなさい．

7 マウスを用いて得られるモノクローナル抗体は，ヒト治療薬として用いることが一般的に難しいとされている．それはなぜか．また，どのようにその問題を解決しているか．

9章 発生工学

　2007年度のノーベル生理学・医学賞は,「胚性幹細胞を用いるマウスの標的遺伝子改変法における原理的発見」に対して授与され, カペッキ(M. R. Capecchi), スミシーズ(O. Smithies), エバンス(M. Evans)の3氏に贈られた. 標的遺伝子だけを選択的に機能停止させた実験動物であるノックアウトマウスは, 遺伝子の働きを調べたり新薬の効果を調べたりするのに利用されている. このような個体レベルの遺伝子操作は, 動物の発生過程における初期胚を用いて行われている. **胚性幹細胞**(embryonic stem cell, **ES細胞**)の作製から始まった発生工学と幹細胞生物学は, 最近では線維芽細胞から樹立された**人工多能性幹細胞**(induced pluripotent stem cell, **iPS細胞**)につながる発見へと展開し, さらには遺伝子治療や再生医療に向けた成果が期待される分野に発展している. この章では, クローン動物や遺伝子ノックアウト・ノックダウンについて紹介するとともに, マウスを中心とした発生工学技術について学ぶ.

9.1 動物細胞への外来遺伝子の導入法

　トランスジェニック動物を作製して利用する目的にはさまざまある. たとえば, 新規にクローニングされた遺伝子の生物学的機能(最終的には遺伝子産物の機能)に関する個体レベルでの解析, 遺伝子の組織特異的および時期特異的な発現を調節している領域(プロモーターやエンハンサーなどを含む転写調節領域)の解析, 遺伝子の導入により宿主の表現形質を転換させたり(病態モデルなど), 特定のタンパク質を宿主で大量に生産させたりすること(バイオリアクター)などが挙げられる. 遺伝子の機能を調べる手段としては, 遺伝子発現による**機能獲得**(gain of function)と**機能欠失**(loss of function)に

大別される．したがって，導入遺伝子の構造は目的によりそれぞれ異なる．

9.1.1　DNA 顕微注入法

　哺乳類の生殖系列に外来遺伝子を導入する手段として，各種の方法が開発されている（図9.1）．DNA 顕微注入法（図9.1b）は1980年にゴードン（J. W. Gordon）らが開発した方法で，マイクロマニュピレーターを操作して精製したDNA断片を，受精卵（前核期胚）の一方の前核内に顕微鏡下で注入する．ほとんどの**トランスジェニック動物**（transgenic animal）はこの方法により作製されており，前核内に注入されたDNA断片は，受精後の最初の細胞分裂が起こる前に宿主ゲノム内に組み込まれる．

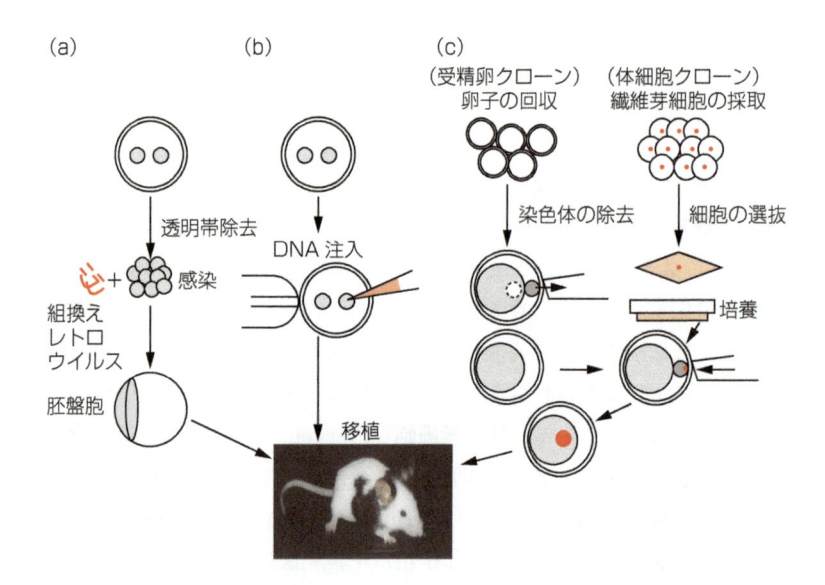

図9.1　各種の遺伝子導入法
(a)ウイルスを利用する方法，(b)マイクロインジェクション法（DNA 顕微注入法），(c)核移植を利用する方法．

9.1.2　ウイルスを利用する方法

　1978年にヤニッシュ（R. Jaenisch）が考案した方法で，レトロウイルスのプロウイルスに目的の遺伝子（cDNA）を組み込み，ウイルスの細胞への感染力を利用するものである．すなわち，一本鎖RNAであるレトロウイルスは細胞内に侵入した後，いくつかの中間体を経て二本鎖環状DNAとなり，宿主ゲノムに組み込まれる．遺伝子導入ベクターとして用いるのは，二本鎖の線状DNAの状態にあるプロウイルスである．導入したい目的遺伝子をウイルスの複製に関与する遺伝子領域内に組み込み，ウイルスの複製能力は失うが宿主ゲノムへの挿入能力は保持している組換えプロウイルスを構築する．

次に，組換えプロウイルスを感染させた培養細胞と透明帯[*1]を除去した胚とを共培養したり，使用するウイルスによっては卵子の囲卵腔内に直接組換えウイルスを注入したりする（図9.1a）．

9.2 クローン動物

　生物の発生には，雌雄両性が関与する**有性生殖**（sexual reproduction）によるものと，雌雄両性の関与がない**無性生殖**（asexual reproduction）によるものがある．有性生殖には雌の未受精卵と雄の精子による受精の段階があるが，無性生殖には受精の段階がない．ヒトを含む哺乳類は有性生殖により子孫を残すが，一方，単細胞生物などは無性生殖の一つのかたちである細胞分裂によって個体を増殖して子孫を残す．

　有性生殖では，雌の未受精卵と雄の精子が受精して受精卵を形成する．未受精卵と精子にはそれぞれ親の遺伝子が等分に含まれるため，受精卵は両方の遺伝子を受け継ぐ．しかし，受け継ぐ遺伝子の決定には偶然性があるため，まったく同じ遺伝子をもつ個体が複数発生する頻度は一卵性双生児の場合を除いてきわめて低い．この偶然的な遺伝子の継承によって，個体がもつ遺伝子は多様化し，環境変化に適応した生物を生みだす要因の一つになっている．

　無性生殖には受精の段階がないため，新しく産生される個体には親とまったく同じ遺伝子が受け継がれる．そのため，同じ親から産生される個体同士もまったく同じ遺伝子を保有するが，後天的に獲得する性質は一般的に異なる．すなわち，大腸菌など多くの微生物は細胞分裂によって細胞を増殖することができるが，この場合は雄や雌の区別はない．また無性的に生まれた個体の場合，元の親と子は突然変異が起こらない限り，基本的には同一のDNA配列をもっており，さらに子同士にもまったく同一のDNA配列が受け継がれる[*2]．このように遺伝的に同一の個体や細胞（の集合）は**クローン**

[*1] 卵母細胞の細胞膜を取り囲む糖タンパク質のマトリックスであり，受精に際して重要な役割を担っている．

[*2] 遺伝形質は，セントラルドグマ（DNA複製⇄RNA転写→タンパク質合成）の経路に従ってDNA上の遺伝情報が伝達されることで発現する．ただし最近，DNA配列の変化を伴うことなく，クロマチンへの後天的な作用（ヒストンの化学修飾（メチル化，アセチル化，リン酸化），DNA塩基のメチル化）により形質変異が生じるエピジェネティクス（epigenetics）が注目されている．つまり，DNA配列が同一であっても後天的な作用によって遺伝子発現に変化が生じることで，同一細胞であっても発現形質が異なることがある．

Column

「試験管ベビー」がノーベル賞に！

　2010年度のノーベル生理学・医学賞は，エドワーズ（R. G. Edwards）の「試験管ベビー」と呼ばれる体外受精（in vitro fertilization: IVF）技術に授与された．生物学者であったエドワーズは，産婦人科医のステップトー（P. Steptoe）と共同でIVF技術を開発した．そして1978年7月25日，この技術によってルイーズ・ブラウンが世界で最初の「試験管ベビー」として誕生した．それ以来，世界中で延べ430万人を超える人々がこの方法で誕生している．

　動物の受精過程は未解明であったため，IVF研究は当初，哺乳類以外の動物（ウニなど）で研究された．その後，その研究成果を受けて，ヒトIVFの研究が開始された．このようにIVF技術は，基本的には精子と卵子を適切な環境下において体外で受精させるものであり，受精後に子宮にもどすことで胚発生と成長を正常に進めることができる．

(clone)と呼ばれる．

9.2.1 クローン技術

　クローン技術は，哺乳類などの動物を受精を経ずに無性的に繁殖させて，まったく同じ個体をいくつも生みだそうとするものであり，**受精卵クローン**(fertilized egg clone)**技術**と**体細胞クローン**(somatic cell clone)**技術**という2種類の方法が存在する(図9.1c)．哺乳類の生殖系列に外来遺伝子を導入するクローン技術で，マウス，ラット，ウサギ，ヒツジ，ヤギ，ウシ，ブタやミドリザルなどが誕生しているが，これらはいずれも受精卵クローンであった(図9.2)．

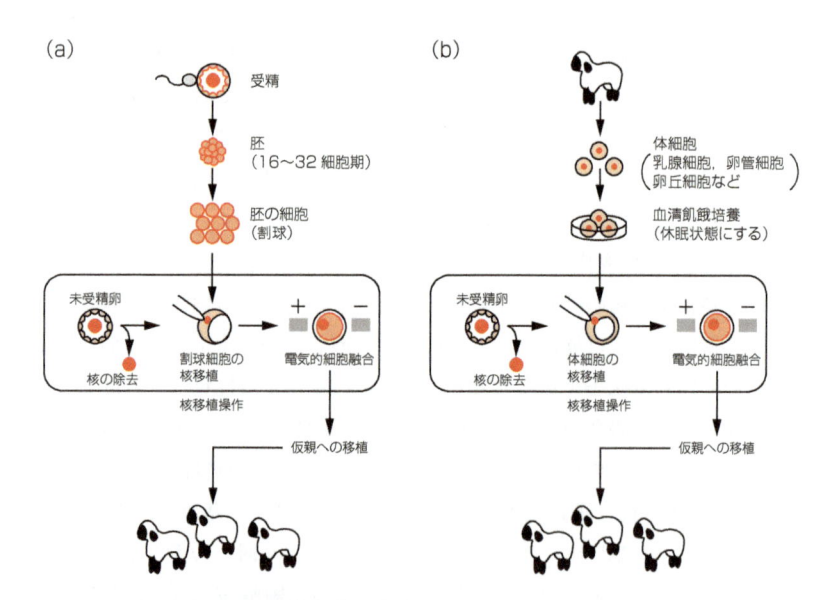

図 9.2　クローンを産生する方法
(a)受精後発生初期(胚)の細胞を使う方法，(b)成体の体細胞を使う方法．
「クローンって何？」，旧科学技術庁研究開発局ライフサイエンス課資料より．

　胚の細胞を使う受精卵クローンでは，まず受精後，細胞分裂した細胞のなかから1細胞を分離する．次に，その細胞と核を除去した未受精卵とを電気刺激を与えて細胞融合させ(核移植)，培養により細胞分裂を誘発させた後，再び仮親の子宮にもどす．胚の細胞が両方の親から受け継ぐ遺伝子は偶然に左右されるため，新しく産生される個体の遺伝子の組合せを知ることはできない．しかし，一つの受精卵から発生した胚の細胞の遺伝子はすべて同じであり，これらの細胞を使って産生された個体同士はすべて同じ遺伝子をもつクローンとなる．ただし，現在のところ細胞分裂が進んだ胚はクローンの産生に適さないため，産生できるクローンの数には制限がある．一方，高等動

物では一般に体細胞を初期化することが難しく，体細胞クローン動物をつくることは不可能に近いと思われていた．しかし，1996年7月にイギリスのロスリン研究所のウィルムット(I. Wilmut)らが世界で初めて体細胞を使ったクローン動物を誕生させたと発表し，世界に衝撃を与えた．以下に，その方法を示す(図9.2)．

① 成長した第1の雌ヒツジ(成体)から体細胞である乳腺細胞を取り出す．
② 栄養などを抑えた条件(血清飢餓培養)で乳腺細胞を培養する．細胞分裂が停止し，遺伝子の働きが初期化される．
③ 第2の雌ヒツジ(成体)の未受精卵から核を取り除く(除核未受精卵)．
④ ②と③でできたものを電気ショックで融合(核融合)させ，これでクローン胚ができる．
⑤ 5，6日培養して細胞分裂を繰り返したクローン胚を，代理母となる第3の雌ヒツジ(仮親)の子宮に移植する．
⑥ ドリー誕生[*3]．

9.2.2 トランスジェニック動物

遺伝子クローニングは，標的遺伝子やその産物であるタンパク質の構造や機能を明らかにするうえで，画期的な手段を提供するものとなった．しかし，それだけでは生体内での遺伝子の働きを理解するには不十分である．特定の遺伝子を欠損させたり，遺伝子を改変した細胞や個体をつくったりすることによって，初めて遺伝子本来の働きを知ることができる．すなわち，遺伝子発現に必要な調節エレメント(プロモーター，エンハンサーなど)を付加した遺伝子クローンを一細胞胚の雄性前核にマイクロインジェクションすると，それは宿主細胞の染色体に挿入され，細胞分裂を繰り返したときにゲノムの一部となる．また，この遺伝子が生殖細胞に挿入された場合，生まれてくる子孫のすべての細胞がその遺伝子をもつことになる．こうして外来遺伝子をもつトランスジェニック動物の作製法が確立され，発生や発がんの過程における遺伝子機能の解析に有用な手段となった．このときプロモーターを選択することによって，臓器や発生過程に特異的な発現を行うことも可能である(図9.3)．

9.2.3 胚性幹細胞(ES細胞)の作製法

精子と卵子の受精で生じる受精卵は，一つの細胞から個体を生みだす**全能性**(totipotency)をもっている．全能性は卵割に伴い徐々に失われる．胚は受精卵が成長を続ける初期の段階であり，5，6日目で胚盤胞になると，**栄養外胚葉**(trophectoderm: TE)と**内部細胞塊**(inner cell mass: ICM)[*4]の二

[*3] ヒツジ以外の哺乳類でも以前から受精後発生初期の細胞を使ってクローンが生みだされていたが，成体の体細胞を使った例はクローン羊「ドリー」が初めてであり，世界的な注目を集めた．成体の体細胞を使う方法では，理論上新しく生みだされる個体は親とほとんど同じ遺伝子の組合せをもっているので，生まれてくる個体の特徴や形質を予測することが可能になる．

[*4] ICMからは，多能性を維持したエピブラスト(胚性外胚葉)と，分化細胞である原始内胚葉が生じ，子宮壁内に着床する．エピブラストは原腸形成により三胚葉(内胚葉，中胚葉，外胚葉)へと分化し，最終的に多能性が失われる．

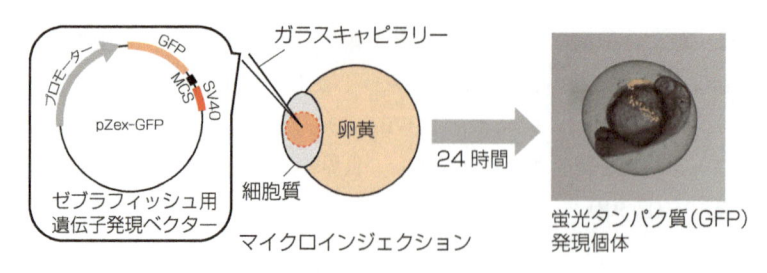

図 9.3 ゼブラフィッシュ組織特異的プロモーターによる GFP の発現

つの細胞集団へと分かれる．この胚盤胞は直径 0.1 mm ほどの球状の形をしており，外側の細胞層である栄養外胚葉と，将来，体をつくる元になる細胞の塊の内部細胞塊を抱く胞胚腔から構成されている．また，TE は胎盤などの胚外組織をつくり，ICM は胎児のすべての細胞（体細胞および生殖細胞）と一部の胚外組織に分化する**多能性**（pluripotency）をもっている．一部の細胞は**始原生殖細胞**（primordial germ cell: PGC）となり，生殖巣に移動する．このように ICM や PGC からは多能性幹細胞が樹立され，三胚葉からは体性幹細胞（組織幹細胞）を経て各臓器および組織がつくられる．出生後も体性幹細胞は組織に潜んでおり，細胞数の維持にかかわっていると考えられる．

胚性幹細胞（ES 細胞）は，胚から取り出してつくられる（図 9.4）．すなわち，内部細胞塊をほぐした後に細胞を取り出し，これらの細胞が増殖しても分化しない環境で培養すると，ES 細胞が作製される．また ES 細胞には，いくつかの驚くべき能力がある．一つ目には，体を形づくるあらゆる細胞になり

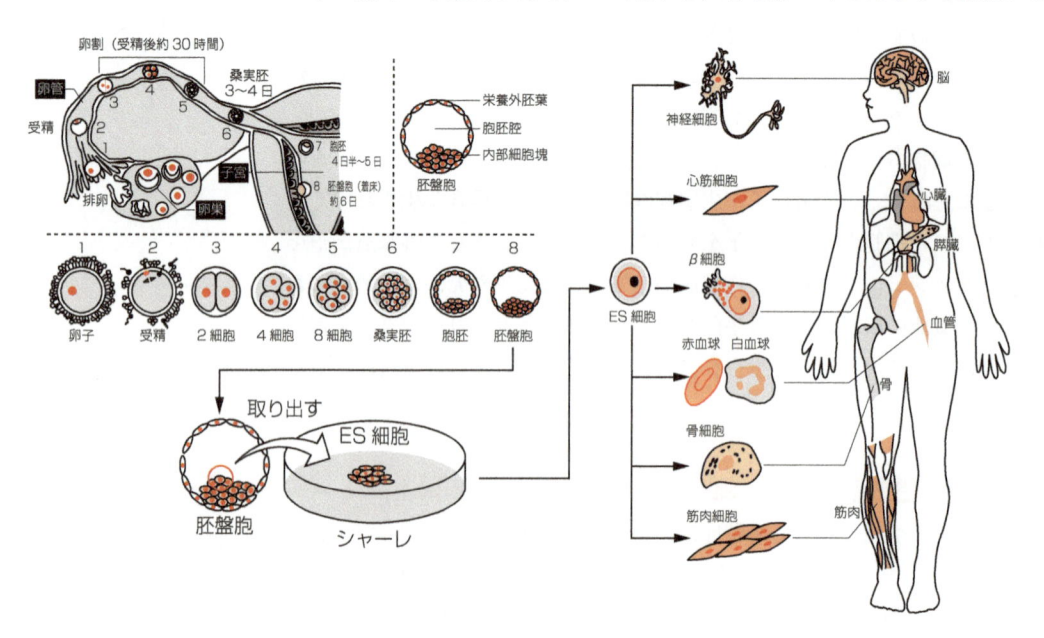

図 9.4 ES 細胞の作製法とその多能性

うる多能性をもっている．二つ目には，ある条件のもとで培養皿の上に置いておくと，いくらでも自らのコピーをつくりだせる無限の自己複製能力を発揮する．

9.2.4 遺伝子ターゲッティング

トランスジェニック動物のように，本来の遺伝子はそのままで，新たに外来遺伝子を挿入するよりも，**相同組換え**によって本来の遺伝子を外来遺伝子と置き換えたほうが，より実際の遺伝子機能を効率的に調べることができる．この操作を実行するためにはクローニングした遺伝子を細胞にもどし，できれば染色体の特定の部位(標的遺伝子)に挿入する技術[*5]が必要である．たとえば，マウスのような哺乳動物では，受精もその後の発生も母親の体内で行われるので，実験を行うには子宮から初期胚を取り出し，ガラス器内で培養した胚に操作を加え，さらにそれを仮親の子宮にもどして胎児に育て，出産させる必要がある．そのための技術開発が長年にわたって行われ，多分化能をもつES細胞をマウス胚盤胞に移入することによって，異なるマウス由来の細胞からなるトランスジェニックマウスをつくることができる[*6]．しかし，この方法では本来の遺伝子はそのまま残っているため，導入された遺伝子の効果を明確に捉えることが難しいという問題が残る．大腸菌や酵母などでは改変した遺伝子を細胞内へ導入すると，相同組換えによって染色体上の遺伝子と置き換えが起こるので，それによって目的の変異株を得ることができる．しかし，動物細胞では外来遺伝子の大部分は非相同組換えによって染色体のランダムな部位に挿入されるので，比較的まれにしか起こらない相同組換え体を得るのは難しかった．1980年代後半になって，初めて哺乳動物における相同組換え体だけを選択する方法が開発され，それを利用して特定の遺伝子を欠損したES細胞をつくり，それから遺伝子欠損したマウスをつくることが可能になった．この標的遺伝子の組換え法が**遺伝子ターゲッティング**(gene targeting)と呼ばれる(図9.5)．

9.2.5 遺伝子ノックアウト

機能のわからない遺伝子が見つかった場合，遺伝子操作によって，その遺伝子機能を欠損(**ノックアウト**，knockout)したマウスを作製し，機能を特定することができる．ノックアウトマウスと正常なマウスを比較すれば，その機能の異常を見つけることができる．前項で紹介した遺伝子ターゲッティングによって得られたマウスでは特定の遺伝子欠損が起こっているので，その遺伝子の生体内での役割を明らかにするのに役立つ．これは，遺伝子の異常によって発症する遺伝病(10章参照)やがんなどの病気の発症機構を研究するうえでも有用な方法である．しかし，その遺伝子産物が動物の生存に必

[*5] 高等動物の遺伝子改変を行うためには，分化していない胚の段階で遺伝子操作を行わなければならない．すなわち，高等動物の発生のごく初期，まだ体細胞と生殖系列の細胞が分化していない胚の段階で，外部からDNAを注入して操作を加える必要がある．

[*6] この方法によって，ある遺伝子を個体内で過剰に発現させたり，あるいは本来働いているのとは異なる部位で発現させたりすることで，その遺伝子に由来する生理活性の意義を明確にすることができる．その結果，これまで理解が難しかった個体レベルでの遺伝子の働きについて理解を深められるようになった．

*7　1組の同じ染色体上にある一つの特定の遺伝子座について，Aa, Bbのように異なった対立遺伝子をもった細胞あるいは個体のこと．

*8　異なった遺伝子に異常をもつマウス同士を交配して二つ以上の遺伝子に欠損をもつ二重欠損マウス（ダブルノックアウトマウス）をつくり，遺伝子産物の相互作用を見ることもできる．さらに，遺伝子欠損マウスから細胞株を樹立することによって，遺伝子の働きについて分子レベルの解析を進め，それと動物個体の生理的機能との関連を論じることも可能である．

*9　線虫におけるRNAiの報告以来，RNAiは簡便な遺伝子ノックダウンの方法として，種々の生物で用いられてきた．哺乳類においてはES細胞や胚性がん細胞（embryonic cancer cell, EC細胞），卵子や初期胚でRNAiが認められたが，そのほかの分化した哺乳動物細胞では当初はうまく機能しなかった．

*10　「ノックアウト」は遺伝子を欠失または破壊して，完全に発現をゼロにする手法である．「ノックダウン」は遺伝子発現はそのままで，発現したmRNA量を限りなくゼロにする手法である．

*11　標的遺伝子を相同組換えやトランスポゾン挿入，UV照射およびRNAiによるノックダウンなどで選択的に破壊することで，その遺伝子の生体内における機能解析が可能である．変異体が示す機能から遺伝子を探る，いわゆる順方向の遺伝学的手法とは逆の手順によって行われる．

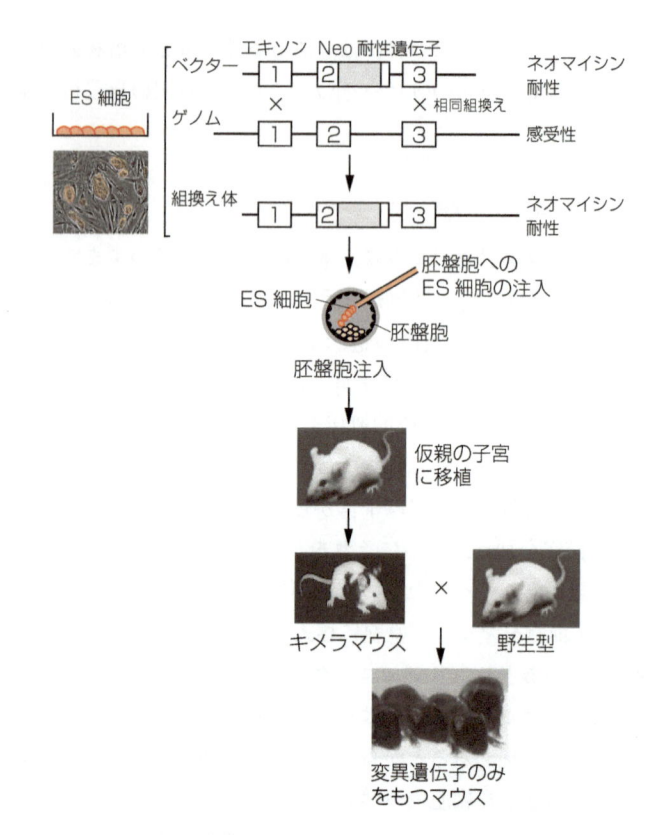

図9.5　遺伝子ターゲッティングの原理と方法

須な場合，ホモ欠損の個体は発生の初期に死んでしまうという大きな問題がある．その場合，ノックアウトマウスは**ヘテロ接合体**（heterozygote）*7の状態で維持する必要がある．そこで，外から加えた特定の物質によって発現を調節できるようなプロモーターを挿入遺伝子の上流に連結することによって，マウスの生存を図りつつ遺伝子の効果を見る方法が開発されている*8．

9.2.6　遺伝子ノックダウン

RNA干渉（RNA interference: **RNAi**）は，1998年に線虫において初めて報告された*9．すなわち，二本鎖RNA（double strand RNA: dsRNA）を細胞内に導入すると，相同な配列をもつRNAが分解され，その結果，遺伝子の発現が抑制される．このように遺伝子特異的な**ノックダウン**（knockdown）*10が可能なことから，RNAiは簡便な逆遺伝学*11の手法として注目され，2006年にファイアー（A. Z. Fire）とメロー（C. C. Mello）にノーベル生理学・医学賞が授与された．

細胞内にdsRNAが導入されると，配列特異的なmRNAの分解が起こり，遺伝子の発現抑制，**遺伝子のサイレンシング**（gene silencing）が起こる（図

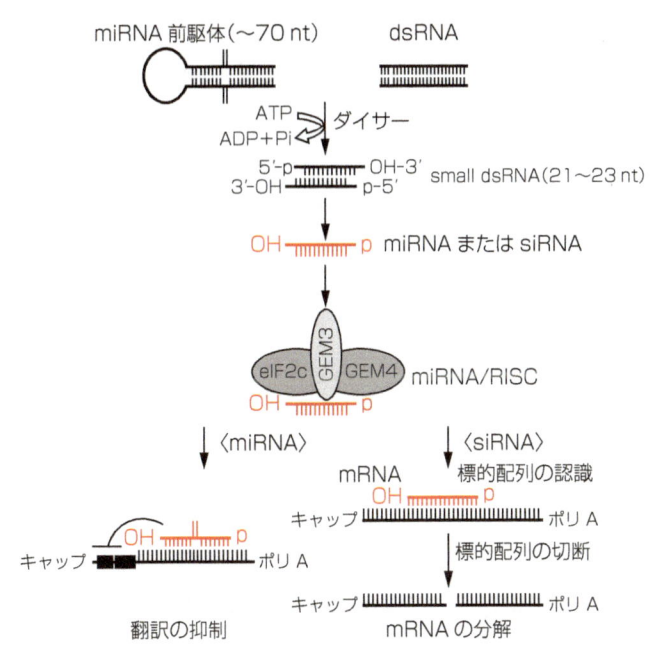

図 9.6 miRNA と siRNA による RNA 干渉

9.6). dsRNA は**ダイサー**(Dicer)により，3′末端に2塩基のオーバーハングをもつ 21〜23 塩基対の **siRNA**(short interfering RNA)に ATP 依存的に切断される．ダイサーは RN アーゼIIIのファミリーで，菌類，植物，線虫，ショウジョウバエ，哺乳類，ヒトにいたるさまざまな生物で保存されている．また，RN アーゼIII領域のほかに，dsRNA 結合部位，ヘリカーゼ領域，PAZ(PIWI/ARGONAUTE/ZWILLE)領域をもっている．PAZ 領域を通して，ほかの PAZ 領域をもつタンパク質と相互作用し，**RISC**(RNA-induced silencing complex)を形成する．siRNA は，この RISC と呼ばれる siRNA-タンパク質複合体に取り込まれる(不活性な RISC)．RISC は siRNA の中央部で mRNA を切断する．siRNA の配列特異性は高く，わずか1塩基の違いでも RNAi 効果がなくなると報告されている．なお，以上の一連の反応は細胞質で行われる．

2001 年末に，21〜23 塩基の小さな RNA が細胞内に存在することが明らかにされ，**miRNA**(micro RNA)と名づけられた．この miRNA も植物，線虫，ショウジョウバエ，哺乳類，ヒトにいたるさまざまな生物で確認され，200種以上にも及んでいる[*12]．miRNA には，発生の時期特異的に発現する **stRNA**(small temporal RNA)，組織特異的に発現するもの，恒常的に発現するものなどがあり，さまざまな生命現象に関与していると考えられる．

*12 RNAi による抑制効果は標的配列にかなり依存するが，哺乳動物細胞においても適切な siRNA を導入すると，既存の方法に比べて高い遺伝子抑制効果を示すことが多い．またとくに，哺乳動物細胞では RNA 依存性 RNA ポリメラーゼによる siRNA の増幅機構がないため，より特異的な遺伝子ノックダウンが可能となる．siRNA は配列特異性が非常に高く，相補的な配列の mRNA を分解することで遺伝子発現を抑制するため，外来遺伝子に対応するシステムであると考えられている．一方，miRNA は mRNA に対して完全に相補的でなくても mRNA を分解せずに翻訳阻害のみを引き起こして発現抑制を行うため，内在遺伝子の発現調節のための抑制システムであると考えられている．

9.2.7 クローン技術の応用―ヒト抗体生産マウスの作製

上記のさまざまな技術を融合して開発された実験動物の例として，ヒト抗体を生産するトランスジェニックマウスについて紹介する．

マウス抗体をヒトに投与した場合，体内においてマウス抗体に対するヒト抗体が生成し，体内から排除されてしまう．このようなヒトに対する抗原性を低下させるために，マウスに**ヒト免疫グロブリン**(human immunoglobulin: Ig)の遺伝子を導入し，マウス抗体をつくるのと同様な簡便さでヒト抗体をつくりだすことができる．ところが，トランスジェニックマウスにとって最大の難関は，100万塩基対(1 Mb)を超える巨大なヒトIg遺伝子全長をマウスに導入することであった．ヒトIg遺伝子の重鎖は，14番染色体上に1.3 Mbにわたってクラスターを形成している(図9.7)．約80種類のV断片，

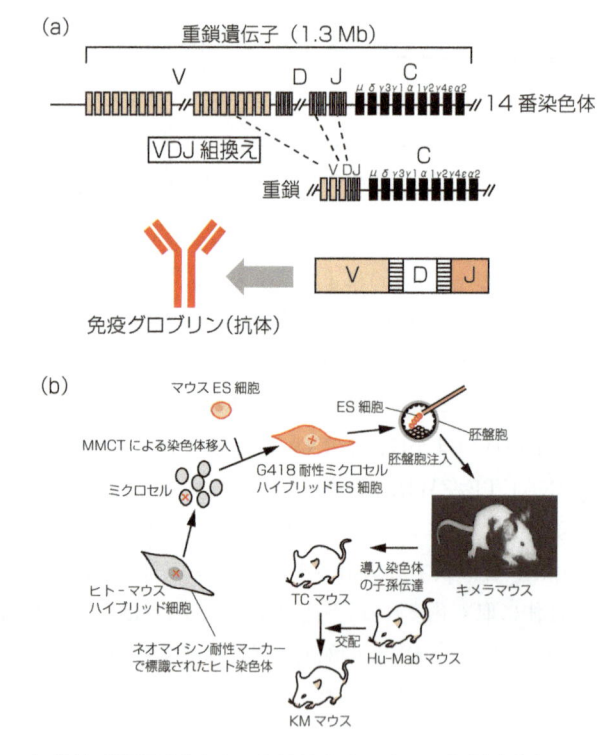

図9.7 ヒト抗体重鎖構造(a)とヒト抗体生産マウスの作製法(b)

ネオマイシン耐性遺伝子をランダムにヒト初代細胞に導入後，得られたヒト細胞とマウス細胞を融合してヒト-マウスハイブリッド細胞を作製する．次に，得られたハイブリッド細胞から微小核融合法(MMCT)を用いて，ヒト染色体もしくはその断片を保持するヒト-マウスハイブリッド細胞のライブラリーを作製する．さらに，ヒト2番染色体断片と14番染色体断片を含む細胞クローンから，それぞれMMCTを用いてマウスES細胞に染色体そのものを断片化して導入する．得られたG418耐性ミクロセルハイブリッドES細胞を用いて，常法によりキメラマウス(TCマウス)を作製する．得られたTCマウスをHu-Mabマウスと交配することで，最終的にKMマウスを作製することができる．MMCT: micro-cell mediated chromosome transfer, TC: trans chromo, Hu-Mab: human monoclonal antibodies, KM: Kirin-Medarex.

約30種類のD断片，6種類のJ断片がさまざまに組み合わされてVDJエキソンとなり，抗体の抗原結合部位を構築する[*13]．さらに，このVDJの組合せの多様性に加えて，VDJの結合箇所においては適度の不正確性があり，とくに重鎖においてはVとD，DとJの間に染色体上の遺伝子にはないアミノ酸配列が挿入されることがあり，できあがったVDJは遺伝子から計算される以上の多様性をもつ．このようなIg遺伝子を含むヒト染色体断片を導入したトランスクロモ(TC)マウスとヒト抗体軽鎖遺伝子をもつHu-Mabマウスをかけ合わせることで作出されたKM(Kirin-Medarex)マウスから，特異性の高いヒト抗体を容易に作製できるようになった(図9.7)．

9.3　幹細胞生物学とiPS細胞の開発

すべての生物は細胞という最小単位によって構成され，ヒトではその細胞の数は200種類以上，約60兆個あるといわれている．このようなきわめて多数の細胞も，元をたどれば受精卵という一つの細胞に行き着き，日々生死を繰り返している多種多様な細胞それぞれも，元をたどると受精卵などの未分化の細胞に行き当たる．その分化前の細胞を**幹細胞**(stem cell)[*14]と呼び，幹細胞生物学を理解するためには発生学の知識が必要である．幹細胞は組織・臓器を構成する細胞集団の根幹に位置する未分化な細胞であり，**多分化能**(pluripotency，複数の異なった機能をもつ成熟細胞へ分化する能力)と**自己複製能**(replication competence，不均等分裂により自己と同じ幹細胞を維持する能力)を兼ね備えた細胞[*15]として定義される．

ES細胞に存在する多能性の誘導や維持に必要な因子の研究を踏まえて，2006年に京都大学再生医科学研究所の山中伸弥教授(現 京都大学iPS細胞研究所所長)らによって，**iPS細胞**(人工多能性幹細胞)が開発された(図9.8)．すなわち，マウスの線維芽細胞に**山中因子**(Yamanaka factor)と呼ばれる四つの転写因子(Oct3/4, Sox2, Klf4, c-Myc)の遺伝子をレトロウイルスベクターに連結し，細胞に導入することによって樹立された[*16]．iPS細胞の作製法は次の通りである．

① 生体から得た体細胞(線維芽細胞)を培養する．
② ベクターを用いて，分化万能性の獲得に必要な遺伝子を導入する．
③ 細胞をいったん集め，ES細胞の培養法に従い，フィーダー細胞の存在下で専用培地を用いて培養する．
④ 遺伝子が導入された細胞の一部がiPS細胞となり，ES細胞様のコロニーを形成する．

ヒトiPS細胞から分化誘導されるさまざまな機能細胞は医薬品候補物質の有効性や安全性の評価に有望なツールとなり，患者から作製した疾患特異的

[*13] これをVDJ組換えという．この現象を解明した利根川進・マサチューセッツ工科大学教授は，「多様な抗体を生成する遺伝的原理の解明」という理由で1987年にノーベル生理・医学賞を受賞している．

[*14] 幹細胞には胚性幹細胞(embryonic stem cell, ES細胞)と体性幹細胞(somatic stem cell)がある．ES細胞は，個体を構成するすべての細胞への分化が可能であり，発生初期の胚から分離される．また，それぞれの臓器にも特徴的な体性幹細胞が存在しており，造血組織である骨髄には造血幹細胞が存在し，造血系すべての血球細胞を常につくり続けている．

[*15] 体性幹細胞を培養することにより，ES細胞やEG(embryonic germ)細胞に近い多能性幹細胞を樹立できる．骨髄細胞を培養することで，従来の体性幹細胞に比べて広範な細胞系列への分化能力をもった細胞(multipotent adult progenitor cell: MAPC)が樹立される．また，新生仔期(マウスの場合，生後5～18日)の精巣からES細胞に類似した多能性幹細胞が樹立され，多能性生殖幹(multipotent germline stem: mGS)細胞と呼ばれる．

[*16] 2007年に，山中らのグループとトムソン(J. Thomson)らの研究グループは，山中因子を用いて成人皮膚由来の線維芽細胞からES細胞に類似したヒトiPS細胞を樹立することに成功した．作製されたiPS細胞はES細胞に非常によく似ており，ほぼ無限に増殖する能力と神経や心臓などさまざまな組織や臓器の細胞をつくりだす多能性をもっていた．

*17 ヒトiPS細胞技術の実用化を目指すためには，iPS細胞の作製技術の確立，安全性を確認する妥当な評価方法の確立，標的細胞への分化誘導法の開発，移植方法の開発など，まだ数多くの課題を解決する必要がある．とくに再生医療への応用には，安全性の確認が最重要の課題であり，そのための基礎研究が必要になっている．

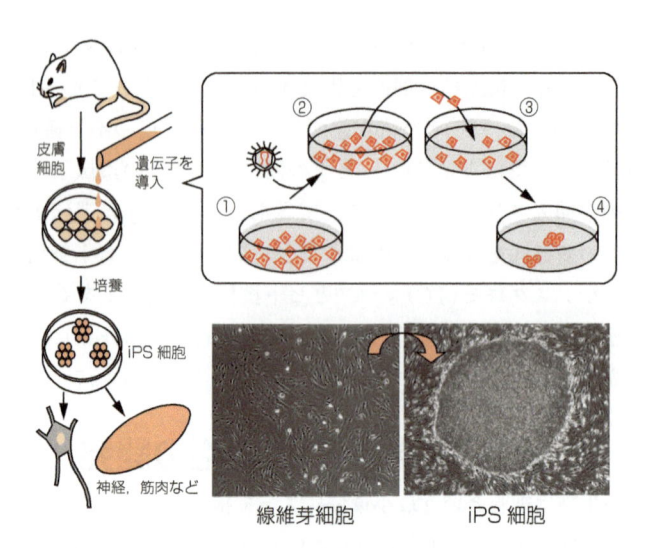

図 9.8 iPS 細胞の作製法

iPS 細胞を活用することによって病態解明や画期的な治療法の開発が行われている．将来的には，細胞移植療法のような再生医療への応用も期待されている*17．

練習問題

1. 動物細胞への遺伝子導入法について説明しなさい．
2. 受精卵クローンと体細胞クローンをそれぞれ説明し，それらの違いについて述べなさい．
3. 遺伝子ノックアウトと遺伝子ノックダウンをそれぞれ説明し，それらの違いについて述べなさい．
4. ES 細胞と iPS 細胞について，それらの作製法および応用上の相違点について述べなさい．
5. クローン技術の医療応用およびその倫理上の問題点について述べなさい．

10章 医療における遺伝子工学

われわれ人間の生命活動の源は遺伝情報であり，この情報が正確に発現しない場合，さまざまな疾患が引き起こされる．遺伝子の機能を考慮した医療は病気の本質に迫るものである．遺伝子工学の進歩により，これまで対症療法しかなかった疾患のなかで，遺伝子の機能不全によるものについて，根本的な治療法が展開され始めている．今日，われわれの健康を支える医療において，遺伝子工学が果たす役割は一段と大きくなっており，本章ではその基盤となる技術と応用例について概説する．

10.1 遺伝子診断

病気の診断は，医師の知識と経験に基づいた診察，生化学的検査数値，放射線などによる画像診断などにより行われている．近年ではこれらに加え，遺伝子工学的手法が生かされた診断方法も用いられている．遺伝子の異常（変異，欠損）を診断する，いわゆる**遺伝子診断**（genetic diagnosis）が可能となっている．診断は，「マーカー」と呼ばれる疾患の目印となるタンパク質の有無，遺伝子の変異や発現量を調べることで行われる．この節ではまず，遺伝子が関与する遺伝病について概観し，ついで疾患の原因となる変異遺伝子の検出技術について紹介する．

10.1.1 遺伝病

遺伝病（hereditary disease）には染色体異常[*1]によって引き起こされるものと，メンデル型の法則に従う原因遺伝子の欠陥により発症するものがあるが，ここでは後者を**遺伝子病**（genetic disease）として扱う．ヒトは父親と母親からそれぞれ1個ずつの対立遺伝子を受け継ぐが，その片方だけでも異常

[*1] 構造的異常（転座，欠失，重複など）と数的異常に分類される．ダウン症では，21番染色体が3本存在する数的異常（トリソミー）が見られる．

10章 医療における遺伝子工学

*2 対立遺伝子がヘテロ接合の場合でも現れる形質を優性形質といい，その形質を示す遺伝子を優性遺伝子（dominant gene）という．ホモ接合になったときに初めて形質を現す遺伝子を劣性遺伝子（recessive gene）という．

（変異遺伝子）であれば発病する疾患を**優性**[*2]**遺伝病**（dominant genetic disease）という．一方，両親から変異遺伝子を受け継いだときにのみ発病する疾患を**劣性遺伝病**（recessive genetic disease）という．たとえば**鎌状赤血球症**（sickle cell disease）は，赤血球が鎌状になり慢性貧血を引き起こす疾患であるが，ヘテロ接合の場合，通常の酸素分圧条件下では無症状（保因者）で，ホモ接合のみ症状を示す劣性遺伝病である．β-グロビン鎖遺伝子の第6コドンに GAG → GTG の置換があり，グルタミン酸（Glu）からバリン（Val）への変異が起こっている．両親から受け継いだ遺伝子が両方ともこの遺伝子であると，生じた変異β-グロビン鎖による重合が起こり（図10.1），通常は柔軟な赤血球が鎌状に変形する（図10.2）．弾性のない鎌状赤血球は，毛細血管をふさぎ，鎌状赤血球発作を招く．この変異はマラリア流行地域の中央アフリカにおいて高頻度で見られ，マラリア感染に対する抵抗性との関連が考えられている．鎌状赤血球症のように，単一の遺伝子の欠損により引き起こされる疾患の例を表10.1にまとめた．

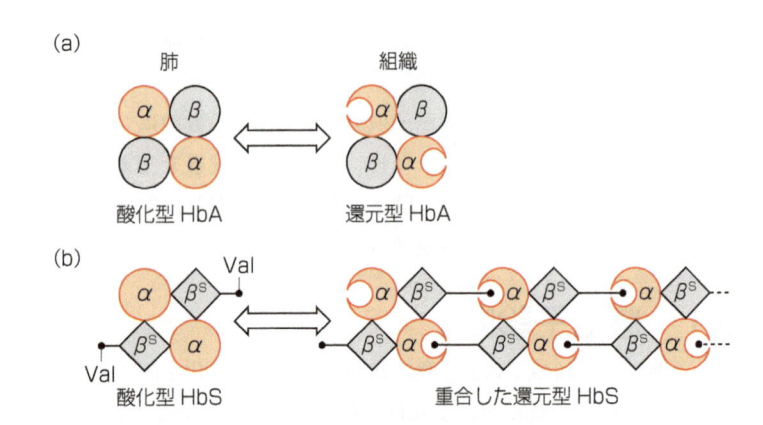

図10.1　鎌状赤血球ヘモグロビン分子間で見られる凝集体の形成
(a) 正常なヘモグロビン（HbA）は二つのαサブユニットと二つのβサブユニットからなる．
(b) 鎌状赤血球ヘモグロビン（HbS）では変異（Glu → Val）したβサブユニットにより重合が起こる．

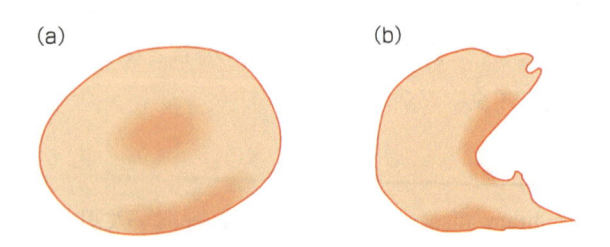

図10.2　正常な赤血球(a)と鎌状赤血球(b)

表10.1　遺伝子疾患の例

	疾患名	欠損遺伝子	特徴
優性遺伝	家族性腺腫性ポリポーシス	第5染色体上のAPC遺伝子	大腸がんへの危険性をもつ，多くの良性の大腸ポリープ
	神経線維腫症	第17番染色体上のニューロフィブロミン遺伝子	多発性神経鞘腫瘍，皮膚色素沈着
	ハンチントン舞踏病	第4染色体上の遺伝子座での過剰なCAGの繰返し配列	成人発症，協調を欠いた動き，痴呆
劣性遺伝	フェニルケトン尿症	フェニルアラニン水酸化酵素の欠損	神経病的異常
	先天性白皮症	チロシナーゼの欠損	メラニン色素沈着がなく，UVによる皮膚がんの危険性が高い
	嚢胞性線維症	細胞膜輸送系の欠損	呼吸器感染症，膵炎

10.1.2　遺伝子診断とマーカー

　遺伝子診断は，ヒト個人の間でのDNA配列の違いを検出する方法である．すなわち，病気の診断においては健康な人と患者の違いをDNAのレベルで明らかにする．以下，鎌状赤血球の原因となるβ-グロビン遺伝子の変異の診断を例に，二つの方法を説明する．

　遺伝子診断法として最初に開発されたものに，**制限酵素断片長多型**（restriction fragment length polymorphism: RFLP）をマーカーとした解析法がある．正常β-グロビン遺伝子の第6番目のコドン付近の配列は5′-…CCTGAGGAG…-3′となっており，制限酵素MstⅡ（5′-CCTNAGGAG-3′を認識）で切断される．鎌状赤血球の場合は5′-…CCTGTGGAG…-3′に変異しており，MstⅡで切断されない．したがって染色体DNAのMstⅡによる消化反応により，変異遺伝子をもつ場合は電気泳動において大きな断片を検出することになる（図10.3）．この方法は，正常遺伝子と変異遺伝子で，特定の制限酵素の認識配列が異なっている場合に適応可能である．別の診断方法として，特異的オリゴヌクレオチド・ハイブリット法がある．正常β-グロビン遺伝子のみ，または変異遺伝子のみにハイブリダイズするオリゴヌクレオチドを作成し，放射性同位元素などで標識する．オリゴヌクレオチドは12塩基程度で，変異箇所が中央の6塩基目付近にくるよう設計しておけば，完全に配列が相補的な場合のみ検出され，そうでないと簡単に洗い流されて検出されないという仕組みである（図10.4）．

　PCR法の進展とヒトゲノム情報の解読により，上述のRFLP（図10.5a）のほかに，個体差を示すさまざまな多型マーカーが見いだされている．一つは7～40塩基対で，反復回数に個人差があるVNTR（variable number of tandem repeat）と呼ばれる配列で，**ミニサテライト**（minisatellite）という名称で呼ばれる（図10.5b）．PCRによりVNTRの領域を増幅させると，反復

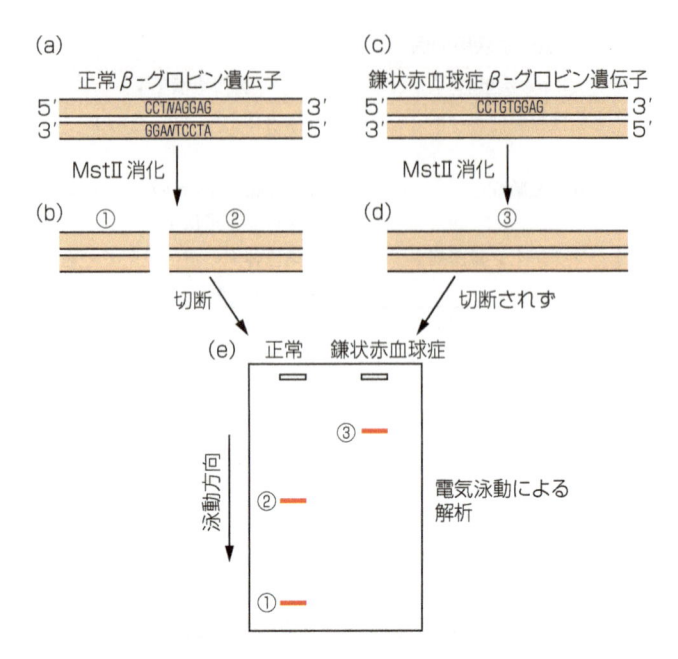

図 10.3　RFLP をマーカーとした遺伝子診断の例
(a) 正常 β-グロビン遺伝子には制限酵素 MstⅡ の認識部位がある．(b) MstⅡ による消化で生じた断片．(c) 鎌状赤血球症 β-グロビン遺伝子には MstⅡ の認識部位がない．(d) MstⅡ による消化が起こらず，正常遺伝子より長い DNA 断片が残る．(e) 電気泳動により，生成した DNA 断片のパターンを確認する．

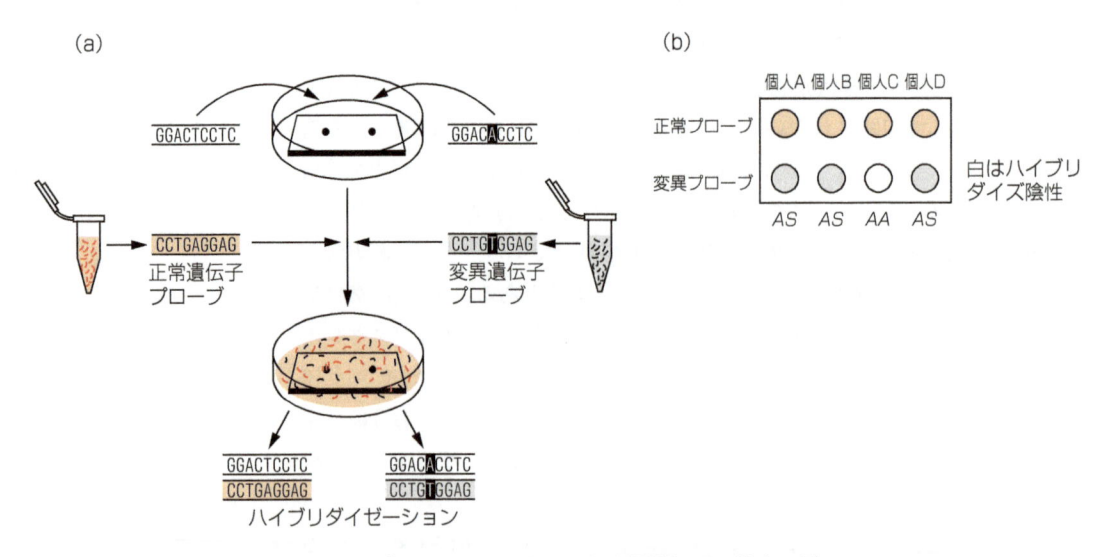

図 10.4　特異的オリゴヌクレオチドを用いた変異遺伝子の検出の例
検体より，(a) 正常 β-グロビン遺伝子 (A, 左) と鎌状赤血球症 β-グロビン遺伝子 (S, 右) を一本鎖 DNA として合成する．それぞれの遺伝子に特異的な標識オリゴヌクレオチドプローブと反応させる．
(b) ハイブリダイゼーションの結果から変異遺伝子の有無を判断できる．この場合，「個人 C」以外の人にはヘテロ接合で変異遺伝子が見られる．

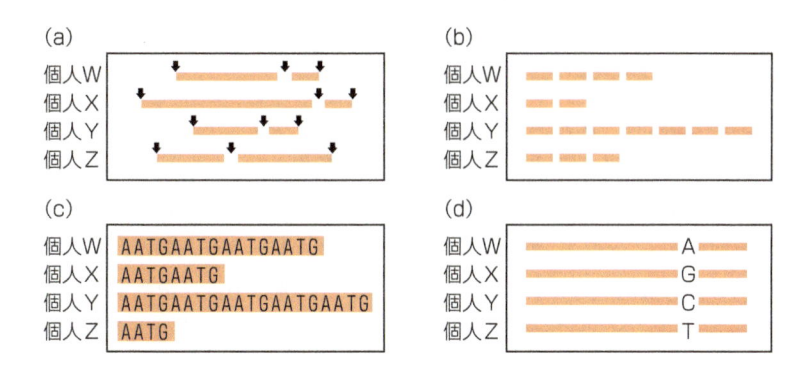

図 10.5 遺伝子診断に用いられる多型マーカーの種類
ゲノム上のコピー数は，(a) RFLP では数万，(b) ミニサテライトでは数千，(c) マイクロサテライトでは数万，(d) SNP では 1000 万程度存在する．判定には，(a) と (b) の場合はサザンブロット，(c) と (d) の場合は PCR が用いられる．

配列の回数が多いほど長い DNA を生じる．そして，2〜7 塩基の反復配列で**マイクロサテライト**(microsatellite，図 10.5c) と呼ばれる配列が多型マーカーとして登場した．さらに，**一塩基多型**(single nucleotide polymorphism: SNP，図 10.5d) が用いられるようになっている．

10.1.3 薬物作用の予測診断

　遺伝子診断は個人の疾患原因遺伝子を調べる有力な手法であるが，このほかに，感染している可能性のある細菌やウイルスの存在，またはそれらの型の同定，あるいは患者に発生した腫瘍の遺伝子の変化を調べることもできる．現在では，ある種の薬剤について，SNP の情報をもとにして効果を予測した後，投薬できるようになった．たとえばその一つに，肺がんの分子標的治療薬のゲフィチニブ(Gefitinib)がある．この薬は，上皮成長因子受容体(EGFR)のチロシンキナーゼを選択的に阻害し，がん細胞の増殖を抑制する．これまでの抗がん剤は正常細胞にも作用し，多くの副作用が問題となっていたが，がん細胞で活性化されている EGFR を特異的に阻害する画期的な薬剤として注目を集めた．臨床における治療成績から，非喫煙者，腺がん，女性，東洋人ではゲフィチニブが効果を示しやすいとされており，肺がん細胞での EGFR 遺伝子変異の頻度は，欧米人に比べて日本人で有意に高いこと，また有効例ではその頻度が高いことがわかっている[*3]．

10.1.4 そのほかの診断支援技術

　医療や医学研究に用いられる遺伝子，タンパク質の解析法のなかで基本的なものには，ウェスタンブロット法(7 章参照)や ELISA[*4] などが挙げられる．近年では，次世代シークエンサー(11 章参照)，質量分析計(7 章参照)，

[*3] 日本では 2002 年，商品名イレッサとして世界に先駆けて承認されたが，当時，副作用の間質性肺炎による死亡が相次ぎ，社会問題にもなった．

[*4] enzyme-linked immunosorbent assay の略．固相酵素免疫検定法のこと．抗原または抗体を酵素で標識し，抗体または抗原の存在を酵素活性の測定により検出する．酵素標識された特異抗体が多数市販されており，臨床診断や生化学検査に広く利用されている．

フローサイトメトリー（flow cytometry: FCM）などが活用されている．ここでは一例としてFCMについて紹介する．

FCMの構成は，測定試料である細胞を一つずつ一列に並べる「水流系」，細胞にレーザー光を照射し，散乱光と蛍光を発生させる「光学系」（図10.6a），細胞から発生した光を検出し，電気信号に変換する「電気・解析系」，目的の細胞を回収する「分取系」からなる．光学系では，レーザー入射と同じ角度で発生する前方散乱光（forward scatter: FSC）と，垂直方向に散乱する側方散乱光（side scatter: SSC）が得られる（図10.6b）．FSCは細胞の大きさ，SSCは細胞の形態，核，顆粒などの内部構造を反映した情報となる（図10.6c）．

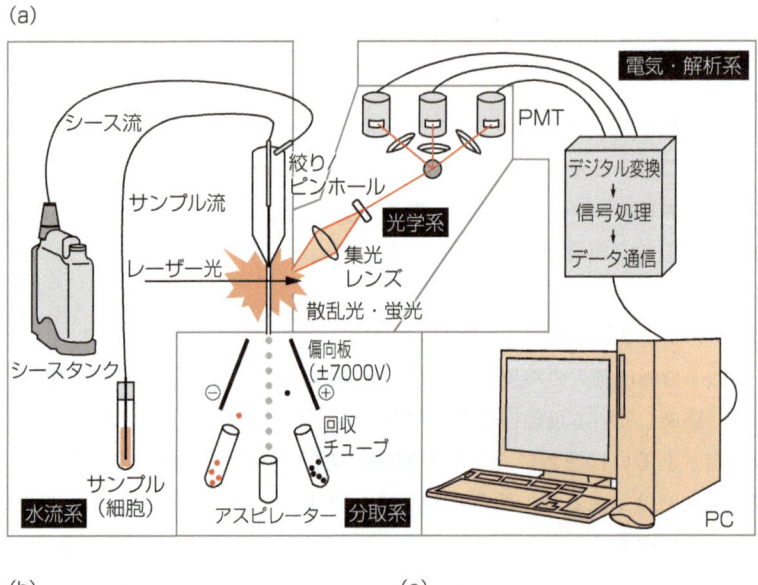

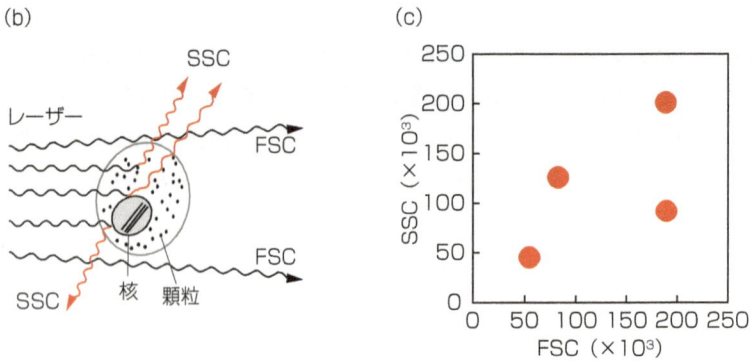

図10.6 フローサイトメーターの概略
(a) フローサイトメーターの全体像．水流系では，シース流（sheath flow）によりサンプルの細胞が搬送される．照射後の光はPMT（photo-multiplier tube）により検出される．(b) レーザー照射による前方散乱光（FSC）と側方散乱光（SSC）の発生．(c) 情報の出力例．(a)は中内啓光監修，『新版 フローサイトメトリー自由自在』，秀潤社（2004），p.11を参考に作図．

試料細胞の前処理試薬として，特定の分子と結合する蛍光標識抗体を用いることで，リンパ球の種類を同定したり，DNA と結合する蛍光色素を腫瘍細胞に取り込ませて，腫瘍の程度を調べたりすることができる．

10.2 遺伝子の制御による治療

単一の遺伝子の変異が原因である疾患では，正常なタンパク質がつくられないことがあり，これに対処して，正常な遺伝子を患者の体内に導入し，正しく機能するタンパク質を発現させる手法を**遺伝子治療**（gene therapy）という．一方，遺伝子の機能を抑制するために，その遺伝子の mRNA の翻訳を阻害する手法は **RNA 干渉**（9.2.6 項参照）と呼ばれ，この現象を利用した核酸医薬品（10.3.3 項参照）の開発も進められている．

10.2.1 遺伝子治療の概念

これまでの遺伝性疾患の治療法は，三つに分類することができる．① 欠損酵素に対する基質の摂取制限，② 薬物による有害な代謝反応の抑制，③ 欠損タンパク質の補充，である．

遺伝子工学技術の進展に伴い，正常遺伝子を補充するいわゆる遺伝子治療が誕生した．遺伝子治療のもとになる研究は 1960 年代にさかのぼるが，最初の成功例として認められているものは，1990 年，米国において女児に対して行われた ADA 欠損症[*5] の治療である．この遺伝子治療においては，患者の血液から採取したリンパ球に正常な ADA 遺伝子を組み込み，これを患者にもどすことで，正常遺伝子の発現が確認され，症状が改善された．また，日本においては 1995 年，北海道大学において同様の ADA 欠損症に対する治療が実施されて以降，さまざまな疾患に対して遺伝子治療が実施されている．

遺伝子治療には，上記のように患者の細胞を取り出して，体外で細胞に新しい遺伝子を導入して患者の体内にもどす方法（図 10.7）があるが，これは *ex vivo*（生体外）遺伝子治療法と呼ばれる．この方法は，標的細胞を患者から取り出し，培養条件下で正常遺伝子を導入するという手順で進められるが，細胞を十分量準備するための時間や経済的コストがかさみ，実用面で大きな問題となっている．一方，直接遺伝子を患者に投与する方法は *in vivo* 法と呼ばれる．次に，これまで主として用いられてきたウイルスベクターについて説明する．

10.2.2 遺伝子治療用ベクター

レトロウイルスベクター（retroviral vector）は最も開発研究が進んでいるベクターであり，なかでもモロニーマウス白血病ウイルス（Moloney murine

[*5] アデノシンデアミナーゼ欠損症（adenosine deaminase deficiency）のことで，劣性遺伝病である．アデノシンデアミナーゼ（ADA）はアデノシン，デオキシアデノシンを脱アミノ化して分解する酵素で，これが欠損すると T リンパ球と B リンパ球の機能不全による重症複合免疫不全症を引き起こす．

10章　医療における遺伝子工学

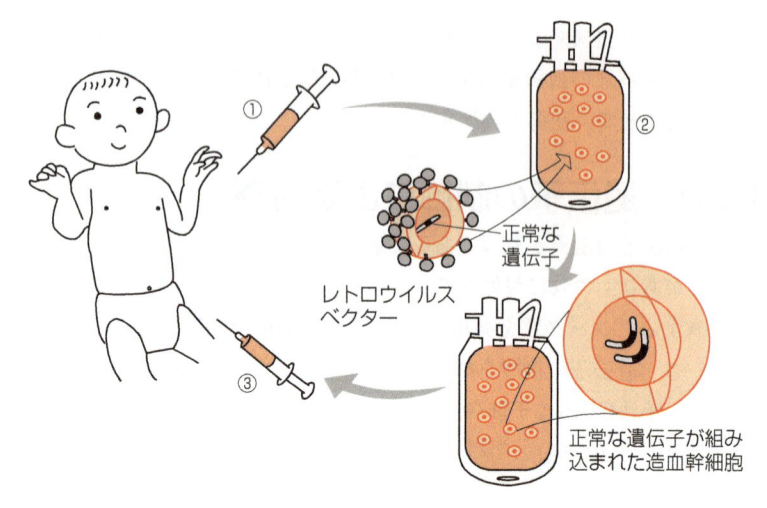

図 10.7　遺伝子治療の流れ
①患者から骨髄を採取する．②造血幹細胞を分離・精製し，レトロウイルスベクターを用いて正常な遺伝子を導入する．③造血幹細胞を患者の体内にもどす．

leukemia virus: MoMLV)の自己複製機構を破壊したものが代表的である．患者への導入前には，遺伝子導入された細胞が将来がん化しないという安全面や，遺伝子が効率的かつ安定的に発現されるという有効性を確認する必要がある．また，エイズを引き起こすヒト免疫不全ウイルス1型(human immunodeficiency virus type 1: HIV-1)[*6]もレトロウイルスの一つで，4種の核移行シグナルをもっており，標的細胞ゲノムに外来遺伝子を組み込むための核膜の通過が可能である．そこでHIV-1の粒子形成と感染に必要な配列だけを残し，HIV-1ゲノムに外来遺伝子の発現に必要なプロモーターが組み込まれたエイズウイルスベクターも開発されている．

アデノウイルスベクター(adenoviral vector, 4.2.4項参照)は動物個体で直接発現させることができるベクターとして期待されている．しかし，導入遺伝子が宿主細胞のゲノムに組み込まれないので発現は一過的であり，炎症を誘発し，感染特異性が低いという欠点がある．アデノ随伴ウイルス(adeno-associated virus)は高い効率で標的細胞に遺伝子を導入でき，染色体の特定の領域(19番染色体)に組み込まれ，導入遺伝子の長期的な発現が期待できる．非ウイルスベクターとしては，リポソームが化学的な遺伝子導入法に用いられるが，導入効率はウイルスベクターよりもはるかに低い．

10.2.3　がんを標的とした遺伝子治療

臨床面での取組みとして，がんを対象とした遺伝子治療が検討されてきた．**アンチセンス法**(antisense method)は，過剰に発現していることでがん化を促しているがん遺伝子[*7](K-rasやc-fosなど)について，アンチセンス

*6　一本鎖RNAウイルスである．ゲノムRNAは逆転写酵素により二本鎖DNAに変換され，インテグラーゼにより宿主DNAに組み込まれる．

*7　oncogene. 本来，細胞の増殖や分化の制御において重要な役割を担うタンパク質をコードする原がん遺伝子(proto-oncogene)に変異が生じ，細胞のがん化を誘導するようになった遺伝子．細胞由来のがん遺伝子をc-onc，ウイルス由来のがん遺伝子をv-oncとして区別する．

RNA*8 を導入することで，その発現を抑えて細胞の異常増殖を抑える方法である．これまで行われてきた DNA の導入による遺伝子治療では，がん細胞で変異している遺伝子について，その正常遺伝子を導入してがん細胞の増殖抑制を図るものであった．半数近くのがんで変異が確認されているがん抑制遺伝子*9 の p53 の導入が試みられている．**プロドラッグ療法**（prodrug therapy）は，プロドラッグ*10 とその代謝酵素の遺伝子を用いる方法である．たとえば，代謝拮抗薬のガンシクロビル*11 をプロドラッグとして投与し，単純ヘルペスウイルスのチミジンキナーゼの遺伝子をがん細胞に導入すると，ガンシクロビルの毒性が発揮され，がん細胞が死滅する．**免疫療法**（immunotherapy）は，インターロイキン（interleukin: IL），インターフェロン（interferon: IFN）など抗腫瘍免疫能を高める分子の遺伝子を，細胞障害性 T 細胞や腫瘍浸潤リンパ球などのエフェクター細胞*12 に導入する方法である．これによりリンパ球などの抗腫瘍免疫が高められる．

ウイルスベクターは，非ウイルスベクターよりも遺伝子の導入効率がよいが，一方で，安全面での課題が残されている．しかし，遺伝子治療は長年行われてきたがんに対する物理的な治療や化学的な治療法とは異なる作用機序で成り立っており，次世代型の治療法として期待されている．

10.2.4 血管新生への応用

心筋梗塞などの新しい治療法として，**血管新生**（angiogenesis）を促すための遺伝子治療の取組みが始まっている．虚血性疾患の治療において，血管内皮増殖因子（vascular endothelial growth factor: VEGF）などの血管新生にかかわる因子が，細胞外マトリックスを分解し，そこに内皮細胞を増殖・遊走させることで新しい血管を構築することが明らかとなっている．当初，組換えタンパク質分子の投与が検討されたが，0.1〜1 mg ものタンパク質が必要であった．そこでイスナー（J. M. Isner）らは，VEGF 遺伝子を組み込んだプラスミドを筋肉内注射する遺伝子治療法を検討し，虚血性心疾患の治療において有用であることを明らかにした．この方法ではウイルスベクターを用いておらず，安全性への懸念はこれまでの遺伝子治療より少なくなっている．また，わが国では HGF（hepatocyte growth factor）*13 を用いた遺伝子治療も検討されており，動物の下肢虚血モデルの検討から，HGF 遺伝子の局所投与による虚血肢の血流改善，および血管新生能の亢進が確認されている．

10.3 遺伝子工学を用いた医薬品

遺伝子工学は，医薬品としてのペプチドおよびタンパク質分子の生産・製造においても活用され，医療の進展を支え続けている（組換え医薬品の生産については 13 章参照）．そして現在では，網羅的に解析されたヒトの遺伝子

---

*8 antisense RNA. 標的遺伝子からつくられる mRNA と構造的に相補性をもっている RNA．両者は互いに結合して RNA 二本鎖を形成する．

*9 tumor suppressor gene. 正常な細胞において無限増殖を抑制しているタンパク質の遺伝子．がん抑制遺伝子の機能が不活性化すると，がんの発生や悪性化が誘発される．

*10 体内で代謝されてから作用を及ぼすタイプの薬．

*11 Ganciclovir. サイトメガロウイルス感染症薬．ウイルス感染細胞においてウイルス DNA ポリメラーゼを阻害し，ウイルスの複製を抑制する．リン酸化されてガンシクロビル三リン酸となったものがポリメラーゼ阻害活性をもつ．

*12 effector cell. 腫瘍細胞やウイルス感染細胞の破壊，排除に直接かかわる細胞群．

*13 肝細胞増殖因子．肝細胞の増殖だけでなく，そのほかの細胞に対して増殖促進，運動促進，抗アポトーシス，血管新生，組織再生などの生理活性をもっている．

10章　医療における遺伝子工学

情報，タンパク質情報をもとに，より効果があり，より副作用の少ない薬が開発されつつある．また，個人の体質に応じた投薬や治療を行う**テーラーメード医療**(tailor-made medicine)にも期待が高まっている．さらに，わが国で開発されたiPS細胞(9章参照)を用いた薬効の評価系も検討され始めており，新薬候補の選抜や副作用の解析手法も新しい局面を迎えている．

10.3.1　創薬におけるゲノミクス

これまでの創薬では，有機化学を基盤とする合成化合物が中心対象であった．現在でも多くの合成医薬品が生みだされ，臨床において応用されている．しかし近年では，遺伝子工学を駆使した生化学，分子生物学，細胞生物学の研究により，細胞内のシグナル伝達分子，分子間相互作用を標的とした創薬が可能となっている．とくに，2003年にヒトゲノムプロジェクト[*14]が完了した後，ヒトゲノム情報を創薬や医療に活用する研究が進んでいる．

*14　1990年に米国でスタートした．

ヒトゲノム情報を活用するためには，生命科学と情報科学の融合分野である**バイオインフォマティクス**(bioinformatics，生物情報学)によるDNAの配列情報の解析が不可欠である．バイオインフォマティクスと実験的な解析から，現在ではヒトのゲノムには2万2000程度の遺伝子が含まれることが解明されている．さらに解析を進めると，個人間で少しずつDNA配列に違いがあることも判明してきた．そしてDNAの1塩基の多型，いわゆるSNP(10.1.2項参照)までもが解明されてきた．ヒトゲノムは99.9％が同一で，残りの0.1％の違いが個人間に見られ，30億塩基のうちの3000万塩基はほと

Column

微生物は薬の玉手箱 !?　美容医学にも

近頃では，遺伝子組換え微生物による医薬品の製造は珍しくなくなった．かつてはヒトの血漿からつくられていたアルブミン製剤に代わって，酵母ピキアを用いて生産されるようになり，ウイルスやプリオンなどの感染性物質の混入の危険性を回避できる．さらに，大腸菌で生産された抗体医薬も認可されるようになった．このように，組換え技術により画期的な医薬品が生みだされている．しかし，組換え技術を用いない，天然の微生物に由来する医薬品(13章参照)も数多くある．最近認可された，ボツリヌス菌が生産するボツリヌストキシンによる「眉間のしわ」の治療は興味深い．ボツリヌストキシンはタンパク質分子で，LD_{50}(半致死量：一群の動物に投与したとき，その半数が死亡すると推定される量)は1×10^{-6} mg/kgであり，最強の天然毒ともいわれている．神経接合部でアセチルコリンの放出を抑制する働きがあり，筋弛緩作用を示すので，眉間にしわがある人にボツリヌストキシン製剤を注射すると，きれいにしわがなくなる．もちろん，きわめて薄い濃度に調製していることはいうまでもない．

これからも微生物は，われわれの健康や生活の質を向上させてくれるさまざまな物質を提供してくれることだろう．

んどが SNP である．薬に対する効果の個人差について，遺伝的な要素との関連を解析する薬理遺伝学があるが，SNP というパラメータを用いて薬物応答性や副作用を予測する**薬理ゲノミクス**（pharmacogenomics）という新しい領域も生まれている．

10.3.2　ゲノム情報による新規医薬品の探索例

ゲノム情報を用いたゲノム創薬の例として，**G タンパク質共役型受容体**（G-protein-coupled receptor: GPCR）を標的としたリガンドの探索が挙げられる．GPCR は細胞膜を 7 回貫通する構造をもっており，細胞内で GTP 加水分解酵素（GTP アーゼ）活性をもつタンパク質と相互作用して，受容体に作用するリガンド分子の情報を細胞内に伝える[*15]重要な役目を果たしている（図 10.8）．そして，高血圧，狭心症，ぜん息など，多くの疾患に対する治療薬の標的になっている．これまでのバイオインフォマティクスによる解析により，800 近い GPCR 遺伝子の存在が予測されている．しかし，1/4 程度の GPCR でのみリガンドが明らかになっているだけで，大多数はリガンドが不明な生理機能未知のオーファン受容体[*16]である．このようななか，次第にこれら受容体の機能が明らかにされている．その一例として，オーファン受容体であった GPCR120 がゲノム情報に基づきクローニングされ，長鎖

[*15] 光，匂い，味などの刺激も GPCR を介して伝達される．

[*16] オーファン（orphan）の意味は「孤児」であり，リガンドが未同定の受容体のことをオーファン受容体という．

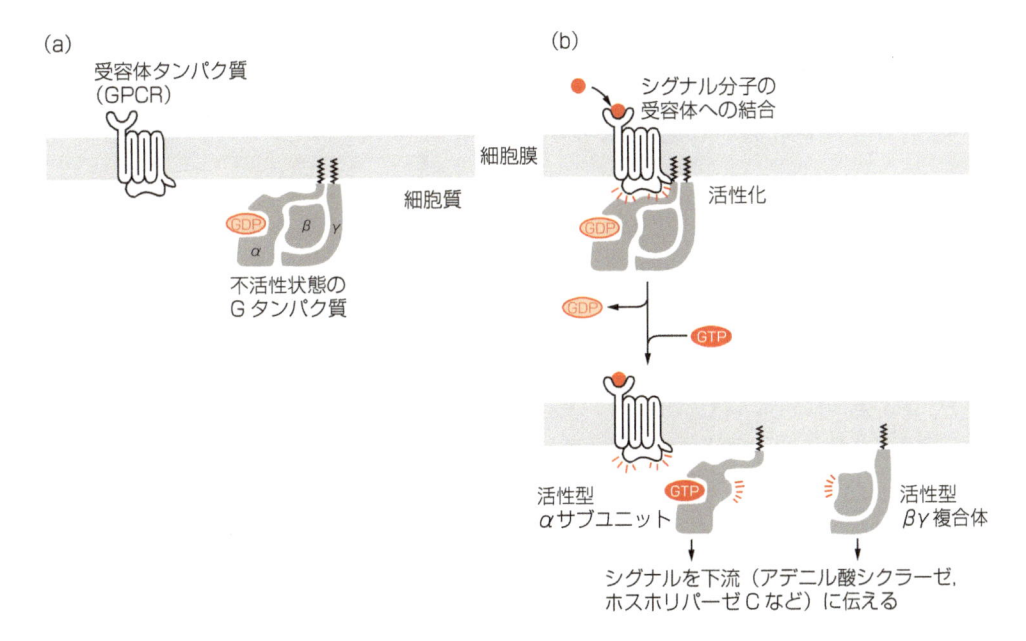

図 10.8　G タンパク質共役型受容体（GPCR）の働き
(a)細胞外シグナル分子が受容体に結合していないときは，G タンパク質は GDP を結合している．(b)シグナル分子の結合により GPCR が活性化されると，G タンパク質は GTP を結合して活性化され，受容体から解離しシグナルを下流に伝える．

遊離脂肪酸がリガンドとして機能することが明らかにされたことが挙げられる．この例ではまず，鎖長の異なる脂肪酸によるGLP-1（グルカゴン様ポリペプチド）の分泌促進効果が検討された．その結果，長鎖脂肪酸が腸管からのGLP-1の分泌を促進し，インスリン分泌を制御していることがわかった．さらにGPCR120に対するRNAiを細胞に導入すると，長鎖脂肪酸への感受性が低下した．このようにして，長鎖脂肪酸はGPCR120を介してGLP-1の分泌を促進していることが示唆された．このことは，GPCR120に作用するリガンドの探索が，糖尿病の治療薬の開発につながる可能性を示している．また，GLP-1が脳の満腹中枢に作用して食欲の抑制に関与することから，肥満の治療へ発展すると期待される．このようなゲノム創薬の取組みは始まったばかりであるが，今後さらに薬物標的分子に対する作用分子の探索や設計が進むものと考えられる．

10.3.3　核酸医薬品としてのスモールRNA

ノンコーディングRNA[*17]のうち，長さが約20～30塩基の短いRNA分子は**スモールRNA**（small RNA）と呼ばれ，発生，分化，神経発生，ウイルス防御，腫瘍進展など，さまざまな生命現象の調節に関与している．スモールRNAには，マイクロRNA（micro RNA: miRNA），低分子干渉RNA（short interfering RNA: siRNA），piwi-interacting RNA（piRNA）[*18]などがある．

診断分野では，がん組織においてmiRNAが特徴的な発現を示すことから，これをバイオマーカーとして利用する可能性が示されている．テキサス州立大学MDアンダーソンがんセンターからは，早期膀胱がんを対象とし

*17　ncRNAと略される．タンパク質情報をコードしていない非翻訳RNA．最も量が多いncRNAはtRNAやrRNAであるが，これらのほかにさまざまな調節機能をもったncRNAが多く見いだされている．

*18　動物の生殖細胞に見られる．PIWIファミリータンパク質と結合する．

Column

なぜDNA鑑定から冤罪が生じたのか？

1990年5月，女児の殺害事件が起きた（足利事件）．数カ月後，市内に住む男性が犯人として逮捕されたが，その決め手はDNA鑑定であった．この鑑定は，毛髪や体液などの細胞に由来する染色体DNAをPCRで増幅し，VNTRであるMCT118を鑑定するものである．MCT118は16塩基からなる配列が繰り返されているところであり，親から引き継いだ繰返し回数を調べることで，かなりの確率で個人を特定できるとされている．男性のMCT118は，片方の親から18回，もう一方の親から30回の繰返しを受け継いだ「18-30」と鑑定され，犯人の遺留物から検出されたものと同一とされたわけである．しかし再鑑定の結果，この男性のMCT118は18-29であることが判明した．これは，電気泳動の際に用いるマーカーが123 bp ladder（123塩基ごとにバンドが現れる）ものであり，繰返し単位である16 bpの区別には不適であったことによる．さらに犯人のMCT118は18-30ではなく，18-24であることも明らかとなった．当時の鑑定精度の低さと，この結果を過信した判決により，この男性は20年近くも自由を奪われた．

10.3 遺伝子工学を用いた医薬品

た血中 miRNA の検出方法の可能性が報告されている．治療分野では，疾患原因遺伝子の発現抑制の誘導が試みられている．siRNA は循環血液中では腎臓から迅速に排出され，RNA 分解酵素による分解で細胞内濃度の低下が引き起こされる．したがって，化学修飾を導入した誘導体や，速やかに細胞内に取り込まれるようなベクターが開発されている．DNA 合成に必須のプロタミン 2(protamine 2: PRM2)遺伝子を標的とした siRNA について，肝臓悪性腫瘍治療効果が検討され始め，PRM2 の mRNA の特異的切断産物が確認されるなど，核酸医薬品は遺伝子工学を用いた医薬品開発のなかでも大変注目されている．

練習問題

1 ヘモグロビンはサブユニット間で塩橋(イオン対による結合)を介して四量体を形成しているが，92 番目の Arg が Leu に変異すると，塩橋が弱まる．この変異は酸素運搬に関し，どのような影響を及ぼすと考えられるか．

2 本文で説明した ADA 欠損症の遺伝子治療では，リンパ球(末梢血細胞)に遺伝子を導入している．これをもし，造血幹細胞に導入した場合，考えられるメリットとデメリットを挙げなさい．

3 酒野美香氏はアルコールパッチテストでは陽性となったが，PCR による遺伝子検査(ALDH2 の変異検出)では陰性であった．酒野氏にお酒を勧めても大丈夫か．

4 フローサイトメトリーでテロメアの長さの違いを検出したい．どのような方法が考えられるか．サザンブロット法でもテロメアの長さは検出できるが，フローサイトメーターを用いることによる利点として，どのようなことが挙げられるか．

11章　バイオ計測

バイオ計測（biomeasurement）には，生体分子をターゲットとして計測するだけでなく，生体分子を素子として用いることで化学物質や光などの幅広い対象を測定することも含まれる．本章では，生体内の分子を測定することに絞って，とくに，アレイ，一細胞計測，ハイスループット技術を紹介する．

11.1　アレイ

アレイ（array）は，英単語の意味「配列，並び」の通り，物を基板上に並べた状態の検出装置（デバイス）のことである．並べる分子がDNAならDNAアレイ，タンパク質であればタンパク質アレイというように，並べるものによって，組織アレイ，細胞アレイ[*1]，化合物や多糖のアレイもある．また，通常は**マイクロアレイ**（microarray）と呼ぶことが多く，固定化する分子（プローブ[*2]）が高密度になるように，プローブ溶液を手のひらサイズの基板上に直径数μmの大きさで定量的にスポットし，数千から数万の異なるプローブを配置している．DNAアレイでは，ナイロンメンブレン上に数百以下のプローブを配置したものをマクロアレイと呼んでいる．単位面積あたりのプローブ数の違いで呼び分けている，という解説もある．

アレイの利点は，多数のプローブに対する検体の相互作用を一度に網羅的に検査・試験ができることである．以下では，ゲノム解析終了後にそのゲノム情報の機能的な解析で汎用されているアレイの各論と研究例を紹介する．

11.1.1　DNAマイクロアレイ

DNAチップとも呼ばれる**DNAマイクロアレイ**は，遺伝子発現プロファイリング（トランスクリプトーム解析）に多く利用されている．検出したい遺

[*1]　細胞は，培養環境によって形態変化や分化誘導が行われる．したがって変化が起きないように，細胞が接触する容器の材質や培地成分に注意が払われる．また，細胞密度も細胞形態を変化させる一因であるため，細胞配置間隔にも注意が払われる．

[*2]　probe.「探り針」を意味する．目的とする分子を検出するために用いるDNA，RNAまたはタンパク質などの断片を指す．

伝子の相補鎖の配列をもつオリゴヌクレオチドをプローブとしてプラスチックやガラス基板(スライドガラスなど)に固定化したもので，たとえば，ヒトの遺伝子数は2万2000程度といわれているが，これらすべての遺伝子プローブが1枚のガラス基板上に固定されている．ヒトの細胞から抽出したmRNAを逆転写酵素で変換した相補的DNA(cDNA)と基板上に固定化されたプローブとをハイブリダイゼーションさせることによって，ヒト細胞内で発現している遺伝子情報を網羅的に検出することが可能である．ヒトやマウスの全遺伝子をアレイしたDNAチップは市販されており，個別に目的に合わせて作成したいときには，プローブの設計から合成，スポットまで外注することも可能である．

DNAマイクロアレイでは，プローブとのハイブリダイゼーションを検出するためのシグナルとして光を用いることが多く，単色蛍光で検出する場合と，二色蛍光で行う場合がある．原理的に両方法は同じである．細胞から抽出したmRNAを逆転写する際に蛍光色素(Cy3やCy5[*3])で標識をしたデオキシシチジン三リン酸(dCTP)を使用して，mRNAを標識する．これをアレイ上のプローブとハイブリダイゼーションさせることで，蛍光が観察されたスポットを発現している遺伝子として，一方，蛍光が観察されないスポットを発現していない遺伝子として同定できる．比較トランスクリプトーム解析のように，二つの異なる細胞系，たとえば薬剤を暴露した細胞とコントロール細胞を比べて，薬剤暴露に応答する遺伝子を同定する目的であれば，二色蛍光法を用いてそれぞれ異なる蛍光で標識したcDNAを合成し，二色蛍光の標識cDNAを1枚のアレイに対し競合ハイブリダイゼーションさせる．各蛍光イメージの重ね合わせをとると，一方の細胞でのみ発現する遺伝子，両方の細胞で発現する遺伝子，両方で発現しない遺伝子を同定することが可能である(図11.1)．

DNAマイクロアレイは遺伝子発現プロファイルに限らず，比較ゲノムハイブリダイゼーション(comparative genomic hybridization: CGH)，クロマチン免疫沈降オンチップ(chromatin immunoprecipitation-on-chip: ChIP-on-chip)や，一塩基多型(single nucleotide polymorphisms: SNPs)の検出にも用いられる．CGH解析は，がん抑制遺伝子の欠失変異，がん遺伝子のコピー数の増幅，転座[*4]などゲノムへの異常の蓄積を正常細胞と比べることにより，細胞のがん化の研究に用いられている．また，生物の近縁種の類縁関係を解析するために，それぞれのゲノムを断片化し蛍光標識後，競合ハイブリダイゼーションを行うことによって，ゲノムレベルでの差異を明確化することにも利用されている．ChIP-on-chipは，転写因子が結合するプロモーター領域の決定や，メチル化されたDNAの配列を広範囲に決定するのに用いられる．ある転写因子をDNAと結合させた後ホルマリンで固定化し，

[*3] シアニン色素の一つで，水溶性の蛍光色素である．Cy3の励起波長は512/552 nm，最大蛍光波長は570 nm，Cy5の励起波長は650 nm，最大蛍光波長は670 nmである．

[*4] 染色体の一部が断裂し，本来とは異なる部位に付着・融合することを染色体の転座という．

11章 バイオ計測

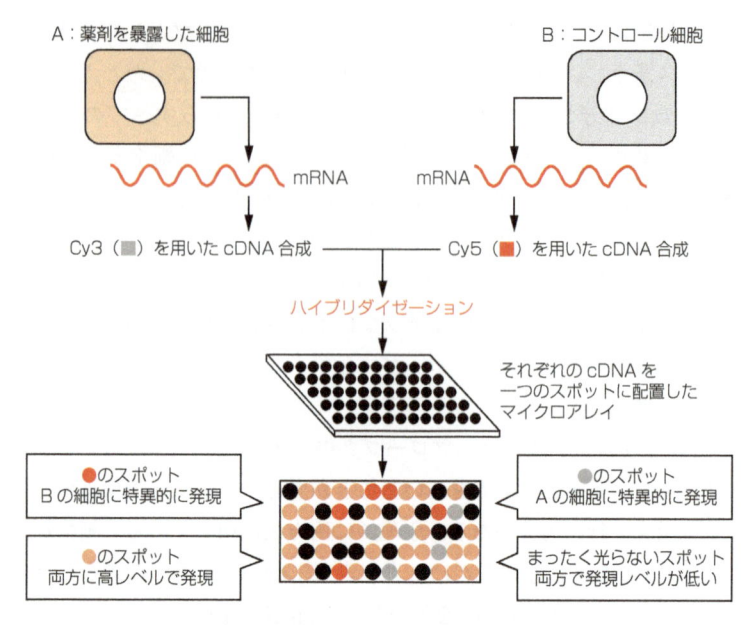

図 11.1 二色蛍光法による DNA マイクロアレイを用いたトランスクリプトーム解析

① DNA とタンパク質の結合

② クロマチン構造の解離と DNA の切断

③ タンパク質特異的抗体の結合による DNA の沈殿

④ タンパク質を DNA から解離しタンパク質分解酵素で消化

DNA マイクロアレイで解析し転写因子の同定を行う

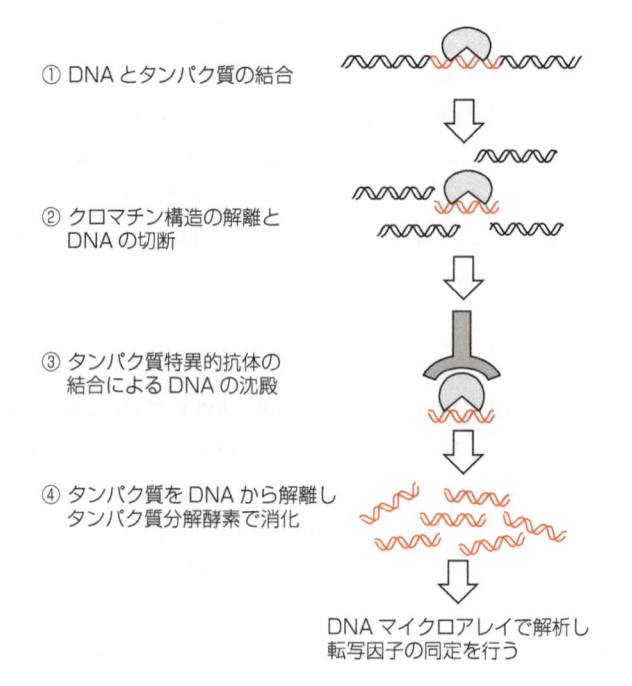

図 11.2 クロマチン免疫沈降法と DNA マイクロアレイを利用(ChIP-on-chip)した転写因子の同定

DNA を断片化する．この転写因子を認識する抗体を用いて免疫沈降すると，結合しない DNA 断片をすべて除去することができ，転写因子と結合している領域のみを得ることになる（図 11.2）．得られた DNA 断片を蛍光標識し，DNA アレイで解析する．この際に用いる DNA アレイには，遺伝子の上流領域，調節領域と予測される DNA 配列がスポットされている．得られた DNA 断片をこの DNA アレイ上でハイブリダイゼーションさせることにより，DNA 断片がどのスポットとハイブリダイゼーションしたかを測定する．この結果，用いた転写因子がどの遺伝子のどの領域を調節しているかを知ることができる．

11.1.2 タンパク質マイクロアレイ

タンパク質マイクロアレイ（protein microarray）は，プロテインチップと呼ばれることもある．図 11.3 のように，タンパク質をチップ上に高密度に配置し，タンパク質-タンパク質相互作用を見ることによって基質タンパク質を検索する，あるいは抗体を基板上に並べて抗原タンパク質を検索する目的で使用される．また，標的となる低分子や脂質など，タンパク質と相互作用する分子の探索にも使用される．

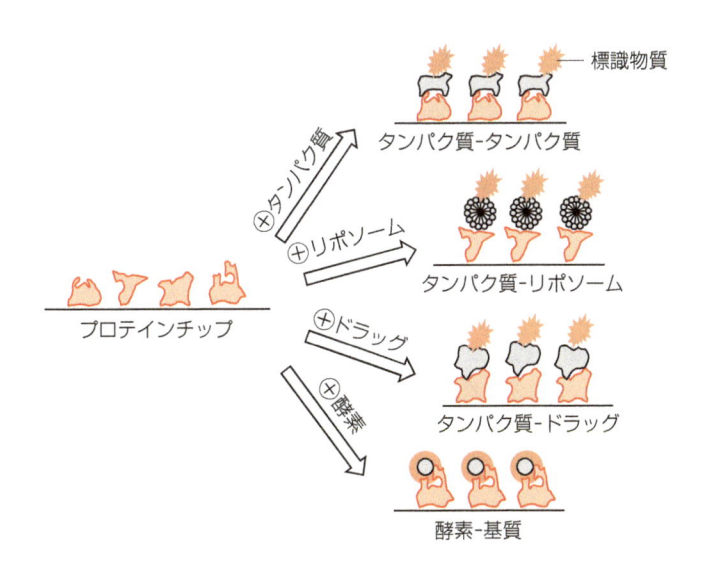

図 11.3 タンパク質機能チップの応用例
H. Zhu, M. Snyder, *Curr. Opin. Chem. Biol.*, **7**, 55（2003），Fig.1 を参考に作図．

たとえば，さまざまな基質タンパク質を基板上に固定したプロテインチップに，GST（glutathione *S*-transferase）融合タンパク質として発現させた約 100 種類の酵母のタンパク質リン酸化酵素（プロテインキナーゼ）を反応させた後，^{32}P を用いてリン酸化を評価した結果，新規機作の可能性があるプロ

テインキナーゼを取得した報告例がある．さらに，キナーゼと基質の特異性やキナーゼ反応の動力学(ダイナミクス)解析に適用した研究例もある．創薬の際のターゲットタンパク質の同定などの研究への応用が期待されている．

　一方，プロテインチップにはタンパク質を検出するという目的で使用されるものも含まれており，電気泳動や質量分析を伴わない手軽なプロテオーム解析ツールの一つとして活用されている．基板上にタンパク質を固定化したチップだけでなく，たとえばDNA配列をスポットしたアレイに，タンパク質試料を反応させ，DNA-タンパク質の相互作用を検出するデバイスもプロテインチップの一つである．これによって得られたタンパク質はDNA結合性タンパク質であり，新規な転写因子や調節因子のスクリーニングに応用される．プロテインチップ開発には，標的タンパク質を捕捉する分子，その捕捉分子をマイクロアレイに並べるための表面修飾技術，捕捉分子がタンパク質を結合したことを検出する方法(蛍光，電気的信号，pH変化，干渉波など)等が必要である．捕捉分子の親和性や結合力(結合特異性)，用いる検出方法の感度の組合せによって，検出感度が上昇し，標的タンパク質の定量が可能となる．抗体を利用したチップが適用例であり，バイオマーカーによる診断や分子生物学的な発現変動を解析することを目的として用いられている．また，タンパク質の機能を測定するためには，タンパク質-タンパク質相互作用のほか，レセプター(受容体)-リガンド(特定の受容体に特異的に結合する物質)，タンパク質-ペプチドや多糖，低分子，DNA/RNA アプタマー[*5]の相互作用を利用することで，タンパク質が捕捉する分子が決定され，機能解析の一助となる．タンパク質の細胞内ネットワーク解析や，創薬研究などで活用されている．

　最近では，タンパク質-タンパク質相互作用の検出を高感度化するために捕捉分子を平面上にアレイすることから，ビーズ表面に捕捉して利用する事例や，組換え技術を利用して酵母の細胞表面にヒトGタンパク質共役レセプター(GPCR, 10.3.2項参照)を提示し，リガンドをスクリーニングする基礎技術開発も報告されている．

*5　アプタマーとは，特定の分子と特異的に結合する核酸分子やペプチドのこと．

11.1.3　細胞マイクロアレイ

　多数の細胞を基板上に配置(長時間の場合は培養)し，特定の反応を示すものを検出するために用いられるのが**細胞マイクロアレイ**〔cell(cellular) microarray〕である．前述したDNAやタンパク質マイクロアレイとは異なり，数十万のマイクロサイズのウエルを基板上に作成し，その中に細胞を入れて解析を行うタイプや基板にマクロサイズの穴を開け，その上に細胞を吸引力によって配置するアレイも開発されている．一細胞アレイの例を図11.4に示す．スライドグラス上に全部で20万以上の穴が作成されており，それ

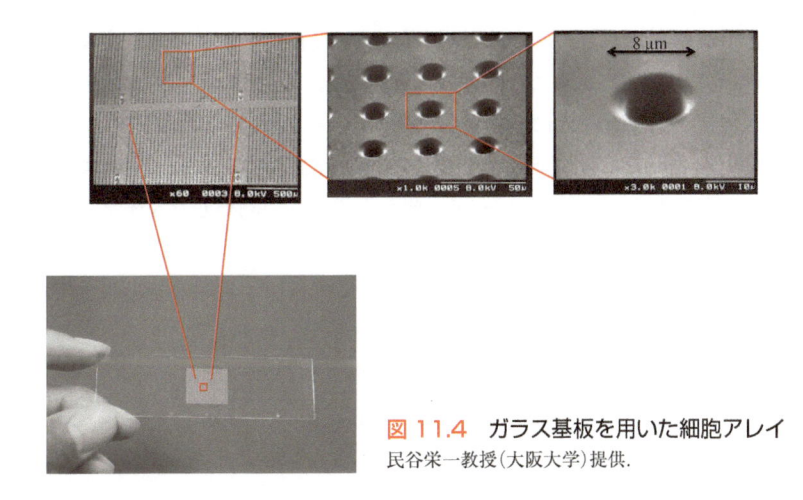

図 11.4 ガラス基板を用いた細胞アレイ
民谷栄一教授（大阪大学）提供．

ぞれに細胞を1個ずつ導入し，さまざまな計測に用いることができる．それ以外にも，三次元ポリマーの中で，電場で細胞を誘導し，配列させる技術なども開発されている．細胞マイクロアレイでは，細胞捕獲用のマイクロサイズの構築物を基板上に加工する技術が重要であり，多くのユニークな基板が開発されている．また，細胞を特異的に基板に固定化する高分子ポリマーなどの化合物も開発されている．

基板上に配列させる細胞には，リンパ球やB細胞などがよく用いられる．数千〜数万個の細胞のなかから薬剤（サイトカインほか）や抗原分子と反応する細胞を選別する際に利用されている．一方，この逆で，考えうる化合物を基板上に配置し，そこに細胞を播種し抗腫瘍物質や免疫調節物質などの創薬スクリーニングを行う方法は，化合物アレイと呼ばれる．

11.2 次世代シークエンサーによる高速ゲノム配列決定

11.2.1 代表的な次世代シークエンサー

従来のジデオキシ法を用いた全自動シークエンサーを第一世代とするならば，異なるシークエンスケミストリーの次世代シークエンサーが最近は主流となっている．2011年時点で，3種類の次世代シークエンサー〔ロシュ社 Genome Sequencer FLX System (GS FLX)，イルミナ社 Genome Analyzer (GA)，ABI社 SOLiD〕が主力であり，用いられる試薬などは互いに異なるものの，基板上のオリゴプライマーに捕捉した1分子DNAを，シグナル増幅のために基板上でPCRを行うことによって集積し，これを鋳型として数十万〜数百万サンプルを同時並列的に配列決定するという点で共通している．

11.2.2 各シークエンサーの原理

鋳型調製では，GS FLX と SOLiD の二つのシークエンサーは，ビーズを

基板とする点で共通である．このために水系 PCR 反応液とビーズをオイルに混ぜ，激しく撹拌することによって水相を内包したエマルジョンを PCR の反応プラットフォームに使用する（エマルジョン PCR と呼ぶ）[*6]．プライマーを固定化したビーズと DNA 分子の混合比を検討して，1 個のエマルジョンの中に DNA 1 分子とビーズ 1 個が入るように調整したマイクロリアクターを形成した後，エマルジョン PCR により 1 ビーズ上に同一の DNA 分子が集積化された状態をつくる（図 11.5 ②に相当）．GA は平板基板上で増幅産物を作成する．基板上に捕捉された 1 分子 DNA を鋳型として，周辺の固定化プライマーを使って伸長反応を繰り返し（ブリッジ増幅と呼ぶ），クラスターになることを利用する（図 11.6 ②に相当）．

[*6] w/o エマルジョンは，water/oil（水/油）エマルジョンの略．油の中に水滴を分散させてエマルジョンを作製するタイプである．油中水滴エマルジョンともいう．

① ゲノム DNA の断片化とアダプター配列の結合と一本鎖化

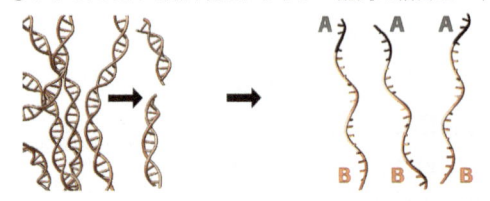

② ゲノム断片とビーズ表面固定化 DNA の相補鎖形成と PCR

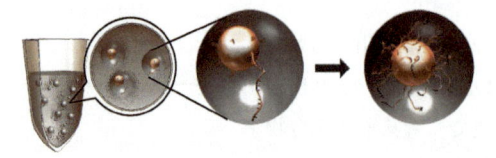

③ ビーズ-増幅産物複合体のウエルへの装填と伸長反応

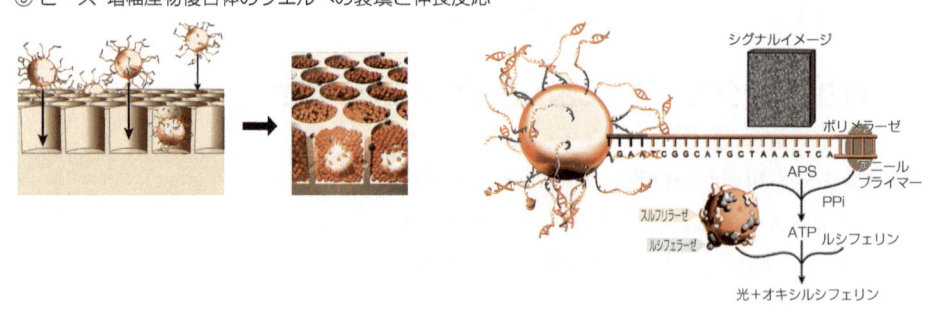

図 11.5　ロッシュ社によるパイロシークエンス法の原理
① ゲノムを断片化し，基板上のオリゴプライマーと同じ配列のアダプター配列をライゲーションによって DNA 断片に付加する．熱変性により一本鎖化するのは，次の PCR で基板上のプライマーとアニーリングさせ，基板に DNA 断片を捕捉するためである（このプロセスは 3 機種共通）．
② エマルジョンの中に 1 分子の DNA 断片，1 個の捕捉ビーズが封入され，基板上のプライマーを利用して PCR されるため，「ビーズ-増幅産物複合体」となる．
③ ビーズ上の一本鎖 DNA にシークエンスプライマーをアニーリングし，DNA ポリメラーゼと結合させた後，パイロシークエンス反応用の基板にビーズ-増幅産物複合体を 1 個ずつ投入し，酵素（スルフリラーゼ，ルシフェラーゼ）が固定化されたビーズを充填する．送液によって反応基質を送達するとき，酵素が流れ落ちないようにビーズに固定化されている．

11.2 次世代シークエンサーによる高速ゲノム配列決定

　GS FLX はパイロシークエンス(pyrosequencing)法で配列決定を行う(図11.5). パイロシークエンス法は DNA ポリメラーゼによる塩基伸長反応を基本としている. dNTPs を反応チャンバーに1種類ずつ添加し, テンプレートに相補する dNTP が添加されると, DNA ポリメラーゼによる塩基伸長反応が起こり, ピロリン酸(PPi)が定量的に発生する. 次に, リン酸とアデノシン 5′-ホスホ硫酸(APS)を基質としてスルフリラーゼが ATP を生成し, この ATP とルシフェリンを基質としてルシフェラーゼが発光反応を起こし, このシグナルを CCD カメラによって検出する. 発光に関与した ATP はアピラーゼにより dAMP に分解され, 発光が止まる. 取り込まれなかった dNTP もアピラーゼにより dNMP に分解され, 次の伸長反応には関与しない. この反応を繰り返すことにより, 発光ピークパターン(パイログラム)を得ることができる. このサイクル反応を繰り返し, 1リード[*7]あたり400〜600個の塩基配列を決定することができる. 一度の反応で, 約 400 Mb のゲノム配列を得ることが可能である. 読めるリード長が長いことから新規ゲノムのシークエンスに向いており, 2011年7月には1リードあたり1000 bp 読めるシステムが発表されたことより, ますますその利用が促進されると期待される.

　イルミナ社の GA では基板上に集積される DNA コピー数が少ないため, より高感度な蛍光標識の dNTP を使用する. 蛍光標識 dNTP には保護基[*8] がついており, 一塩基伸長で反応が停止するため, ホモポリマー(同じ塩基が数個並ぶこと)の場合であっても1塩基ずつしか伸長しない. 蛍光標識 dNTPs(4種蛍光)の投入後, DNA ポリメラーゼによる一塩基伸長が起こる.

[*7] シークエンス解析装置を1回稼働(1ランという)して得られる結果について, 1検体から得られる配列結果のことを1リードと呼んでいる.

[*8] 官能基が反応しないように, 修飾を付加する原子団のこと.

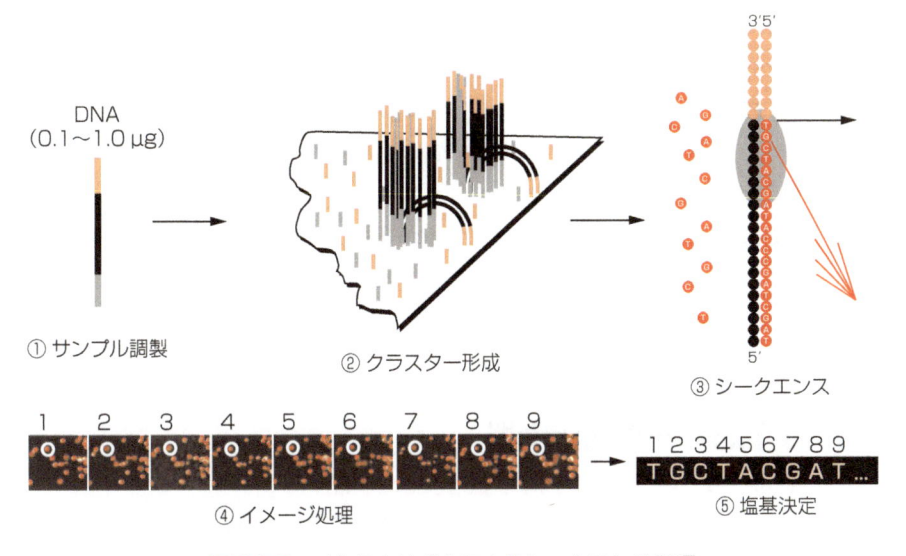

図 11.6　イルミナ社 GA によるシークエンス原理

未反応塩基の除去後，蛍光シグナルの読み取りを行い，保護基と蛍光修飾を除去する（図 11.6）．これを 1 サイクルとし，次の蛍光標識 dNTPs が投入される．蛍光色によって配列が決定され，1 リードあたり 75〜100 塩基程度の配列が決定される．リード長は短いが，全体で約 40 Gb の塩基情報取得が可能であり，よりパフォーマンスが高い HiSeq2000（同社）を用いると約 600 Gb 得ることができる．参照配列がある場合のリシークエンスに適している．

ABI 社の SOLiD は DNA ポリメラーゼを使わず，蛍光標識オリゴヌクレオチドとリガーゼによるシークエンスを採用している．2 塩基プローブを鋳型 DNA にハイブリダイゼーションさせ，ライゲーションを繰り返すことによってシークエンスを行う手法である．この方法も読める長さが 50 塩基程度であり，全体で約 60 Gb の情報を得ることが可能である．ゲノム変異解析に適している．最近は 100 bp 程度読めるように改良されてきている．

11.2.3　第三・第四世代シークエンサーの登場

また，すでに第三世代シークエンサーが製品化されている．Pacific Biosciences 社の PACBIO RS では，DNA 1 分子を鋳型として，非常に強い蛍光がリン酸基に付加されたヌクレオチド 1 分子を DNA ポリメラーゼが取り込んだ瞬間の蛍光を測定する．1 リード平均が 1000 b と長鎖で読むことができ，鋳型増幅の手間とコストを省略したことから，低コスト化が図れ，1000 ドルゲノムプロジェクト（2015 年までにヒトゲノムを 1000 ドルで解読可能とする米国の目標，3 章のコラム参照）の達成に近づいた．また，第四世代シークエンサーの特徴は，高価な蛍光を使わない検出方法で大量同時並列的にサンプルを解読するものであり，Life Technologies 社の Ion Torrent System は DNA の伸長時に変化する水素イオン濃度を FET（電界効果トランジスタ）で検出するものであり，検出器も低コストな原理を採用しているため，試薬コストだけでなく，装置自体も低価格で販売されている．Oxford Nanopore 社のナノポアシークエンスでは，エキソヌクレアーゼが固定化されたナノポアに DNA 1 分子が捕捉され，1 塩基ずつ遊離する．このとき，遊離した塩基は 1 塩基ずつナノポアを通過し，イオン電流として検出される．より低コストでハイスループットなシークエンサーの開発により，1000 ドルゲノムが実現に近づいている．

11.3　一細胞計測

11.3.1　一細胞計測の重要性と課題

近年，クローン化された細胞であっても培養液中の細胞の性質は均一ではないことが明らかにされて以来，細胞 1 個ずつの性質の違いが重視されるよ

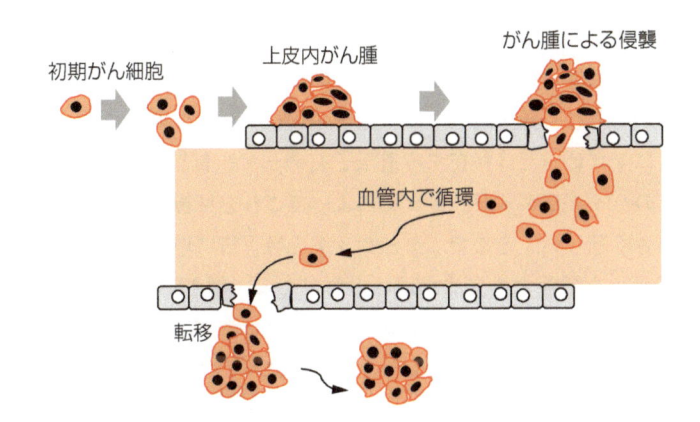

図 11.7 がん進行のシステム
非侵襲性の腫瘍細胞が侵襲性に変化し，血管に浸潤して別の転移がんに移行．

うになってきた．また腫瘍を形成するがん細胞も不均一である．図 11.7 に示すように，組織から血管に浸潤して体内をめぐり，定着して腫瘍を形成するまでの間に，元の腫瘍細胞とは異なるがん細胞へ変化を遂げることもわかり始め，がん細胞の一細胞解析が望まれるようになった．**一細胞計測**(single-cell measurement)のためには，まず，細胞 1 個を取り出す技術が必要であり，次に細胞 1 個に含まれる成分を測定する精度の高い技術が必要になる．1 細胞を取り分けるのに頻繁に使われている装置として，セルソーター機能付きのフローサイトメーター(flow cytometer: FCM)がある．しかしながら，大型装置でかつ高額であること，血中の循環型がん細胞や細胞殺傷性 T 細胞のように，血液中に含まれる確率が低い希少細胞の分取の場合では回収率(純化率)が低下するという課題もある(次節参照)．

細胞内成分で注目されるのは，ゲノム DNA(遺伝子情報)，mRNA(遺伝子発現)，タンパク質(細胞機能評価)の 3 成分である．DNA 量は，ヒトゲノムを 3 Gbp，平均 660/bp とすると単純に約 3 pg と見積もられる．また 10^5 細胞から 1 μg の全 RNA(rRNA を含む)が抽出されるので，1 細胞あたりの全 RNA は 10 pg と算出される．全タンパク質は 0.1～1 ng 程度といわれており，1 細胞を分取したうえで，緩衝液中で破砕後得られた抽出物の各画分を希薄な濃度で検出できるかどうかは，精密測定機器の検出限界で決まる．また，代謝産物も注目されているが，まだ一細胞レベルでの解析は難しいのが現状である．

11.3.2 一細胞計測を可能にする可視化技術

個別測定の感度を上げる技術開発に先んじて，細胞内の分子イメージング技術が開発され，分子の局在や分子数の情報が取得できるようになってきた．発現レベルの高い遺伝子の mRNA では，以前から *in situ* ハイブリダイゼー

ションで可視化されている．タンパク質も金コロイド標識が行われ，抗体を用いた抗体染色後，電子顕微鏡レベルで観察されてきたが，近年では蛍光検出レベルが増大し，顕微鏡下での一分子イメージングも可能になってきた．

ゲノムに1コピーだけ存在する遺伝子をターゲットとして，蛍光標識したプローブのハイブリダイゼーションによってこれを可視化することは，蛍光強度が小さく難しい．そこで，ターゲットを数百倍に増幅して最終的に得られるシグナルを増強する方法が用いられている．図11.8に一例を示す．この方法で用いられるパドロックプローブは，プローブ両端がターゲットとする遺伝子配列の相補鎖になっており，特異的にハイブリダイゼーションしないと増幅できないように設計されている．ターゲット領域の近くを制限酵素で切断し，5′→3′エキソヌクレアーゼを用いて一本鎖をつくり，パドロックプローブとハイブリダイズ後，プローブを環状化させる．遊離端をプライマーにするために3′→5′エキソヌクレアーゼ活性で一本鎖部分を削り，環状 DNA 増幅（rolling-circle amplification: RCA）[*9]を行い，パドロックプローブの配列を増幅し，蛍光プローブと集積したパドロックプローブの部分配列をハイブリゼーションさせて検出するというものである．この方法によって，ミトコンドリアの細胞内局在を可視化できることが示されている．

*9 バクテリオファージ由来の Phi29DNA ポリメラーゼにより，鋳型となる環状 DNA から相補鎖を連続に増幅する方法．

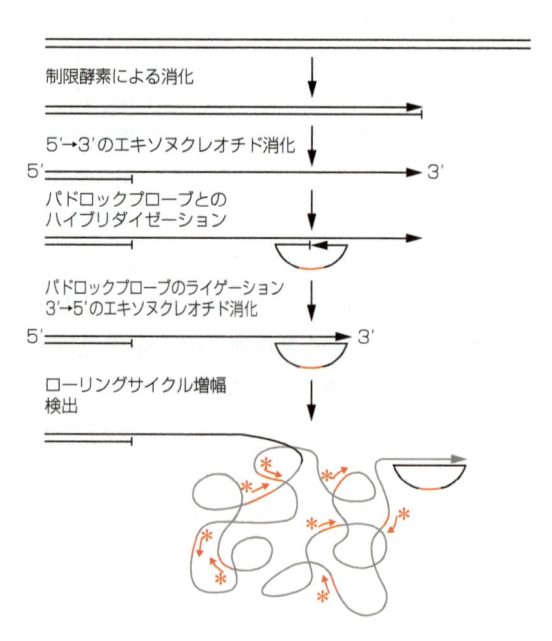

図11.8 パドロックプローブを用いた細胞内ターゲット遺伝子の増幅と in situ 可視化
C. Larsson, et al., *Nature Methods*, 1, 227 (2004), Fig.1 を参考に作図．

11.3.3 オミクス解析における一細胞計測

1細胞をサンプルとし,オミクス解析(12章参照)を行うための技術もかなり進んできた.細胞をセルソーターで分取し,ゲノムを RCA で 1000 倍程度に増幅し,増幅したゲノムの配列を次世代シークエンサー(11.2節参照)によって決定する研究報告が増えている.トランスクリプトーム解析でも次世代シークエンサーを用いた成果が出始めており,DNA マイクロアレイより高感度で,発現量の少ない mRNA も検出されることから,今後その応用が期待されている.

一方,プロテオーム解析では,解析機器である LC-MS や CE-MS[*10] が 0.1 nM 以下の感度であり,分子数で考えると 1 μL あたり 10^7 分子必要とする.現状では単一細胞レベルでのタンパク質検出は難しく,試料を送液する流量を絞って超微量体積にすることで高感度化を図るなど,さまざまな努力がなされている.その一つとして,β-ラクトグロブリンを強い蛍光を発する分子である Chromeo™ P540 で標識し,等電点 CE-MS で検出した結果,180 zmol[*11],すなわち 10^5 分子の検出が可能であることが示されている.

単一細胞解析を可能とする多くの技術開発が今後も進展することが予想され,それらの成果は生命科学における新しい発見をもたらすであろう.

11.4　ハイスループット技術

フローサイトメーターは,細胞などの生体試料からさまざまな大きさの粒子まで,多様なターゲットを解析することが可能である.一つ一つにレーザーを当て,粒子の大きさや粒子内部の構造,標識蛍光などの情報を取得する.その解析速度は,現在,最高で 70,000 粒子/秒である.さらに,ほしい特徴をもつ粒子集団をソーティングによって個別に分取することが可能である.**ハイスループット技術**(high-throughput technique, 高速大量処理技術)として最も普及している装置ではあるが,簡便性は必ずしも高くはない.そこで小型化をめざし,マイクロ流路デバイスを一細胞捕捉,一細胞解析用に最適化する研究が増えている.

11.1.3項で紹介した細胞マイクロアレイ(図11.4参照)は,基板上に円筒形の穴(チャンバー)を作成し,個々の細胞を導入して,細胞シグナルの網羅解析など,さまざまな解析に用いるタイプである.図11.9に示すアレイは,マイクロキャビティアレイである.直径 2 μm のキャビティ(穴)を縦,横各 100 個,合計 10,000 個保持するデバイスを下層から吸引すると(図11.9c),流路から供給された細胞は 1 細胞ずつ穴に吸いつけられ,10,000 個の細胞がアレイされる(図11.9d).標的の希少細胞を標識し,顕微鏡下でマイクロマニピュレーションによって単一細胞を確実に取得できる.1 mL の末梢血中に 10 細胞以下しか含まれていない造血幹細胞を簡便に迅速に取得できるこ

[*10] MS は質量分析計のことであり,微量分析の場合はタンパク質の分離装置と組み合わせて使用する.LC は液体クロマトグラフィー,CE はキャピラリー電気泳動を指す.

[*11] zmol(ゼプトモル)= 10^{21} mol

Column

微小量でさまざまな生化学反応を可能にする技術

マイクロ流路に蛍光検出デバイスを組み合わせたハイスループットデバイスの一例として，ドロップレットマイクロ流体技術を紹介する．

ドロップレットは，油に囲まれた水溶性液滴（1pL～数十μL）としてデバイス内で作成される（図11A）．この微小なドロップ内に，さまざまな生化学反応や生物を介した反応系を構築することが可能である．現在，このシステムをハイスループットスクリーニングや単一細胞の解析への応用に利用することが期待されている．

たとえば，高活性の酵素をスクリーニングする研究に利用された例がある（図11B）．既知の酵素遺伝子（HRP）にランダムに突然変異を入れ（A，B），酵母の表層に変異酵素として提示させた（C）．この酵母をドロップレットに1細胞ずつ封入し（D），蛍光標識した酵素基質に暴露して高活性な酵素をもつドロップレットが強い蛍光を放つため（E, F），その一つ一つを流路で送っていき（G），蛍光センサーデバイスの部位で陽性（蛍光を発するドロップレット：活性をもつ酵素が提示されている酵母が封入されている）と陰性（蛍光を発しないドロップレット：酵素活性がないか，酵母が封入されていない）に振り分けるという原理である．振り分けられた陽性クローンを再度流路に導入し，より強い蛍光を発するクローンを絞り込むことができる．約10^8のライブラリースクリーニングを10時間で行い，150μLしか試薬溶液を使用しなかった．これは寒天プレートと自動ロボットを用いたスクリーニングシステムと比較して，1000倍の速度，100万倍のコスト削減になることを示している．

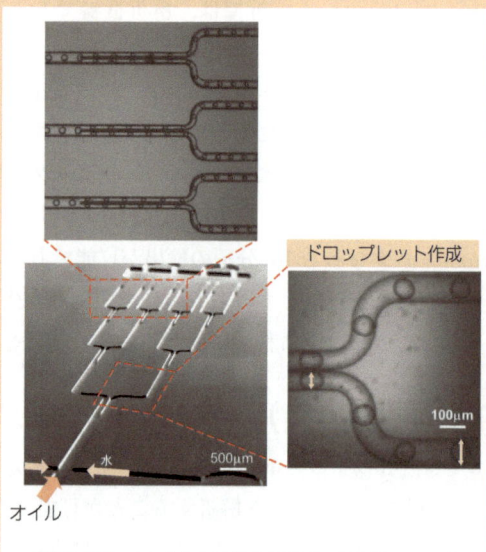

図11A マイクロデバイス上でのドロップレットの作成
庄子習一教授（早稲田大学）提供．

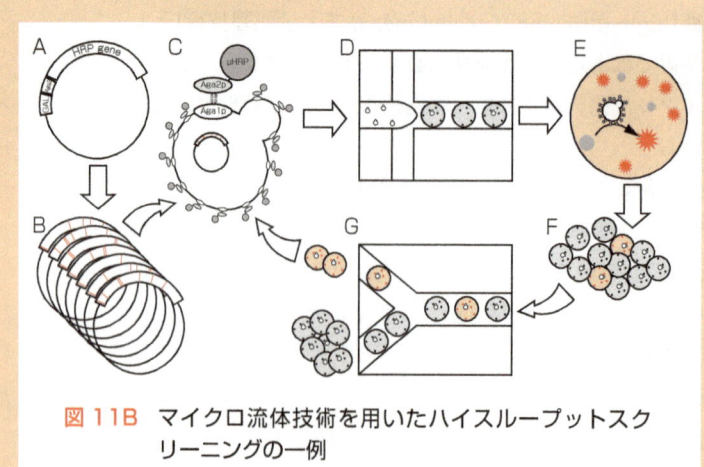

図11B マイクロ流体技術を用いたハイスループットスクリーニングの一例
J. Jeremy, et al., *PNAS*, **107**, 4004 (2010), Fig.2 を許可を得て転載．

11.4 ハイスループット技術

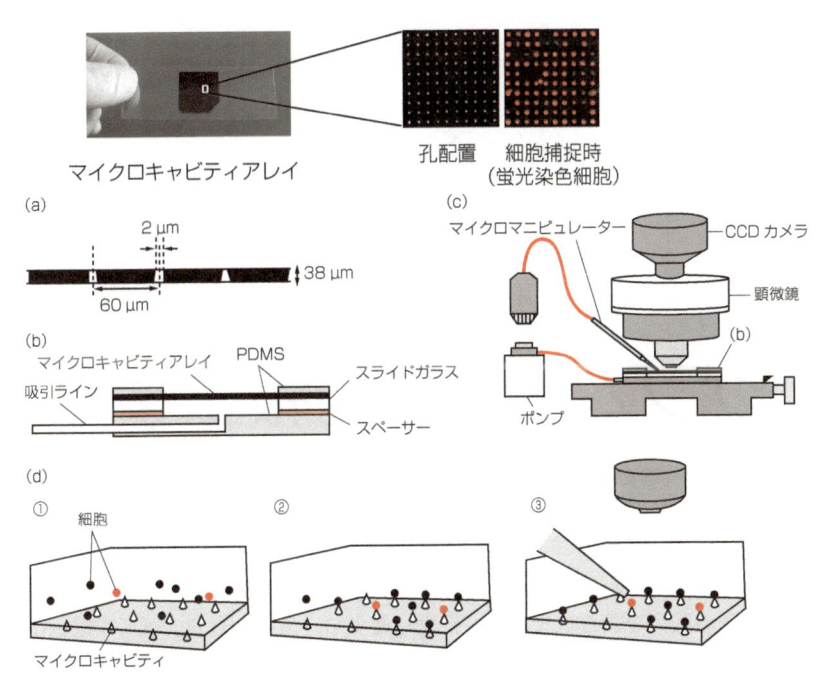

図 11.9 マイクロキャビティアレイの構造と細胞捕獲原理
田中剛准教授（東京農工大学）提供．

とも示している．

　上記紹介した以外にも，基板上に構築した流路内のピラー[*12]に細胞を落とし込み，その中で培養するようなアレイも考案されている．どのマイクロアレイも微量の液体を制御するマイクロ流体技術を導入して，基板上で細胞を用いたさまざまな生化学的，分子生物学的測定をハイスループットに可能にしている．ハイスループット技術は，今までの所要時間，コスト，簡便さをはるかに向上させることから，計測技術には欠かせない開発要素である．

[*12] 柱の意．流れの中に柱を立てると，流体力学的に速い送流と遅い送流を部分ごとに制御することができる．ここで紹介したピラーは，へこんだお皿のような形をした柱を立てており，遅い送流に乗った細胞が，お皿の上に捕捉される．

練習問題

1. DNA マイクロアレイを用いて発現解析をする際，蛍光色素を 1 種類もしくは 2 種類用いる場合とでは，どのように得られる解析結果が異なるか述べなさい．
2. アレイを使用した計測方法の利点を述べなさい．
3. 従来のキャピラリー自動シークエンサーに比較して次世代シークエンサーの優れた点，劣る点を述べなさい．
4. パイロシークエンスに使用する二つの酵素の名称を答え，それぞれの働きを説明しなさい．
5. 1 細胞を用いて解析することが望まれるようになった背景を述べ，一方で細胞内成分計測には現状で困難な理由を述べなさい．

12章 ゲノム・生物情報工学

遺伝子の配列を読むスピードが格段に進歩し，生物のもつすべての遺伝子配列を扱うことが可能となった．またそれに伴って，遺伝子発現，タンパク質，代謝の各段階で網羅的分析が可能となり，これらの情報を元に有用な生物を創製する手法の開発が進んでいる．この章では，ゲノムと他の階層の情報の取得と取扱い，工学応用について概説する．

12.1　ゲノム工学 —— 歴史とデータベース

ゲノム（genome）とは「遺伝子（gene）の総体」を指す．遺伝子と「総体科学」を意味する**オミクス**（omics）という言葉を結びつけて「遺伝子の総体科学」を**ゲノミクス**（genomics）と呼ぶ．遺伝子の配列が高速に解析できる技術が確立した1990年代以降，生物の設計図である遺伝子の配列をすべて読み解く

表12.1　ゲノム科学・技術の発展の歴史

年	出来事
1953	DNA二重らせん構造決定
1972	遺伝子組換え技術
1982	シークエンス技術
1985	PCR技術
1986	蛍光DNAシークエンス技術（6 kb/day）
1993	キャピラリー電気泳動技術
1995	DNAマイクロアレイ技術
1997	大腸菌ゲノム解析完了
2000	ヒトゲノムドラフトシークエンス
2003	ヒトゲノム完成
2009	次世代シークエンサー，メタゲノム，パーソナルゲノム

という研究プロジェクト(**ゲノムプロジェクト**，genome project)が急速に進展した(表12.1)．なかでも，1990年に米国において開始されたヒトゲノム計画[*1]は，世界規模の協力体制へと発展した．ゲノム情報を基盤にして生物の機能を明らかにする**機能ゲノム科学**(functional genomics)も発展してきている．

遺伝子の配列がすべて明らかとなったことにより，遺伝子の発現を網羅的に解析するツールである**DNAマイクロアレイ**が開発された．遺伝子発現の総体科学である**トランスクリプトミクス**(transcriptomics)，タンパク質発現の総体科学である**プロテオミクス**(proteomics)，代謝物の総体科学である**メタボロミクス**(metabolomics)などが大きく進歩した．こうした生命活動のさまざまな階層に関する情報が手に入るようになったことにより，これらの情報を正確に使いやすいかたちで保存するデータベースが開発され，世界中に公開されている(表12.2)．また，さまざまなデータを客観的に取り扱い，新たな生物機能の解明や理解につなげようという**生物情報学**(bioinformatics，バイオインフォマティクス)が発達してきた．この結果として，生物を多くの要素から構成されるシステムとして捉え理解する**システムズ・バイオロジー**(systems biology)，生物による目的の物質生産のために代謝経路をデザインする**代謝工学**(metabolic engineering)が発展した．

[*1] ヒトゲノム情報は2000年6月にドラフト(下書き)版として公開され，2003年に完成した．2011年時点までに，世界で少なくとも数千を超える種類のゲノム配列が報告されている．一つの遺伝子の機能を生物の一つの表現型と対応させて議論する分子生物学の領域を超えて，ゲノム情報を基礎にした生物工学への応用が発展してきている．

表12.2 世界の遺伝子配列のデータベースのウェブサイト

データベース名	URL	国・地域
GenBank	http://www.ncbi.nlm.nih.gov/	米国
EMBL	http://www.ebi.ac.uk/embl/	欧州
DDBJ	http://www.ddbj.nig.ac.jp/	日本

最近の目覚ましい技術の進展は**次世代シークエンサー**(next generation sequencer)[*2]の出現である．次世代シークエンサーは，サンガージデオキシターミネーター法とまったく異なる原理で塩基配列の決定を行うことで，高速かつ多検体を同時に解析できる特徴をもち，従来と比べて10^4倍から10^5倍程度高速なスピードで配列を決定することが可能である．これにより，環境中の微生物集団のゲノムを丸ごと解析する**メタゲノミクス**(metagenomics)や**個体ごとのゲノム差異の解析**(personal genomics)，人工進化実験によるゲノムの配列をシークエンスし直すといった，今までには想像することすら難しかった研究が実現可能となってきている．

[*2] 次世代シークエンサーを用いると，おおよそ100時間で1Gbp程度の塩基配列を読むことが可能である．ヒトのゲノムが3Gbpのサイズであることからわかるように，非常に高速である(11章参照)．

12.2 ゲノム配列の決定

ゲノムの塩基配列を決定すること，それはすなわち，長いDNAの塩基配

列を決定することにほかならない．現在，多くの生物工学に関する研究室で日常的に用いられているシークエンシングの技術はサンガージデオキシターミネーター法であるが，高々数百塩基程度の長さしか1回の実験で決定することができない．次世代シークエンサーを使用する場合は，スピードは格段に上昇するが，一度に読める塩基の長さはさらに短い．つまり，ゲノムの塩基配列を決定するためには多くのDNA断片の配列を決定し，塩基配列の重なりを利用してつなげていく必要がある．

全ゲノムショットガン法（whole genome shotgun method）[*3]は，その名が示すように，ゲノム全体をバラバラに切断した後，断片の塩基配列を決定する（図12.1）．得られた多数の短い塩基配列について，重なり部分の配列をコンピュータ解析によりつなぎ合わせて元のゲノム配列を再構成する．重なり部分を利用して断片をつなぎ合わせるので，ゲノムのサイズに対して重複のある配列を決定しておく必要がある．

[*3] おおよそゲノムサイズの15倍から20倍程度の塩基配列を解析することで，高精度にゲノム情報を得ることができるといわれている．

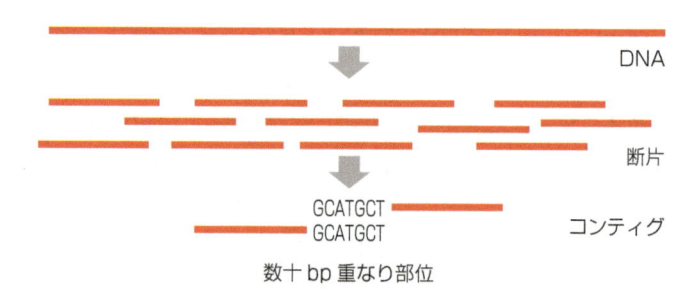

図12.1 全ゲノムショットガン法の原理
ゲノム全体をランダムに断片化し，決定された短い配列のなかから末端の重なる部分を探して，マスター配列を構築する．

つなぎ合わせた塩基配列を**コンティグ**（contig）といい，コンティグが1本になった時点でゲノム解読が終了したことになる．すべての配列を最初から短い断片にすべて切断して配列を決定していく全ゲノムショットガン法と比較して，数百kbpから数Mbp程度の長さに制限酵素で断片化した後，各断片の塩基配列を決定する**クローンコンティグ法**（clone contig method）が用いられることもある．

いずれの方法においても繰返し反復配列を含む場合は，その間に入っている配列を無視してコンティグを作成してしまう可能性があるので，注意深く決定する必要がある．

12.3 ゲノム情報工学

遺伝子の配列が得られたら，その遺伝子がまったく新しい配列であるのか，すでに知られている配列と同じものであるのか，異なる生物で似た配列

が発見されているのか，などを調べる．これらは生物工学研究で日常的に行われる作業である．二つの遺伝子の配列を相互に比較したり，二つ以上の遺伝子を並べて比較したりすることから，保存性の高い配列部位や進化過程で塩基配列が変化してきた道のりを議論することが可能となる．そのためには，二つ以上の塩基配列の似ている度合いを定量的に議論できる必要がある．複数の塩基配列の類縁度を**相同性**(ホモロジー，homology)といい，これを解析することを相同性解析と呼ぶ．

ここでは二つの塩基配列を比較することから始めよう．二つの塩基配列で同じ配列がどこに含まれているかを視覚的に捉える最も単純で直接的な方法は，**ドットプロット法**(dot plot method)と呼ばれるものである．図12.2に示すように，縦横に比較したい二つの配列を並べ，同じ塩基が存在する場所にドットを打つという方法である．塩基には4種類しかないために，多くの意味のないドットが打たれる可能性がある．そこで連続してドットのある場合のみ表示したり，アミノ酸配列でも同じもののみ表示したりする工夫がなされる[*4]．単純な方法ではあるが，どの程度同じ配列が存在するかを視覚的に捉えることが可能であるという長所をもつ．

[*4] 意味のない情報を除くことをノイズ除去(フィルタリング，noise filtering)という．

図 12.2　ドットプロット法

次に，二つの塩基配列の相同性の定量化と最適アライメントの原理について述べる．二つの塩基配列の相同性を議論する際には，図12.3に示すように，置換，挿入，欠失という操作によって一方の配列をもう一方の配列とまったく同じものにすることを考える．図12.3の例では2回の操作によって両方の配列がまったく同じになるが，元の配列が似ていればいるほど操作回数は少なくてすむし，より異なっていれば多数回の操作が必要となる．つまり，この基本操作の回数をカウントすることにより相同性を議論できる．また，

12章　ゲノム・生物情報工学

```
配列のアライメント
・相同性の定量化

アライメント(基本的な考え方)
    二つの配列があるとき類似性を測定する方法
    ① 片方の配列から最低何ステップの基本操作で，もう片
       方の配列に変換できるか？
    ② 基本操作
       1. 塩基を置換
       2. 新しい塩基を挿入
       3. 塩基を欠失

基本操作の例
   第一配列              第二配列
   ATTAC                ATCGAC

   ① 置換
   ATCAC
   ② 挿入
   ATCGAC = 第二配列
```

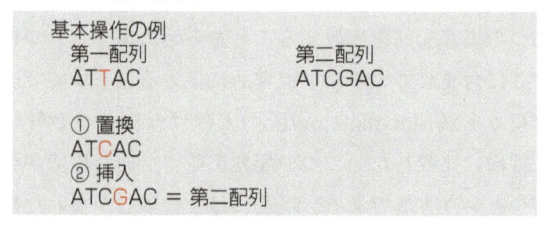

図12.3　相同性の考え方

*5　コンピュータに問題を解くための手順を定式化したものをアルゴリズムという．

二つの塩基配列文字データをコンピュータに与えて，置換，挿入，欠失という操作をコンピュータ上で行うことが可能(そのようなアルゴリズム[*5]をもつプログラムをつくることが可能)であることから，相同性解析を情報処理することが可能である．さらに，塩基の置換，挿入，欠失は生物進化の過程で起こってきたと考えられ，二つの塩基配列の相同性をこの方法で議論することは生物の進化を考えるうえでも意味があることといえる．

二つの塩基配列の相同性を計算するために，二つを並べ，それぞれの配列が一致していればプラスのスコア(＋1)，不一致であれば(置換に相当する)マイナスのスコア(－2)，ギャップを挿入するのであれば(挿入，欠失に相

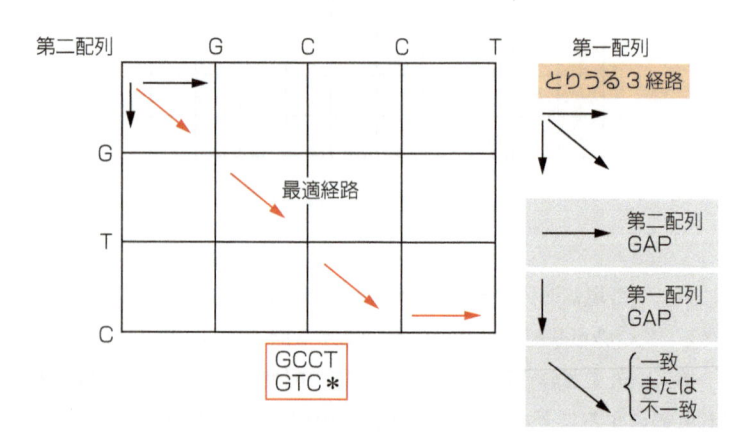

図12.4　最適アライメントの経路探索問題による解析
それぞれの経路に，一致＋1，不一致－2，ギャップ1塩基あたり－3〔つまり$g(h) = -3$〕というスコアを割り当てる．このケースの相同性スコアは＋1－2＋1－3＝－3となる．＊は第二配列にギャップ(GAP)を挿入したことを意味する．

当する）さらに厳しいマイナスのスコア（－3）を与えることとする．このとき，二つの塩基配列において最もスコアが高くなるようにして並べた（これを最適アライメント[*6]と呼ぶ）ときのスコアによって，二つの配列の相同性を表す．図12.4に示すようにこの問題は，スコアがあらかじめ設定された経路をどのように通ってスタートからゴールまでたどり着けば最高のスコアの和が得られるかという**最適経路問題**（optical path problem）として解を得られることがわかっている．

12.4 系統解析と進化

　三つ以上の塩基配列を最適に並置する場合は，図12.3で示した経路問題が三次元（四つになれば四次元空間の経路問題）になることは想像できるであろう．このようなどの経路が最適かを探す問題は，次元の上昇とともに急速に計算量が上昇する．このような難点を回避する現実的で有効な方法は，三つ以上の塩基配列を考える際にも二つずつのアライメントと相同性スコアをだして，どの塩基配列とどの塩基配列が近いかをペアごとに決めることを重ねていくという方法である．相同性スコアが高い塩基配列同士は距離が近いとしてそれぞれの塩基配列間の距離を決定し，全体の距離表を作成することが可能である．この距離表をもとに，全塩基配列の距離関係を定めることができる．相同性の高い遺伝子同士は共通の祖先から派生してきたと考えられるため，遺伝子間の距離は共通の祖先へ向けての進化時間と考えることができる．進化の過程で配列の派生を解析することを**系統解析**（phylogenetic analysis）と呼ぶ．系統解析は，要素間の関係性を議論する数学的な枠組み

[*6] この解析法を開発した2人の科学者の名前をとってニードルマン・ブンシュアルゴリズム（Needleman-Wunsch Algorithm）と呼ばれている．この方法は，ほかの多くの組合せ工学問題に適用されている動的計画法（dynamic programming）を塩基配列の最適アライメントに利用したものといえる．動的計画法は，1940年代に数学者ベルマン（R. E. Bellman）が組合せ最適化問題を解決する方法として開発した．ナップサック問題，巡回セールスマン問題など複雑な数学問題を解決した方法として知られる．

A, B, C, Dの塩基配列間の距離表

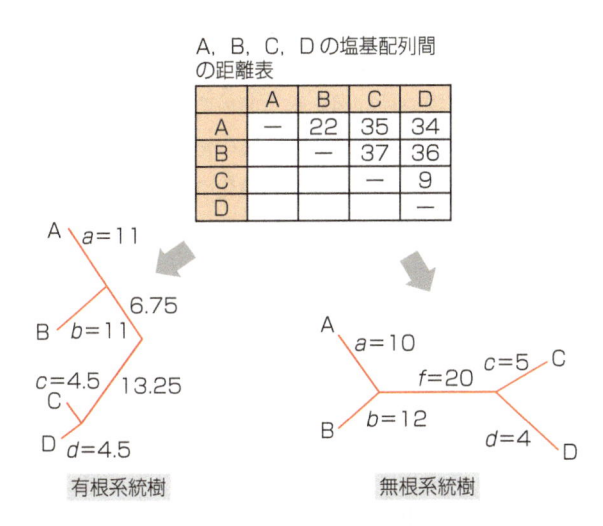

	A	B	C	D
A	—	22	35	34
B		—	37	36
C			—	9
D				—

有根系統樹
- A $a=11$
- B $b=11$
- 6.75
- C $c=4.5$
- 13.25
- D $d=4.5$

無根系統樹
- A $a=10$
- B $b=12$
- $f=20$
- C $c=5$
- D $d=4$

図12.5　配列間の距離表と有根系統樹，無根系統樹
ここで示す有根系統樹は二つの配列間の距離を均等に表現する方法を採用しているため，完全に距離表の距離を反映しているわけではない．

であるグラフ理論(graph theory)を基礎に，配列間の系統樹(phylogenetic system)を作成して行うことができる(図 12.5)．

系統樹には，共通の祖先を一つの根として示す有根系統樹と，共通の祖先という概念をもたない無根系統樹がある．系統樹を作成するためにいろいろな方法が提案されている[*7]．

*7 無根系統樹の作成方法にフィッチ・マーゴリアス法(Fitch-Margoliash method)，有根系統樹の作成方法に非加重結合法(unweighted pair group method with arithmetic mean: UPGMA)などがある．

12.5 オミクス解析への展開

前節までに述べたように，次々と明らかになったゲノム情報が，データベースとして誰でもが利用可能なかたちで公的研究機関により公開されている．また，ゲノム情報が明らかとなったことにより，遺伝子発現，タンパク質，代謝といったさまざまな階層の情報を網羅的に分析する手法が開発され，トランスクリプトミクス，プロテオミクス，メタボロミクスという分野が確立されつつある．これらのデータはデータベース化され，利用可能となってきている．また最近では，大腸菌や酵母といった代表的な微生物において，一遺伝子欠損株を網羅的に作成した破壊株ライブラリーが研究者によって開発されている．これらの破壊株ライブラリーがある生育環境においてどのような表現型を示すかという表現型の網羅的解析と呼ばれる分野(**フェノミクス**，phenomics)，代謝反応がどれくらいの大きさで起こっているのか(**代謝フラックス**，metabolic flux)を網羅的に調べる**フラクソミクス**(fluxomics)，さらに，これらの情報を処理する手法も開発されてきている．次節からは，遺伝子，ゲノムの情報のみならず，遺伝子発現，タンパク質，代謝の階層での生物情報工学の進展について述べる．

12.6 トランスクリプトミクス

遺伝子配列の情報は生物の設計図を示していることにほかならない．ただし，その設計図が読まれて mRNA として転写発現し，タンパク質として翻訳されるときに，代謝反応のどの部分が活性化されているかは，配列情報だけからはわからない．生物は与えられた環境条件で自らを維持したり子孫を増やしたりするために，これらの階層における要素の発現状態を変化させる能力をもっている．したがって生物の営みを理解するためには，遺伝子発現，タンパク質発現，代謝活性の各階層の**オミクス解析**がより重要となると考えられる．

*8 以前は相補的DNA(cDNA)全体を基盤にはりつける方法も見られたが，遺伝子によって長さや GC 含量などが異なるため，最近では特定の遺伝子配列を基板上で人工的に合成することにより，長さや配列を選択・制御して測定精度を向上させる方法が主流である．

トランスクリプトミクス解析においては，DNA マイクロアレイ[*8]を用いて網羅的かつ定量的に各遺伝子の mRNA 量を測定することが可能である．各遺伝子の特異的な配列に相補する配列をプローブとして設計し，基板上に配列することで，mRNA 量を個別の遺伝子について定量することができる．原理上，似た配列をもつ遺伝子の mRNA が存在すると，ターゲットのプロー

12.6 トランスクリプトミクス

ブに対して競争的にハイブリダイゼーションしてしまうので，できるだけ特異的な配列を選択してプローブを設計することが試みられている．

ここでは，生物の遺伝子が独立に発現量を変えているのではなく相互に影響を受けていることを示すDNAマイクロアレイ実験の一例を紹介する．出芽酵母の代謝経路を改良し，ある物質を生産させる遺伝子を一つだけ導入した株（乳酸生産株と呼ぶ）が作製され，遺伝子を導入しない株（非生産株と呼ぶ）との遺伝子発現量がDNAマイクロアレイにより調べられた．両菌株の差異は，もともとたった一つの外来遺伝子が強制的に発現されているだけである．図12.6に両株の全遺伝子発現量の比較を示す．一つ一つのドットが乳酸生産株と乳酸非生産株における同じ遺伝子の発現量を示している．対角線上に点が乗っていれば両者の発現量に変化がないことを，対角線から上へずれている遺伝子は生産株のほうが発現量が大きいことを，下へずれている場合は非生産株のほうが発現量が大きいことを示している．この実験においては，発現の量の変化が1/2倍から2倍の間では実験誤差と区別がつかないことがわかっているので，これを超えた発現量を示す遺伝子が，一つの遺伝子を導入されたことによって発現量を変化させたことになる．図を見るとわかるように，たった一つの合成遺伝子が導入されただけで，多くの（6000遺伝子のうち約15%）遺伝子の発現量に変化が現れることがわかる．一つの遺伝子の導入と強制発現を行った結果，多くの遺伝子が影響を受けて発現量を変化させている．つまり，システムとして生物が変化している証拠といえる．これらの変化した遺伝子のなかから目的物質の生産量を改良させるような遺伝子を探索することが，さらなる研究として期待されている．

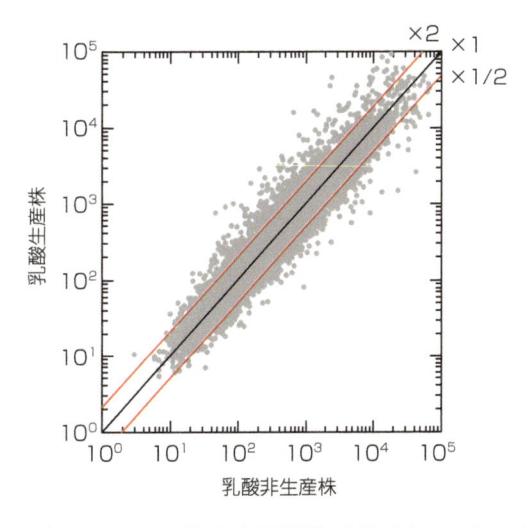

図12.6 トランスクリプトミクス解析によるスキャッタープロット

12章 ゲノム・生物情報工学

12.7 プロテオミクス

トランスクリプトミクス解析ではmRNAを対象として研究が行われるが，発現したmRNAがすべてタンパク質に翻訳されるわけではない．そこで，タンパク質を直接観察することが重要になる．タンパク質の解析においては，発現しているタンパク質を細胞から取り出し，**二次元電気泳動**（2DGE）でゲル上に展開する．

図12.7に示すように，図の横方向にはタンパク質の等電点電気泳動，縦軸方向には**SDS-ポリアクリルアミドゲル電気泳動**（SDS-PAGE）を行う．これにより，横方向にはタンパク質の荷電の状態を示し，縦方向には分子量によってタンパク質を分離することが可能となる．その後，蛍光色素や銀によってタンパク質を染色し，スポットの大きさを測定することでタンパク質の発現量を定量できる．DNAマイクロアレイのように，決められたプローブ位置上に特定のタンパク質が泳動するわけではないので，各スポットがどのタンパク質であるのか，**ペプチドマスフィンガープリンティング法**（peptide mass fingerprinting method）[*9]により同定する必要がある．

[*9] この方法は，タンパク質をトリプシンなどのプロテアーゼで消化すると特定のアミノ酸残基でC末端が切断される性質を利用し，消化されたペプチド断片の質量を高性能の質量分析装置で測定し，得られたペプチド断片の質量と組合せをタンパク質配列データベースと比較することで同定が可能となる．このような分析方法はプロテオミクスにおいて必須のものとなっている．代表的なデータベースにMascot 2.0(Matrix Science Inc., Boston, MA, USA)がある．

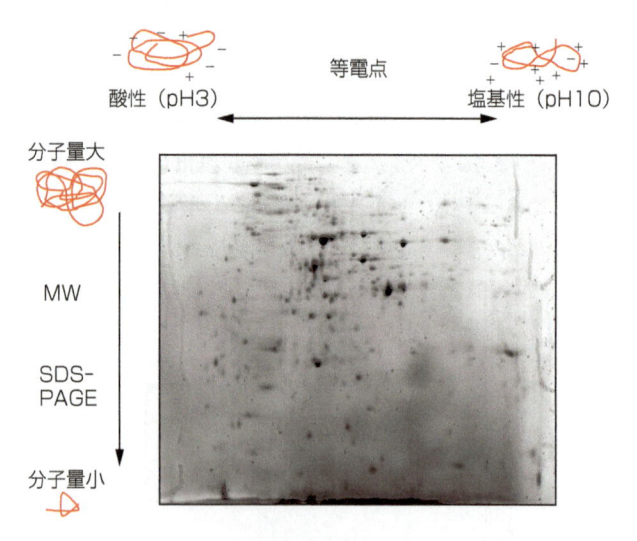

図12.7 二次元電気泳動により分離されたタンパク質のスポット

12.8 メタボロミクスと代謝フラックス解析

生物は，非常に多くの化学反応を膜でできた袋に詰め込んだものともいえる．代謝はその化学反応が連なった経路と考えられる．したがって，どのような代謝分子がどの程度細胞内に蓄積しているか，どのような化学反応がどれくらいの大きさで起こっているのかは，生物の営みを議論するうえで最重

12.8 メタボロミクスと代謝フラックス解析

要なものと考えられる．ヒトの血糖値一つをとってもわかるように，代謝分子を適正な値に恒常的に保つことによって健康が維持されている．一方，工業的に用いられる微生物の代謝化学変換反応においては，ほぼ特定の代謝経路だけを人為的に働かせることによって最高の効率で目的物質が生産されるよう細胞を改良していくことが望まれる．

　細胞内の代謝物質を可能な限り同定し，定量するオミクス解析は**メタボロミクス**と呼ばれ，ガスクロマトグラフィー，液体クロマトグラフィー，キャピラリー電気泳動などの分離技術と質量分析技術の進歩などにより，最近急速に進展している．また，微生物による物質生産に焦点を当てると，必要な代謝反応のみを活性化させ，不要な代謝反応を不活化することが求められるため，代謝反応の大きさを網羅的に解析したり，コンピュータ上で予測したりする解析が必要となる．このような分野を**フラクソミクス**(fluxomics)という．

　たとえば，仮想的に図12.8に示すように，細胞内の代謝反応のなかでターゲットの物質へ向かう反応の大きさ〔これをフラックス（流量）という〕を最大化するには，どのような遺伝子を削除したり発現を強化したりすることが必要なのか，代謝予測をすることが重要となる．このような方法は，代謝のデータベースKEGG(http://www.genome.jp/kegg/)やMETACYC(http://metacyc.org/)から得られる情報をもとに，コンピュータ上にゲノム全体の代謝反応モデルを構築し，代謝フラックスのバランスを基礎にして解析を行うことで実現できる．この方法は**フラックスバランス解析**(flux balance analysis)と呼ばれ，与えられた環境条件で細胞がどのような代謝の状態をとるか予測したり，目的の代謝状態にするための環境条件や遺伝子改変を設計したりすることに役立つ（次頁のコラム参照）．

　また，現実の細胞がどのような代謝状態をとっているかを実験的に決定す

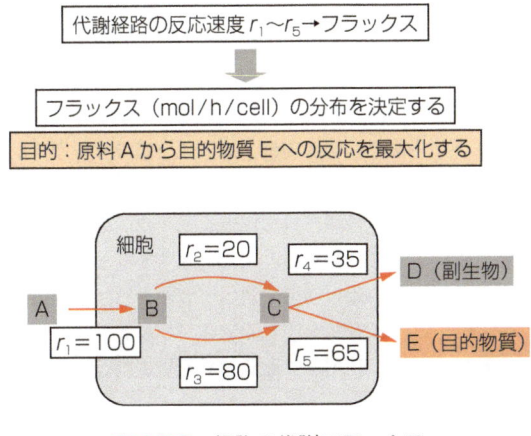

代謝経路の反応速度 $r_1 \sim r_5$ → フラックス

フラックス(mol/h/cell)の分布を決定する

目的：原料Aから目的物質Eへの反応を最大化する

細胞
$r_1=100$：A→B
$r_2=20$：B→C
$r_3=80$：B→C
$r_4=35$：C→D（副生物）
$r_5=65$：C→E（目的物質）

図12.8　細胞の代謝フラックス

12章 ゲノム・生物情報工学

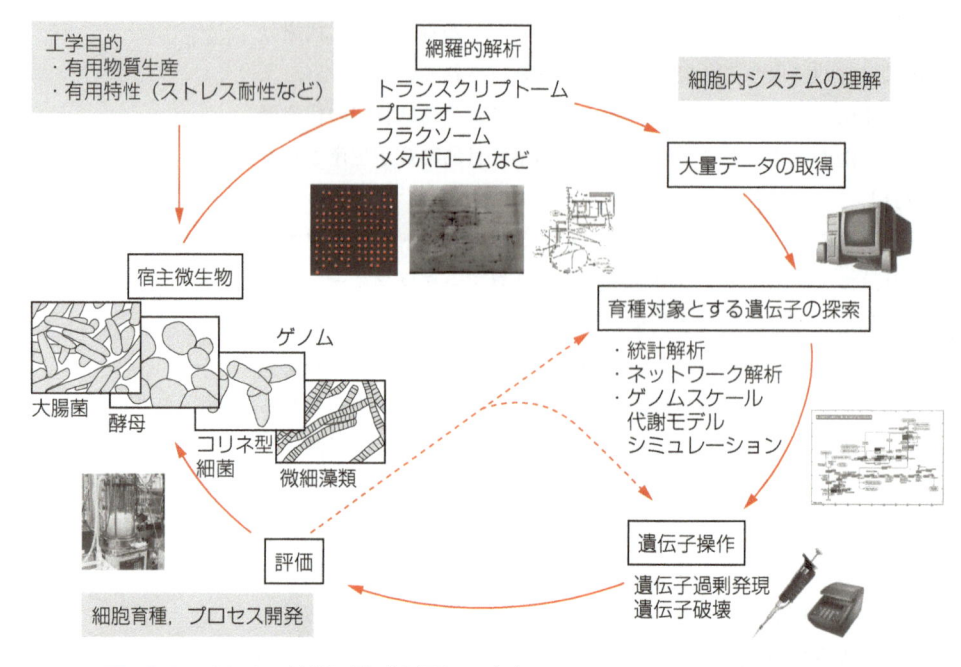

図 12.9 オミクス情報に基づく細胞のデザイン —— システム代謝工学の考え方

Column

ゲノム情報を基盤とする代謝工学

　代謝工学は，目的の物質を生物に生産させることを目的として代謝経路を人為的に設計・改良し，細胞を物質生産工場につくり替える研究分野である．代謝反応は細胞の中で数千の数存在するため，一つ一つの反応の効率のみを改良する従来の微生物改良の方法から発展して，1990年を境にマサチューセッツ工科大学のステファノポーラス（G. Stephanopoulos）らにより代謝反応ネットワーク全体を改良する方法のコンセプトが提唱された．ゲノム時代が到来するとともに，扱える代謝反応は全細胞レベルに拡大し，ゲノムスケールの代謝を前提とした細胞工場の設計法が注目を浴びている．カリフォルニア大学サンディエゴ校のパルソン（B. Palsson）らは，ゲノム情報から細胞のもつ主要な反応をすべてコンピュータ上にセットし，細胞が栄養源を取り込んでうまく増殖するための代謝反応のフラックスを計算する方法を開発した．これはゲノムスケール代謝反応モデル（genome scale metabolic reaction model）と呼ばれる．細胞内の化学反応を化学量論式として再構築する．細胞は安定した状態では細胞内の代謝物質濃度を変化させないことから，上流から流れ込んでくる反応フラックスの総和が流れ出ていく反応フラックスの総和に等しいとして代謝反応を表現する．このような方法により予測された代謝フラックスは，実際に実験で確認されたものとよく一致することが確かめられ，いろいろな環境や遺伝子改変を行った際の代謝フラックス変化を予測できるプラットフォームとして，今後，利用されることが期待される．

12.8 メタボロミクスと代謝フラックス解析

る技術も進歩している．炭素の安定同位体[*10]である ^{13}C 標識化合物を培養細胞内に取り込ませ，代謝物質中の ^{13}C 標識の濃縮量を質量分析によって定量することで，どの代謝反応が活性化しているかを定量できる．この方法は**代謝フラックス解析**[*11]と呼ばれる．代謝は，可逆反応，分岐，複数反応の流れ込み，サイクルなど多様なかたちをとっており，細胞内の状態を評価することが難しかった．しかし最近の培養技術，分析技術，コンピュータ解析技術の進歩により，高度に信頼できる細胞状態の把握が可能となってきている．

これらのオミクス技術の進歩により，今後，目標とする物質の生産に向けて細胞をデザインする技術が飛躍的に進歩すると考えられる（図12.9）．

[*10] 同じ原子番号でも中性子の数が異なる原子を同位体と呼ぶが，放射性のない同位体を安定同位体と呼ぶ．

[*11] 代謝物質中の同位体分布や質量分布を質量分析計で測定し，これらの分布が最もよく説明できる細胞のフラックスをコンピュータで決定する．

練習問題

1 遺伝子とゲノムの関係について説明しなさい．
2 塩基配列の最適アライメントが経路探索問題で解けることを説明しなさい．
3 ペプチドマスフィンガープリント法によりタンパク質が同定できる原理を説明しなさい．
4 代謝分子の蓄積量を解析することと代謝反応フラックスを解析することの意味を説明しなさい．
5 生物情報のデータベースが充実することにより，生物工学にどのような進展がもたらされると考えられるか述べなさい．

13章 バイオプロダクション

　約38億年前に原始生命体として出現した微生物は，その進化の過程でさまざまな代謝プロセスを発達させながら，あらゆる環境に適応しつつ，その多様性をさらに増して自らの生存戦略を構築してきた．結果的に，地球の環境保全や物質循環において微生物は不可欠なものとなっている．一方，微生物の多様な機能を積極的に利用する技術の開発は，医療，食糧，化成品，資源・エネルギー，環境保全などの幅広い分野において盛んに行われ，われわれの生活を豊かにしてくれている．

　微生物は，17世紀半ばにオランダのレーウェンフック（A. Leeuwenhoek）によって発見されたが，これら微生物が人間と深いかかわりのあることが明らかにされたのは，19世紀後半になってからである．近代細菌学の開祖といわれるフランスのパスツール（L. Pasteur）は，発酵や腐敗が微生物によって起こり，個々の発酵現象が特有の微生物の働きによることを明らかにした．一方，近代細菌学の父といわれるドイツのコッホ（H. H. R. Koch）によって微生物の単離法として有効な純粋培養法が考案され，微生物研究手法の基礎が確立された．この手法によって病気の発症の原因と微生物のかかわりが初めて明らかにされ，生理活性物質や抗生物質の発見などに大きく貢献している．現在では微生物の機能を利用して，アミノ酸，核酸，抗生物質，ビタミン等の生理活性物質など多種多様な有用物質の工業生産が行われている．さらに遺伝子組換え技術やバイオリアクターなどの周辺技術の開発に支えられ，その生産物や生産プロセスは多岐にわたっている．

13.1　L-グルタミン酸生産菌の発見と発酵工業の始まり

　昆布の「うまみ」の正体が，タンパク質を構成するアミノ酸の一種L-グル

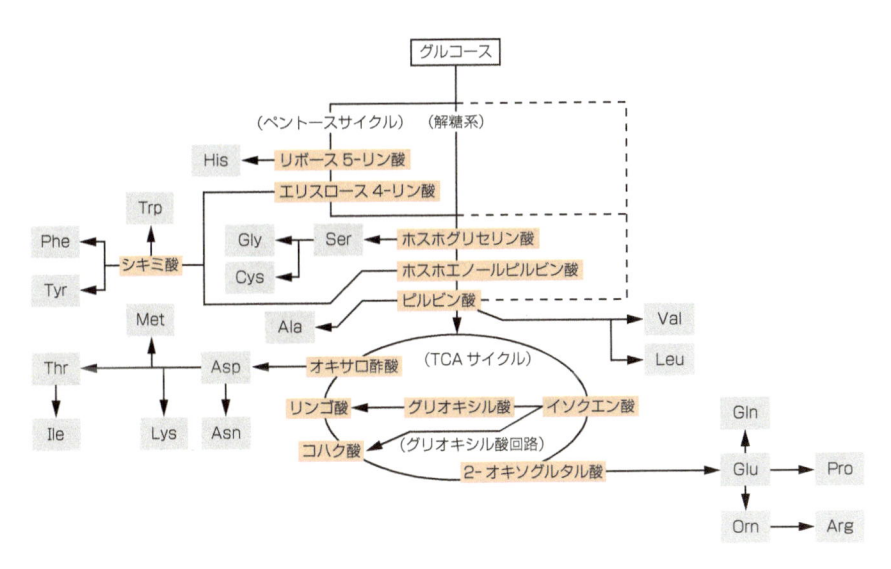

図 13.1　微生物によるアミノ酸の生合成

タミン酸（L-glutamic acid）のナトリウム塩であることを突き止めたのは池田菊苗博士である（1907年）．L-グルタミン酸ナトリウムをうまみ調味料として商品化した味の素社は，当初，L-グルタミン酸含量の多い小麦のタンパク質グルテンを加水分解する抽出法によって生産していた．1956年に協和醱酵工業（現 協和発酵キリン）の鵜高，木下らによって，ある培養条件下でL-グルタミン酸を培養液中に著量蓄積する微生物 *Corynebacterium glutamicum* が発見され，発酵法によるL-グルタミン酸生産プロセスが構築された．現在では，その発酵法により全世界で年間180万トンを超えるL-グルタミン酸ナトリウムが生産されている．

C. glutamicum の代謝制御を踏まえた変異法（mutation method）や遺伝子組換え技術（gene recombination technology）を駆使する育種（breeding）によって，ほとんどのアミノ酸が発酵生産されている（図13.1）．

13.2　アミノ酸生産菌の育種

13.2.1　代謝調節変異株

C. glutamicum は，生育必須因子であるビオチンを欠乏した培養条件でL-グルタミン酸を蓄積し，ビオチン過剰存在下でもペニシリン添加やTween40などの脂肪酸エステル系界面活性剤の添加などでL-グルタミン酸を蓄積するようになる．いずれも生産菌の膜透過性を変化させる操作であるが，単にL-グルタミン酸の膜透過性向上だけに起因するものではないことが最近の研究で示されている．一般に，アミノ酸を過剰に生産するためには生産微生物に対して**変異育種**（mutation breeding）が施されており，その結

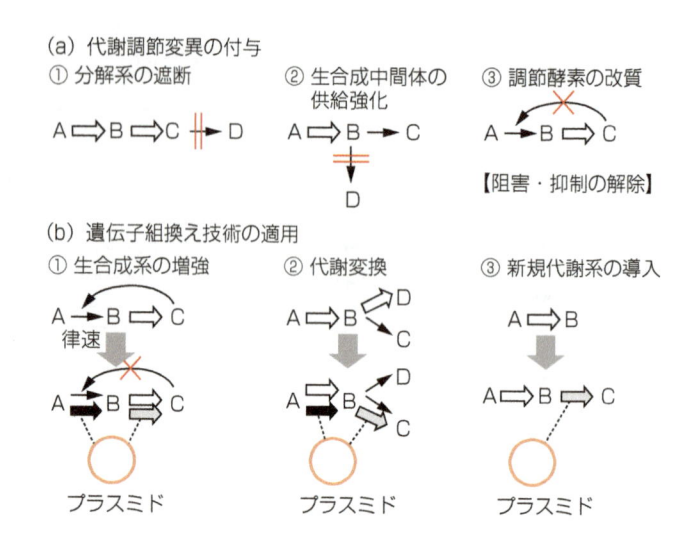

図 13.2　アミノ酸生産菌育種における変異育種と遺伝子組換え技術
Cは目的生産物.

果いくつかの特性が付与された高生産菌が育種されている．図13.2に，アミノ酸生合成経路上の調節制御を踏まえたアミノ酸生産菌の育種戦略の概略を示した．

変異育種では，紫外線の照射やニトロソグアニジンなどの変異剤による処理（4章参照）で染色体上のいたるところに突然変異を誘起し，栄養要求性やアナログ耐性などの表現型を指標に，アミノ酸収量の高まった目的変異株を選抜する．このランダム変異と選択に基づく変異育種によって，目的アミノ酸の分解活性が低下した株や，フィードバック制御（feedback regulation）が解除された代謝調節変異株，目的のアミノ酸の排出活性が高まった，あるいは菌体内への再取り込み活性の低下した膜輸送変異株，糖消費速度向上株などが取得されてきた．

L-リシン生産菌は，ホモセリン要求性変異を付与することで育種された最初の代謝制御株である．L-リシンはL-アスパラギン酸を出発基質として生合成されるが，ホモセリン要求性変異（ホモセリン脱水素酵素 HD 欠損変異）を付与することで，同じ生合成経路によって合成されるL-トレオニンへの流れを抑制し，かつL-トレオニンとL-リシンによる鍵酵素アスパルトキナーゼ（AK）への協奏的なフィードバック阻害[*1]を，見かけ上解除することができる（図13.3a）．

目的アミノ酸によるフィードバック阻害を実質的に解除する方法として**アナログ耐性変異**（analog-resistant mutation）の付与がある．たとえば，L-リシンのアナログ（構造類似化合物）である S-(2-アミノエチル)-L-システイン（AEC，表13.1）は，L-リシンと同様にL-トレオニンとAKに対して協奏的

[*1] 代謝系のある反応を触媒する酵素の活性がその代謝系の生産物によって阻害される現象を**フィードバック阻害**（feedback inhibition）という．そして，C. glutamicum におけるリシン生合成の鍵酵素であるアスパルトキナーゼのように，リシンやトレオニン単独では阻害されないが，両物質が存在するときにのみ阻害される特徴的な阻害様式を協奏的フィードバック阻害（concerted feedback inhibition）という．

(a)

```
グルコース
   ↓
  PEP → OAA          ・・・・▶ 酵素活性阻害
          ↓          ───▶ 酵素合成抑制
         Asp → Asp-P → ASA → Hom → P-Hom → Thr
C. glutamicum                                5.9 g/L
KY10440                              抑制     (8%Glc)
(AHVr, AECr)   ✗      阻害  Lys ✗  Met
```

(b)

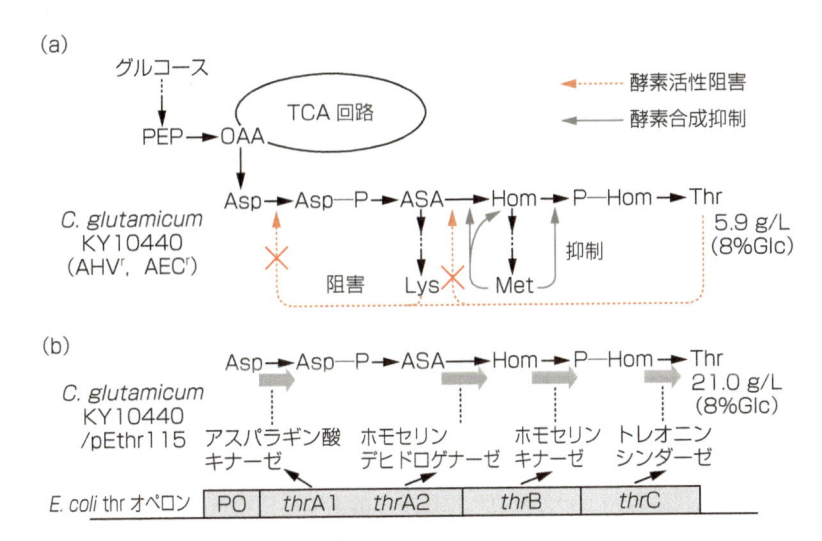

```
                Asp → Asp-P → ASA → Hom → P-Hom → Thr
C. glutamicum    ⇒       ⇒      ⇒      ⇒            21.0 g/L
KY10440        アスパラギン酸  ホモセリン   ホモセリン  トレオニン    (8%Glc)
/pEthr115       キナーゼ    デヒドロゲナーゼ キナーゼ   シンダーゼ

E. coli thr オペロン  [PO] [thrA1] [thrA2] [thrB] [thrC]
```

図 13.3 トレオニン合成系遺伝子導入によるトレオニン生産性の向上

表 13.1 アミノ酸アナログ（構造類似化合物）の例

アミノ酸	アナログ
NH₂-CH₂-CH₂-CH₂-CH₂-CH(NH₂)-COOH L-リシン（Lys）	NH₂-CH₂-CH₂-S-CH₂-CH(NH₂)-COOH S-(2-アミノエチル)-L-システイン（AEC）
CH₃-CH(OH)-CH(NH₂)-COOH L-トレオニン（Thr）	CH₃-CH₂-CH(OH)-CH(NH₂)-COOH α-アミノβ-ヒドロキシ吉草酸（AHV）
C₆H₅-CH₂-CH(NH₂)-COOH L-フェニルアラニン（Phe）	F-C₆H₄-CH₂-CH(NH₂)-COOH パラフルオロフェニルアラニン（PFP）

フィードバック阻害を起こすため，微量のAEC存在下でもL-リシン供給が律速となり菌株は生育しない．この状況においても生育可能な変異株を取得すると，そのなかにはもはやフィードバック阻害がかからない変異株が存在することになる．L-トレオニン発酵生産菌 *C. glutamicum* KY10440 は，AECおよびAHV耐性変異を付与した代謝調節変異株である（図13.3a）．アナログ耐性変異の付与によって調節解除を可能とする画期的な手法は，アミノ酸に限らず生合成経路上の阻害や抑制解除の強力なツールとして利用されており，有用化合物の合成プロセス構築に貢献している．

また，ランダムな変異育種による収量向上株のなかには，生産されたアミノ酸が菌体内に過剰に蓄積しないために見かけ上フィードバック制御が解除

されたものもある．たとえばL-トレオニン発酵やL-トリプトファン発酵では，代謝調節の解除が十分ではないが，取り込み系の変異により菌体内のそれぞれのアミノ酸の蓄積レベルが低く抑えられているために，見かけ上制御が解除されて収量が向上したことが報告されている．

13.2.2　遺伝子組換え株

遺伝子組換え技術を用いると，目的とする遺伝子のアミノ酸生産菌への導入が可能となり，遺伝子増幅効果によって酵素の生成を増大させることができる．したがって，調節制御の解除された株からクローニングされた改質遺伝子を材料とすれば，生合成経路上で律速となっている酵素活性のさらなる増強を図ることができ，目的アミノ酸の大幅な収量向上が期待できる．さらに，生合成代謝経路上の分岐点に位置する酵素の活性増強によって基質の流れを変えて発酵転換を図ることや，異種菌株の酵素反応系を導入発現させて新たな機能をアミノ酸生産菌に付加することもできる．このような手法は従来の変異との組合せによりさらに強力な育種手段となる（図13.2参照）．ただし，組換え株の安定性が工業的に問題となる場合があり，それぞれに対策を講じる必要がある[*2]．

(1) 生合成系の増強

L-トレオニン発酵生産菌 C. glutamicum KY10440 はアナログ耐性変異を付与して代謝調節を解除した変異株である．L-トレオニンによる制御が解除された Escherichia coli 由来の L-トレオニン合成系遺伝子群（threonine operon）を保有するプラスミド pEthr115 で KY10440 を形質転換すると，L-トレオ

[*2] プラスミドを用いた形質転換株の場合は，プラスミド上の薬剤耐性マーカーに対応した薬剤を添加することで脱落株の増殖を回避できる．しかし，発酵製品のなかには薬剤の混入が認められないものが多く，通常は薬剤の添加は行われていない．実際には，プラスミドの安定化の構築や，宿主の特性を踏まえたプラスミド安定保持対策などが講じられている．

Column

近代微生物利用工業の原点 ── 代謝制御発酵

細胞や生体の構成成分として必須であるアミノ酸や核酸関連物質の生合成は，生体の恒常性やエネルギー維持のために厳密な制御を受けており，通常は微生物によって過剰生産されることはない．厳密な生合成制御を意図的に解除して過剰のグルタミン酸の著量蓄積を可能にした革新的な技術（代謝制御発酵，metabolic regulatory fermentation）は，当時の常識を覆すもので，近代微生物利用工業の原点といっても過言ではない．代謝調節変異株は非生産株から論理的に誘導可能であるため，C. glutamicum のほか，大腸菌（E. coli）や枯草菌（Bacillus subtilis）などの菌種からも育種されている．この技術に加え，細胞融合法や遺伝子組換え技術を駆使することで，現在では多くの生体内化合物や非天然型化合物の発酵生産までもが可能となっている．簡単な化合物で生育する微生物は，単純な原料から有用な化合物を合成する生産工場であり，究極のバイオリアクターであるといえる．最近では細胞工学的な技術を駆使して，目的の有用化合物の生産に必要のない遺伝子を染色体上から削除し，工業生産に適した身軽でパワフルな微生物を人為的に育種する検討もなされている．

ニン生産量は 3.5 倍に向上した（図 13.3b 参照）．

(2) 発酵転換

　L-トレオニン発酵と共通の出発基質 L-アスパラギン酸を用いる L-リシン発酵では，変異育種の積み重ねによって対糖収率[*3]の高い生産菌が育種されている．L-アスパラギン酸までの高い供給能を期待して，L-リシン生産菌 VL-1 株をプラスミド pEthr115 で形質転換すると，L-トレオニンを併産するようになる．さらに，調節制御が解除されたコリネ型細菌の L-トレオニン合成系遺伝子群で構成されるプラスミド pCthr108 で形質転換すると，L-リシンから L-トレオニンへの**発酵転換**（diversion of carbon flux）が起こり，大幅な収量向上を達成した（図 13.4）．

[*3] 合成される目的化合物の炭素骨格をもつ糖質原料からの収率をいう．通常，投入糖あるいは消費糖に対する重量変換収率やモル変換収率として算出される．なお，生産微生物が異なっても代謝生合成経路に変化がなければ，理論対糖収率は同じである．

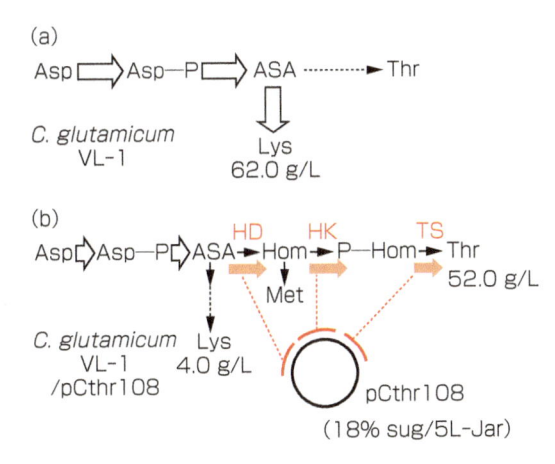

図 13.4　代謝変換によるリシンからトレオニンへの発酵転換
(a) リシン発酵，(b) トレオニン発酵．HD: homoserine dehydrogenase, HK: homoserine kinase, TS: threonine synthase.

13.3　アミノ酸誘導体の生産菌育種 —— 新規合成系の導入

　アミノ酸の誘導体を生産する場合，新たに探索した異種生物の遺伝子を導入発現させて，直接生産させることが可能である．
　ヒドロキシプロリン（*trans*-4-hydroxy-L-proline: HYP）はコラーゲンの構成アミノ酸の一種であり，タンパク質への翻訳後修飾によって L-プロリン（L-Pro）から変換される天然アミノ酸である．保湿性が高く，化粧品材料や医薬品原料として使用されている．従来，牛コラーゲンからの抽出法に依存していたが，遊離の L-プロリンから直接 HYP に変換する水酸化酵素が発見され，現在では当該水酸化酵素遺伝子を発現させた組換え大腸菌を用いて，L-プロリンからの効率的な HYP 生産プロセスが確立されている．L-プロリ

13章 バイオプロダクション

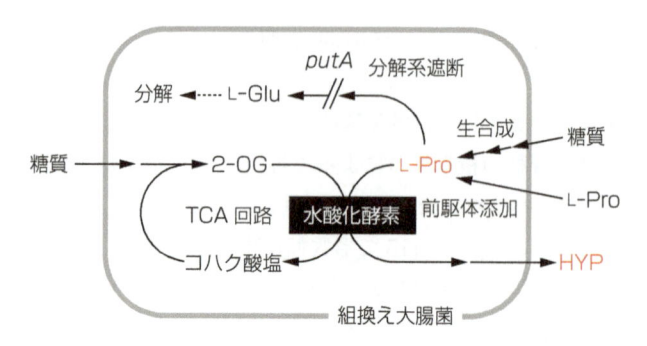

図 13.5 プロリン水酸化酵素を発現させた組換え大腸菌による
ヒドロキシプロリン生産
L-Glu：L-グルタミン酸，putA：L-プロリン分解酵素をコードする
遺伝子，2-OG：2-オキソグルタル酸．

ン生産能を付与した株を宿主にすると，糖質からの直接発酵法によって HYP 生産も可能である（図 13.5）．

ジペプチドはアミノ酸2分子がペプチド結合した化合物で，構成するアミノ酸にはないような特性を発現することが多い．L-グルタミンは熱や酸に不安定で水溶性製品には使用が困難であるが，L-アラニル-L-グルタミンのジペプチドになると安定性も溶解性も改善し，医療や栄養分野で幅広い利用が期待されるようになる．L-アミノ酸 α-リガーゼの発見によって，当該酵素遺伝子を導入した組換え株を用いて L-アラニル-L-グルタミンの直接発酵生産が可能になっている（図 13.6）．

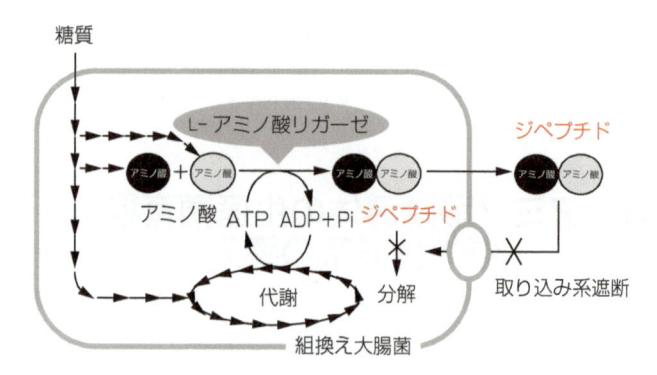

図 13.6 アミノ酸リガーゼを発現させた組換え大腸菌によるジペプチド生産

13.4 アミノ酸誘導体の生産

タンパク質構成アミノ酸の生産では，代謝調節を解除した変異株を造成し，発酵法で生産するのが最も効率的であり，低コストである．しかし，D-アミノ酸や非天然型アミノ酸，水酸化アミノ酸のようなアミノ酸誘導体の場合，

13.4 アミノ酸誘導体の生産

糖質からの直接発酵よりは，元となるアミノ酸を原料とした酵素法や休止菌体反応系[*4]を構築するほうが効率的なことがある．この場合，誘導体化を可能とする酵素の探索が必須であり，現在では，微生物活性を指標とした探索法に加えて，ゲノム情報を活用した効率的な探索法も強力なツールとなっている．

細菌の細胞壁や，微生物の生産する抗生物質や粘性ポリマーなどのほか，近年では生体内にも存在し重要な生理機能を担っていることが明らかになってきたD-アミノ酸の製造法としては，**酵素法**（enzyme method）が確立されている．具体的には，① ヒダントイン誘導体にD-ヒダントイナーゼを作用させる方法，② N-アシル-D-アミノ酸にD-アミノアシラーゼと N-アシルアミノ酸ラセマーゼを作用させる方法，③ D-立体選択的なアミダーゼを利用する方法，④ 2-オキソ酸にD-アミノ酸アミノ基転移酵素を作用させる方法，⑤ アミノ酸ラセマーゼとL-アミノ酸の酵素的分解を組み合わせる方法などがある（図13.7）．④の方法は酵素の基質特異性が比較的低いため，有機合成的手法で準備した非天然型の2-オキソ酸から，対応する非天然型アミノ酸を合成することも可能である．

このほか各種アミノ酸誘導体でも，原料が安価に入手できる場合，精製などの後工程が容易なため酵素法が採用されることが多い．ただし，変換酵素

[*4] 生産微生物の増殖を伴う発酵法に対して，高活性をもつ増殖菌体を酵素源とし，簡単な化合物から変換反応を行う非増殖型プロセスである．非増殖型であるため，発酵法に比較して糖質を効率的に利用できる．菌体のもつ代謝系を利用した基質やATPなどのエネルギー供給，酸化還元反応への対応も可能である．一方で，夾雑酵素による基質や反応生成物の分解などにより，収率の低下や化合物の膜透過性が生産の障害となることもあり，実生産プロセスではそれらへの対策が必要となる．

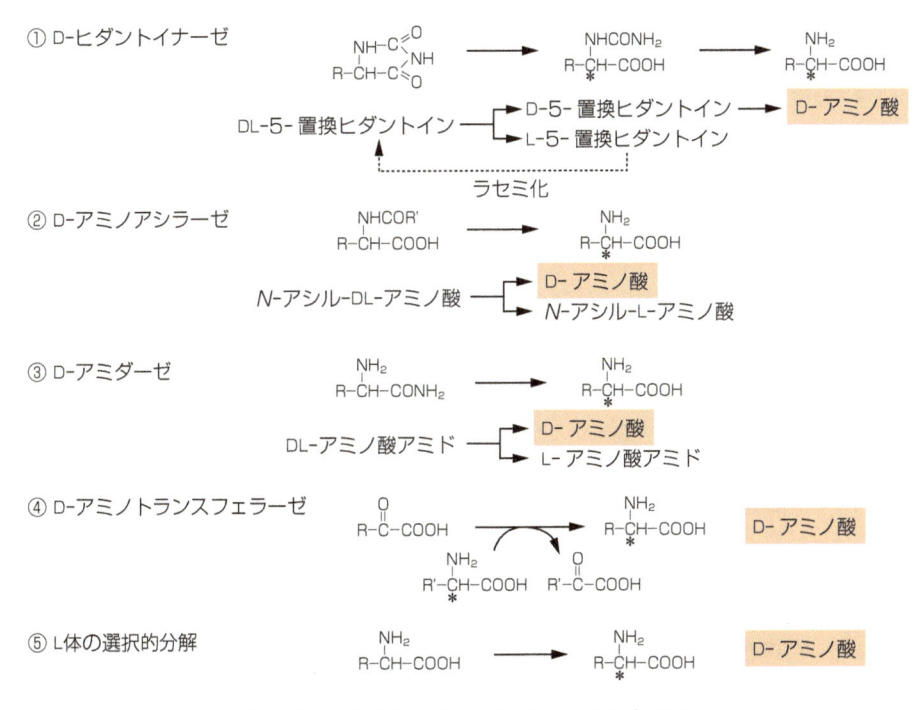

図13.7　D-アミノ酸の酵素法による生産方法

の探索と高活性発現が必要条件となる．

　一方，補酵素（coenzyme）などの因子や容易に供給できない原料が必要な場合，数段の反応ステップを要する場合などは，休止菌体反応系での生産が効率的である．アミノ酸脱水素酵素（amino acid dehydrogenase）反応ではNADHあるいはNAD^+が必須であるが，菌体のもつ酸化還元能によって，これらの供給が可能である．また，ペプチド合成酵素（peptide synthetase）反応ではATPを必要とするが，これも糖質代謝によって供給することができる．このほか，プロリンの水酸化反応は基質として2-オキソグルタル酸を要求するが，これも糖質原料からの供給が可能である．

13.5　医薬品のバイオプロダクション

　微生物や遺伝子工学を駆使してつくられる医薬品は，合成化学的手法による医薬品と区別する際，**バイオ医薬品**（biomedicine）と呼ばれることがある．実際には厳格なGMP[*5]のもとで製造されるが，この節では，天然由来と遺伝子工学による二つのタイプの医薬品の概要について紹介する．

13.5.1　天然物由来の医薬品

　微生物は多様な二次代謝産物（**発酵天然物**，natural fermentation product）をつくり，そのなかには医薬品として応用できる特異な生理活性をもつものがある．抗生物質，高脂血症薬，抗がん剤，免疫抑制剤などが発酵天然物として製品化されている．培養が可能な微生物は1％未満であるといわれ，さらに，二次代謝産物は生産しないが，通常は二次代謝の生合成遺伝子が休止状態にあるものもある．したがって，未知の発酵天然物が生まれる可能性は

[*5] good manufacturing practiceの略．医薬品の製造管理および品質管理の基準のこと．WHO（世界保健機構）では「製品が一貫して生産され，製造承認によって求められるような品質規格に統制されていることを保証する品質保証の一部」と定義されている．製造所の建屋，機械設備，原料の保管・流通，製造，品質管理，従業員の衛生管理などが対象となり，これらが標準化されている．

Column

ゲノム情報活用による酵素探索

　微生物探索を経て有用酵素を見いだす従来の手法は，依然として重要だが，偶発性に大きく左右され，多大な時間とコストを要するなどの課題がある．一方，ゲノム情報を酵素遺伝子資源として有効活用することにより，有用酵素の分子レベルでの効率的な探索が可能になってきている．ゲノム解析の進展に伴い，微生物ではすでに1500を超える株のゲノム配列が解読されている．データベースGOLD（http://www.genomesonline.org/）によると2011年12月現在で，真核生物で151株，細菌で1700株，アーキアで121株のゲノム配列が解読されている．機能既知の酵素との配列相同性などに基づいて新規酵素を探索する場合は，既知酵素に類似するが，生物多様性を反映してユニークな酵素が探索できる可能性がある．また，この手法により，通常では活性が低くて検知できない酵素やまったく発現していない酵素などの未知酵素を探索することも可能である．コンピュータを利用してゲノム情報から候補遺伝子を解析・検索することをインシリコスクリーニング（*in silico* screening）という．

高く，今なお大きな可能性を秘めた分野であるといえる．しかし，発酵天然物からの創薬研究において，自然界から分離した野生株は，目標とする化合物の生産性が低く，安定的な培養も難しい．また，多くの夾雑物を含む培養液中よりターゲットを分離するのは大変困難である．

次に，わが国で発見された発酵天然物で，国外でも広く用いられている医薬品のバイオプロダクションの一例を紹介する．**タクロリムス**(tacrolimus，図 13.8)は，筑波山の土壌から分離された *Streptomyces tsukubaensis*（図13.9）の培養液中に発見された化合物で，**免疫抑制剤**(immunosuppressant)として用いられている[*6]．この生産菌は培養液中にタクロリムスを生産する一方，さまざまな構造類縁体も生成するうえ，精製効率も低く，品質上の課題となっていたが，培養系のさまざまな検討により，これらの問題が解決された．構造類縁体のなかでも多く生成していた物質（図13.8参照）が着目され，ピペコリン酸やその前駆体であるリシンを添加することで，この物質の生成量が減少することが突き止められた．次に，生産菌のピペコリン酸量を増加

*6 FK506とも呼ばれ，アトピー性皮膚炎，関節リウマチなどの治療にも用いられる．

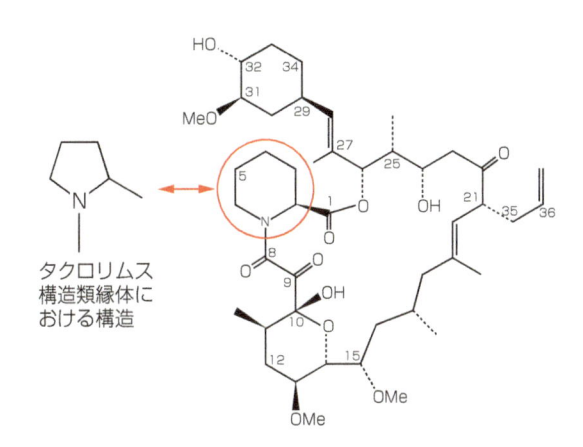

図 13.8　タクロリムス(FK506)の構造式

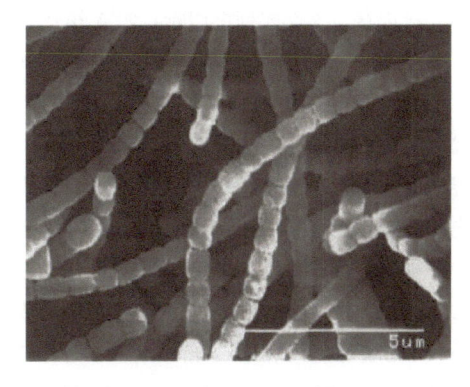

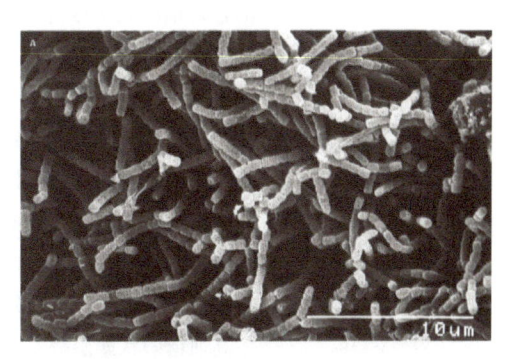

図 13.9　タクロリムス生産菌(*Streptomyces tsukubaensis*, No.9993)の電子顕微鏡写真
アステラス製薬(株)提供．

させるべく，リシン生成量が増加した変異体の取得が試みられた．その結果，変異株ではピペコリン酸の生成量が増加するとともに，構造類縁体の生成量が 1/10 に減少し，目的のタクロリムスの生産量が増加することが判明した．

13.5.2　遺伝子組換えによる医薬品生産系

遺伝子工学は，従来少量しか得ることができなかったペプチド，タンパク質の大量生産を可能にし，医薬品製造において不可欠な技術となっている．6章においてさまざまな遺伝子発現系が利用できることを学んだが，どの細胞を宿主として選択するかは，目的のペプチドおよびタンパク質の性質によって決定され，それぞれの発現系の長所，短所を十分に考慮しなくてはいけない．細菌は**世代時間**(generation time)が短く，低コストでの大量生産ができ，全タンパク質の 10% 以上の発現も可能である．一方，活性のあるタンパク質として正しく折りたたまれないケースもしばしば見られる．また，発現させたタンパク質が宿主の細菌細胞に毒性を示すことがある．さらに，細菌には翻訳後修飾に関与する酵素がないために，タンパク質が正しく折りたたまれたとしても，本来の生理機能が発揮されないこともある．この点，同じ微生物細胞の酵母は真核生物であり，ヒトタンパク質に見られる翻訳後修飾機構をもっている．一方で，プロテアーゼにより異種タンパク質が分解されることがしばしば問題となるが，プロテアーゼ欠損株を作製することで，この問題点が回避されることも多い．また昆虫細胞の系では，哺乳動物細胞を用いた場合と類似した翻訳後修飾が期待できる．

13.5.3　遺伝子組換えによる医薬品

遺伝子工学技術によって最初に生みだされた組換え医薬品は，大腸菌細胞発現系によるヒトの**インスリン**(insulin)である（図 13.10）．まず，発現用ベクターを用いてインスリン A 鎖と B 鎖を大腸菌細胞内で別々に発現させ，細胞の抽出液から精製する．その後，タグ配列を切断して A 鎖と B 鎖を精製し，ジスルフィド結合により架橋し，活性なインスリン分子を形成させることができる．

インスリンはヒトの糖代謝機能を制御する重要なホルモンの一つで，細胞のグルコース輸送体の発現を促進することで，食後，血中に増加した血糖と呼ばれるグルコースの細胞による取り込みを活発化し，血糖値を下げる働きがある．通常，体内においてインスリンは膵臓の β 細胞で生産されて血液中に分泌されるが，十分に分泌されないと細胞による糖の取り込みが低下して高血糖の状態が続く，いわゆる**糖尿病**(diabetes mellitus)[*7]となる．この場合，インスリンを毎日注射することで，糖尿病の症状を和らげることができる（図 13.11）．組換えヒトインスリンが応用されるまでは，ブタやウシの

[*7] インスリンの分泌不全によって起こる 1 型糖尿病と，インスリン分泌不全に感受性の低下が加わって起こる 2 型糖尿病に分類される．

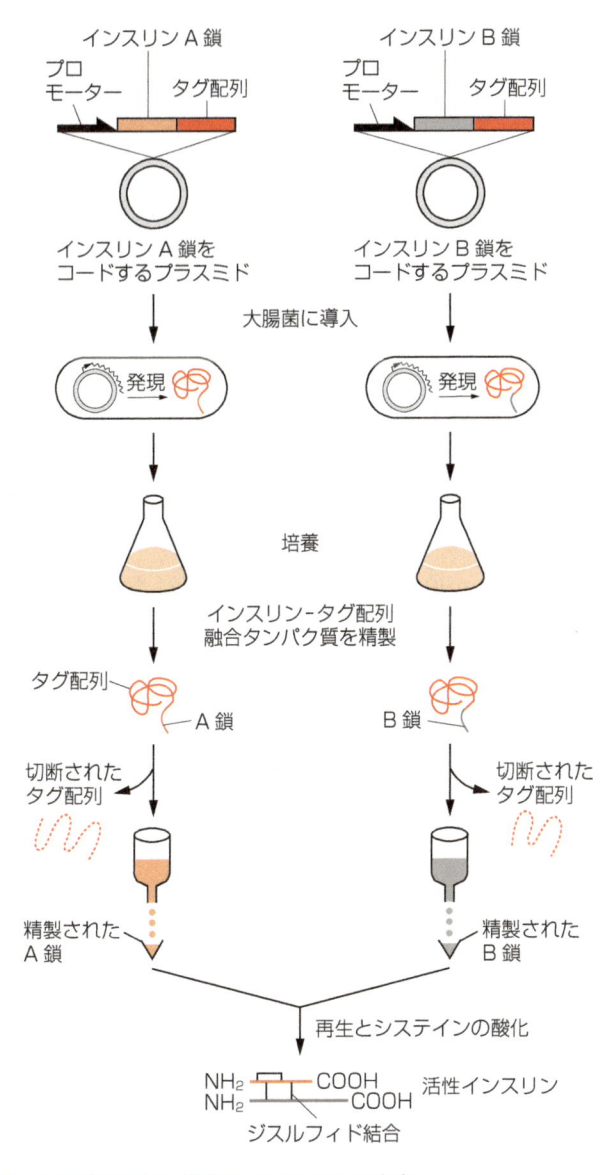

図 13.10　大腸菌を用いた組換えインスリンの生産
インスリン A 鎖および B 鎖は，β-ガラクトシダーゼ（β-gal）などのタグタンパク質と融合して発現される．A 鎖，B 鎖ともにメチオニンで始まるよう設計しておくと，シアノーゲンブロマイドによりタグ部分が切断できる．

膵臓から抽出されていたが，不純物が多く含まれており副作用が問題となっていた．またブタやウシ由来のインスリンは，ヒトインスリンとはアミノ酸配列が数カ所異なるため抗体が産生され，ときに重篤な免疫反応も引き起こされた．組換えヒトインスリンはこれらの問題点がなく，糖尿病治療に広く用いられている．

13章 バイオプロダクション

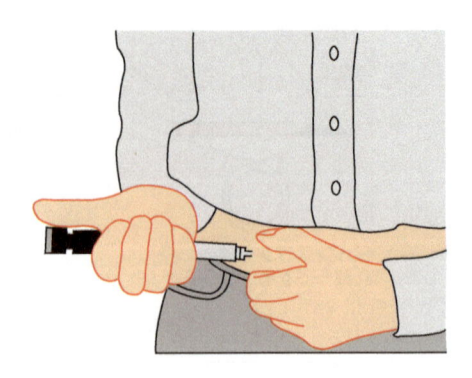

図 13.11 インスリンの自己注射
自分でインスリンを注射する場合は，皮下に注射針を刺す．

哺乳動物細胞を用いた医薬としては，**組織プラスミノーゲン活性化因子**（tissue plasminogen activator: tPA）が最初に生産された．tPA はプロテアーゼ（タンパク質分解酵素）であり，プラスミンの前駆体であるプラスミノーゲン（不活性型）を切断し，活性型のプラスミンを形成する．プラスミン自身もプロテアーゼであり，血液凝固タンパク質であるフィブリン（fibrin）を分解する．心臓発作患者に tPA を投与すると，これらのメカニズムに基づき，心筋に不可逆的な損傷をもたらす血栓を溶解させることができる．

これらのほかに，エリスロポエチン[*8]製剤，ヒト顆粒球コロニー刺激因子，インターフェロン[*9]，ヒト成長ホルモンなどの多様な医薬品が，同様の遺伝子組換え技術を用いて生産されている．

[*8] erythropoietin(EPO)．赤血球産生を刺激する糖タンパク質ホルモン．

[*9] interferon(IFN)．脊椎動物細胞が分泌する抗ウイルス活性をもつタンパク質．細胞増殖抑制作用や免疫調節作用をもつ．

練習問題

1. L-アミノ酸の工業的生産では発酵法が主流である．その理由を説明しなさい．
2. アミノ酸の生合成は厳密に調節制御を受けている．アミノ酸を過剰生産させるためには，この調節制御を解除する必要がある．どのような方法をとったらよいか述べなさい．
3. ある生体内化合物によるフィードバック阻害を解除するために，その化合物のアナログ耐性変異株を取得する場合がある．どのようなメカニズムで阻害が解除されるのか，その理由を説明しなさい．
4. 工業的に使用されている，あるアミノ酸生産菌の生合成経路上の鍵酵素へのフィードバック阻害が，どの程度解除されているのか調べてみた．驚いたことに野生株と比較して，それほど阻害の解除はされていなかった．この理由として考えられることを述べなさい．
5. 酵素法と発酵法による物質生産での長所と短所をそれぞれ説明しなさい．
6. 大腸菌で発現した組換えタンパク質を使って免疫する場合，タンパク質の精製の段階でどのようなことに注意すべきか．
7. 本章で紹介した天然発酵物以外に，医薬品として応用されている化合物とその生産微生物の例を挙げなさい．

14章 植物バイオテクノロジー

　長い歴史のなかで人類は，より役立つ植物を育種してきた．近年，植物の遺伝子レベルの研究が急速に発展し，植物の育種も大きく様変わりしている．この章では，植物育種の歴史的な側面と，近年の遺伝子解析技術や遺伝子組換え技術が植物育種に与えた影響などについて概説し，未来を展望する．

14.1 従来育種による植物の改良

　植物を遺伝的に改良する行為である**育種**（breeding）は，1万年以上前に人類が農耕生活を始めた頃から始まった．育種の歴史における初期段階では，**自然突然変異**（spontaneous mutation）により少しずつ異なる遺伝型をもつ植物集団のなかから，有用形質をもつ植物の選抜を繰り返し，それらの系統を維持した．自然突然変異の利用により，種子や果実の大きさや数，病原菌や害虫に対する抵抗性など，さまざまな形質において優れた植物は，野生植物から栽培植物となった．

　19世紀に入ると，異なる植物品種間で人工的な交配を行うことにより，さまざまな有用形質の組合せをもつ新しい品種の**交雑育種**（cross breeding）が行われるようになった．近代遺伝学の基礎となるメンデルの法則が20世紀初頭に再発見されると，交雑育種が組織的に行われるようになり，**雑種強勢**（ヘテロシス，heterosis）[*1]を利用した一代雑種（F_1雑種）も盛んに利用されるようになった．

　交雑育種は，自然に存在する遺伝的多様性を利用し，さまざまな遺伝子の組合せから有用な形質をもつ植物を獲得する技術である．一方，遺伝子プールを人工的に多様化させるために，人為的な**突然変異誘発**（mutagenesis）が20世紀には利用され始めた．突然変異誘発には，① X線，γ線，中性子線，

[*1] 交配によりできた雑種第一代が，ある形質において両方の親よりも優れる現象のこと．雑種強勢を利用して作成した作物や種子は，F_1雑種やF_1種子と呼ばれる．

14章 植物バイオテクノロジー

重粒子線などのエネルギー線照射，②変異原性化学物質への暴露，③組織培養*2 技術による体細胞変異，④内在性トランスポゾン*3 による遺伝子破壊，が用いられ，有用形質をもつ植物品種の選抜やさらなる交雑育種に利用されている．

　農業上で重要な収量や草丈など，数や量で表すことができる形質は，一般的に複数の遺伝子座*4 が相互にかかわっている．このような形質を**量的形質**（quantitative trait）と呼び，量的形質にかかわる遺伝子座を**量的形質遺伝子座**（quantitative trait locus: **QTL**）と呼ぶ．1980年代になり，個体間の違いをDNAレベルで見分ける技術が，量的形質の研究に用いられるようになった．量的形質に関連する遺伝子の周辺にあるDNAマーカー*5 と呼ばれる指標を利用した統計遺伝学的な解析により，植物のさまざまな量的形質について，QTLの数や染色体上の位置，遺伝効果が明らかにされ，QTL情報に基づいた形質の改変が可能になっている．

　たとえば，浮イネと呼ばれるイネ品種が洪水に応答するためのQTLに関する研究がある．浮イネは，雨季になると河川が氾濫し，時には水深数メートルに達する大規模で長期にわたる洪水に見舞われる地域で栽培されている．このイネは洪水に応答して節間を急速に伸長させ，水面より上に茎葉部を出し，いわば「シュノーケル」のように働かせることにより大気とガス交換をし，生存することができる（図14.1）．詳細な研究により，浮イネ品種（C9285）の洪水耐性に関与するQTLが第1，第3，第12番染色体に存在することが明らかにされている．これらのQTLを非洪水耐性イネ品種（T65）

*2　tissue culture. 植物の器官や組織，細胞を培養すること．組織培養技術を用いた突然変異育種が試みられたのも20世紀に入ってからのことである．

*3　transposon. 染色体上を転移することが可能な塩基配列のこと．トランスポゾンが転移した「着地点」には新たな変異が生みだされることから，突然変異を引き起こすために利用される．この際，植物が本来もっているトランスポゾンや，遺伝子組換え技術によって外部より導入したトランスポゾンを活性化し利用する．

*4　locus. 染色体において，それぞれの遺伝子または塩基配列が占める位置のこと．

*5　DNA marker. 生物の遺伝的性質の目印として利用される，染色体上の位置がすでにわかっているDNA配列のこと．容易に検出できることから，遺伝学における重要なツールとなっている．

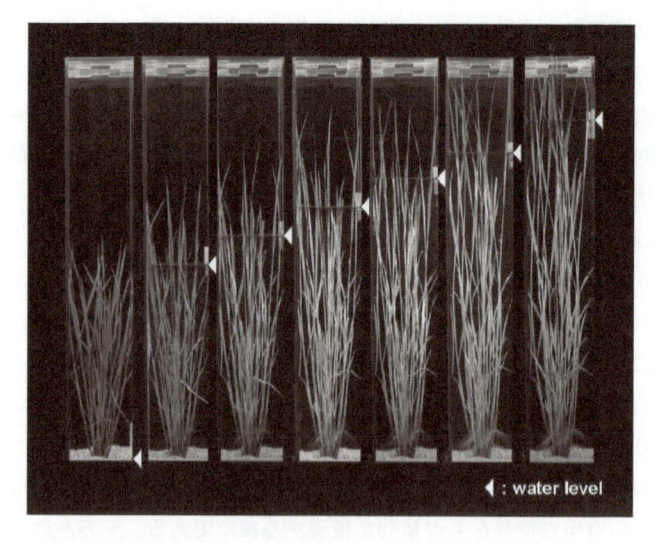

図14.1　浮イネの水位上昇に対する応答
洪水耐性イネ品種（浮イネ）は，水位（白三角）の上昇に応答して節間を急速に伸長させることで，洪水条件下でも酸素欠乏状態を回避することができる．芦苅基行教授（名古屋大学）提供．

に導入した準同質遺伝子系統*6 のうち，とくに3個のQTLすべてをもつ系統は，通常条件では変化がないが，洪水条件では浮イネとほぼ同様に節間を顕著に伸長させることがわかった．このようにQTL情報を用いることにより，洪水応答のようなダイナミックな形質をも効率的に他品種に導入することが可能になるのである．農業上重要なQTL情報とDNAマーカーを利用した計画的な交雑育種は**DNAマーカー育種**（DNA marker-assisted breeding）と呼ばれており，これまでに有用形質をもつさまざまな植物品種が作製されている．この技術の将来的な発展には，有用植物におけるゲノム解読やDNAマーカー開発が重要な役割を果たすと考えられる．

　上述の育種法は**従来育種法**（conventional breeding method）と呼ばれ，後述する遺伝子組換え技術を用いる育種法と区別して用いられることが多い．その場合，従来育種法は自然界でも起こりうる植物の変化に基づき，一方，遺伝子組換え技術による育種法は自然界ではほぼ起こりえない人為的な操作による植物の変化に基づくという点が，それぞれの育種法の重要な特徴である．

*6　near-isogenic line: NIL．染色体上の目的遺伝子とその周辺のDNA配列を除いて，ほかのすべてのDNA配列が同じである系統のこと．

14.2　遺伝子組換えによる植物の改良

　1953年にDNAの二重らせん構造が解明されたことをきっかけに，遺伝子発現機構の解明や，遺伝子組換え技術の開発が爆発的に進展した．遺伝子組換え技術を利用することで，自然界では決して交雑しない生物のDNA断片を，目的とする生物に組み込むことが可能になった．外来遺伝子を導入した遺伝子組換え植物の作製では，グラム陰性の土壌細菌であるアグロバクテリウムを用いる**アグロバクテリウム法**（Agrobacterium-mediated transformation）がよく利用されている．アグロバクテリウムは，動物界や植物界などの分類上の界を超えて遺伝子を移動させることができる唯一の生物とされている．アグロバクテリウムは現在では*Rhizobium*属に分類されるが，かつては*Agrobacterium*属に分類されていたため，植物に感染性のある*Rhizobium*属の細菌に対して現在でも「アグロバクテリウム」の名称が用いられている．ほかの外来遺伝子導入法としては，DNA分子を付着させた金属粒子を高圧のガスで植物細胞に打ち込む**パーティクルガン法**（遺伝子銃法）や，植物細胞から細胞壁を除去した**プロトプラスト**（protoplast）にポリエチレングリコール（PEG）の存在下でDNA分子を細胞内に取り込ませる**ポリエチレングリコール法**（polyethylene glycol method，PEG法），プロトプラストに瞬間的に高電圧をかけて細胞膜に孔を開けることによりDNA分子を細胞内に取り込ませる**エレクトロポレーション法**（electroporation method，4.2節参照）などがある．これらの外来遺伝子導入法を用いて，これまでにさまざまな遺伝子組換え植物が作製されてきた．遺伝子組換え植物

を作製する目的は大きく二つに分けられる．一つ目の目的は，遺伝子の機能解析など生命現象を解明するための基礎研究である．たとえば，機能が未知なタンパク質をコードする遺伝子を植物細胞や植物体で過剰発現（または発現抑制）させ，引き起こされる変化を解析することにより，遺伝子機能に関する知見を得ることができる．もう一つの目的は，人に役立つように植物を遺伝的に改変する応用研究である．

14.3　アグロバクテリウムを用いた遺伝子組換え植物の作製技術

　アグロバクテリウムは，多くの植物に腫瘍を起こす根頭がん腫病（クラウンゴール）の原因菌で，**Tiプラスミド**（tumour-inducing plasmid）と呼ばれる大型のプラスミドをもっている．このプラスミド上のT-DNA（transfer DNA）領域が植物細胞の核に移行し，染色体に組み込まれる（図14.2a）．T-DNA領域には植物ホルモンを合成する遺伝子がコードされており，感染した植物細胞内でこの遺伝子が発現することにより，植物細胞の制御に関係なく植物ホルモンが合成されて腫瘍が引き起こされる．またT-DNA領域には，アグロバクテリウムが栄養源として利用できる化合物のオパイン[*7]を合成する遺伝子もコードされている（図14.2b）．自然界においてアグロバクテリウムは，植物細胞を「遺伝子操作」することにより「住み処」と「食料」を植物につくらせるのである．この感染過程では，アグロバクテリウムがもつ病原性遺伝子群（*vir*遺伝子群）にコードされるVirタンパク質が関与している．

　腫瘍形成にかかわる遺伝子などを取り除いたT-DNA領域に，目的とする外来遺伝子を組み込み，このT-DNA領域をもつアグロバクテリウムを植物細胞に感染させることで，外来遺伝子を植物細胞の染色体に組み込む方法が確立されている．Tiプラスミドの大きさは約200 kbもあり，遺伝子操作を行うためには大き過ぎるため，遺伝子操作を容易にするために，Tiプラスミド上のT-DNA領域を比較的小さなプラスミドに移動させた**バイナリーベクター**（binary vector）が利用されている．このシステムはバイナリーベクターシステム（binary vector system）[*8]と呼ばれ，用いるアグロバクテリウムは，T-DNA領域を破壊したTiプラスミドと，目的遺伝子をもつバイナリーベクターという2種のプラスミドをもつことになる．一般的なバイナリーベクターには，遺伝子操作に用いる大腸菌やアグロバクテリウムで複製するための複製起点や，遺伝子組換え細菌の選抜のための選抜遺伝子，遺伝子組換え植物細胞の選抜のための選抜遺伝子を含むT-DNA領域が組み込まれている．感染には，植物の葉切片やカルス[*9]をアグロバクテリウムとともに培養して細胞に遺伝子を導入する方法や，開花前のつぼみをアグロ

*7　opine．アミノ酸誘導体などから構成される低分子化合物の総称で，エネルギー源や炭素源，窒素源などとしてアグロバクテリウムに利用される．

*8　「バイナリー」は「二つの」という意味である．T-DNA領域を含むプラスミド（バイナリーベクター）と，遺伝子導入に必要な*vir*遺伝子をもつプラスミドの二つからバイナリーベクターシステムが構造されることによる．

*9　callus．分化した植物細胞から誘導された，未分化状態の植物細胞の塊のこと．多くの植物では，オーキシンやサイトカイニンなどの植物ホルモンの濃度を調節した固形培地等の上で組織を培養することにより，カルスを誘導することができる．

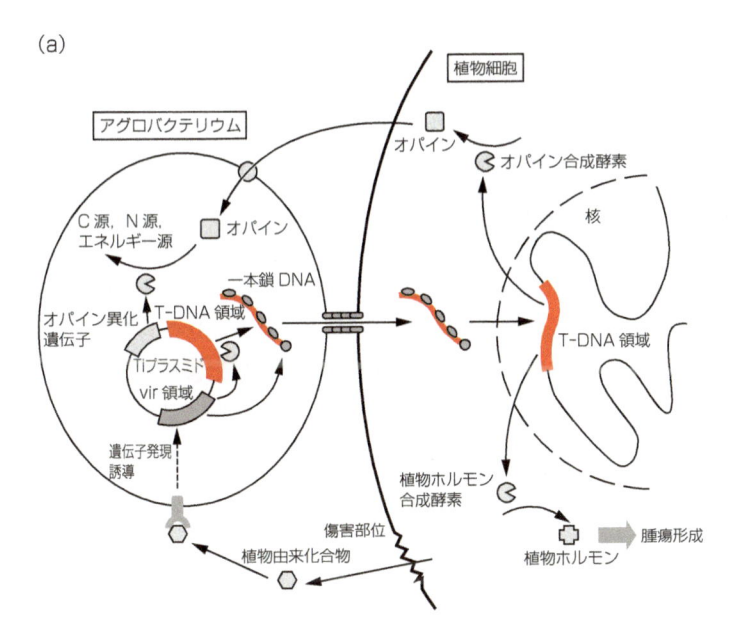

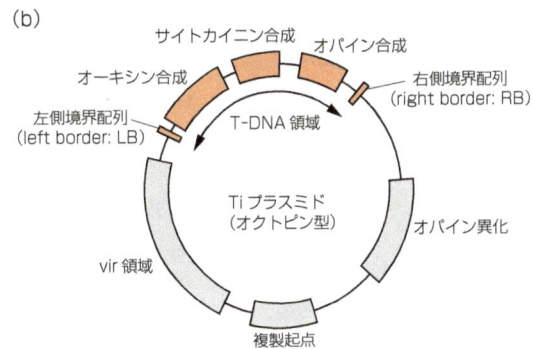

図 14.2　アグロバクテリウムの植物細胞への感染

(a) 傷害を受けた植物細胞に由来するフラボノイドやフェノール化合物をシグナルとして認識することで，アグロバクテリウムは感染するための植物細胞を探す．シグナルの受容には細胞膜にある Vir タンパク質が働き，Ti プラスミド上の *vir* 遺伝子群に情報が伝達されて遺伝子発現が誘導される．合成された Vir タンパク質群には，T-DNA 領域を含む一本鎖 DNA を切り出すタンパク質，生成した一本鎖 DNA に結合するタンパク質，植物細胞へ DNA を移行させるための管状構造を形成するタンパク質などがあり，それぞれに役割をもっている．植物の染色体に組み込まれた T-DNA 領域から，植物ホルモンを合成する遺伝子が発現し，腫瘍化を引き起こす．オパイン合成酵素により生産されたオパインは植物細胞外へ分泌され，アグロバクテリウムに取り込まれて分解を受け，炭素源，窒素源，エネルギー源として利用される．(b) 右側境界配列 (RB) と左側境界配列 (LB) に挟まれた領域が T-DNA 領域である．T-DNA 領域にはオーキシンやサイトカイニンを合成する酵素遺伝子があり，植物細胞の腫瘍化にかかわる．オパイン合成酵素遺伝子は植物細胞におけるオパイン合成を担う．Ti プラスミドには T-DNA 領域のほかに，*vir* 遺伝子群を含む vir 領域や，オパインの取り込みや分解などオパイン異化にかかわる遺伝子，プラスミドの複製起点などが含まれる．

14章 植物バイオテクノロジー

バクテリウム懸濁液に浸けることで遺伝子組換え種子を得る方法などが用いられる．外来遺伝子をもつ T-DNA の植物細胞への移行は，すべての植物細胞で起こるわけではないため，外来遺伝子が組み込まれた植物細胞とそのほかの植物細胞を区別する必要がある．そのために，目的の外来遺伝子に加え，T-DNA 領域に選抜遺伝子を組み込む方法が一般的に用いられる．選抜遺伝子には抗生物質耐性遺伝子や除草剤耐性遺伝子などが利用され，これをもつ植物細胞あるいは植物体は抗生物質や除草剤などの選抜薬剤に耐性を示すことになる．また，葉切片やカルスにアグロバクテリウムを感染させる場合は，遺伝子組換えが起きた細胞を植物体にまで分化させる必要がある．多くの植物では，培地中の植物ホルモン成分などを巧みに調整することで，細胞から個体を再分化させる組織培養技術が古くから確立されている．選抜薬剤に耐性を示す植物細胞を選抜しつつ，植物個体への再分化を促すことで，遺伝子組換え植物が得られる（図 14.3）．

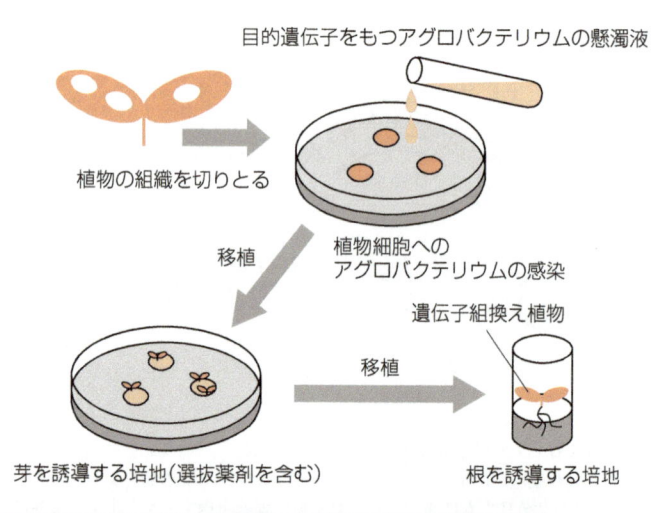

図 14.3　アグロバクテリウムを用いた遺伝子組換え植物の作製
遺伝子を導入したい植物から組織を切り出し，無菌培地の上で，目的遺伝子を組み込んだバイナリーベクターをもつアグロバクテリウムと共存させる．この過程で T-DNA 領域が一部の植物細胞内へ移行し，染色体へ組み込まれる．T-DNA 領域が組み込まれた細胞から植物体を得るために，芽（シュート）を誘導するのに必要な植物ホルモンと，T-DNA をもつ細胞（芽）のみを選抜するための選抜薬剤を含む無菌培地に移植する．この培地上で，遺伝子組換え細胞からなる芽が得られる．得られた芽を，根を誘導するために必要な植物ホルモンを含む培地に移植し，発根させることで遺伝子組換え植物が得られる．

遺伝子組換え植物を作製する多くの場合では，植物細胞で発現させたいタンパク質をコードする DNA 配列の上流に，転写を制御するプロモーター領域，下流には転写を停止させるターミネーター配列を接続し，T-DNA 領域に組み込む．プロモーター配列には，目的タンパク質を過剰発現したい場合

は，カリフラワーモザイクウイルスより単離したCaMV35Sプロモーターや植物のアクチンプロモーターなど，強力な転写活性をもつプロモーターがよく用いられる．CaMV35Sプロモーターなどは植物全体で転写活性があるが，目的に応じて組織や器官，時期や環境条件などに特異的なプロモーターを用いる場合もある．ターミネーターや非翻訳領域（5′ UTR，3′ UTR）[*10]，イントロンが遺伝子発現に影響を与えることも知られているため，研究目的によってはこれらの配列にも考慮が必要である．

[*10] UTRはuntranslated regionの略．

14.4　市場に流通している遺伝子組換え植物

　いくつかの遺伝子組換え植物は，すでに実用化され市場に流通している．2009年における遺伝子組換え植物の国別の栽培状況は，米国が最も多く，世界全体の遺伝子組換え植物の栽培面積の約48％を占め，ついでブラジルとアルゼンチンがともに約16％を占める．世界全体の作物栽培面積のうち遺伝子組換え植物の割合は，ダイズで77％，ワタ49％，トウモロコシ26％，ナタネ21％となっている．また付与した形質別では，除草剤耐性が62％，害虫抵抗性が15％，除草剤耐性と害虫抵抗性の両方をもつものが21％となり，この3種でほぼすべてを占める．これらの数字からも，遺伝子組換え植物が世界の農業において重要な位置を占めていることがわかる．

　最もよく利用されている**除草剤耐性**（herbicide tolerance）は，農業における生産性を低下させる大きな原因である雑草に対応するために開発された．一般に除草作業では，除草剤の種類，散布の時期や方法を細かく管理する必要があり，これに多大な労力が必要となる．それを軽減するために開発された除草剤耐性の遺伝子組換え作物は，グリホサートやグルホシネートなど特定の除草剤に対して耐性をもつため，除草剤の散布により作物以外のすべての植物を枯死させることが可能になる．これにより除草剤散布の回数が少なくなるなど，除草作業が大幅に効率化された．また，従来の農業では雑草を防除するために圃場を耕起することが一般的であるが，耕起により表土の流出などが引き起こされる．効率的な雑草防除を可能にする除草剤耐性遺伝子組換え作物では，耕起を行わない不耕起栽培の導入が容易となるため，土壌侵食を抑えることができる点も利点の一つと考えられている．耐性機構の原理は，たとえばグリホサートに耐性をもつ遺伝子組換え作物は，グリホサートが阻害する酵素（5-エノールピルビルシキミ酸-3-リン酸合成酵素，EPSPS）として，細菌由来のグリホサート非感受性酵素（CP4 EPSPS）を発現している．このため，非感受性酵素を発現する遺伝子組換え作物はグリホサート散布の影響を受けず，通常の植物が枯死することになる．なお，この芳香族アミノ酸の合成にかかわる酵素は，ヒトや動物にはないためにグリホサートは作用しない．この技術の問題点として，除草剤耐性をもつ遺伝子組換え

植物が雑草化する可能性が示唆されている．

　害虫抵抗性（insect resistance）を付与した遺伝子組換え植物は，害虫被害を軽減し，殺虫剤散布に伴う労力を削減するためなどに利用されている．これには，土壌細菌であるバチルスチューリンゲンシス（*Bacillus thuringiensis*，Bt 菌）がもつ，特定の害虫に対する殺虫効果を示すタンパク質（Bt 毒素タンパク質）の遺伝子が利用されている．Bt 毒素タンパク質をコードする遺伝子を発現する遺伝子組換え植物は，細胞内に Bt 毒素タンパク質を蓄積するため，標的害虫に対して抵抗性を示す．鱗翅目害虫（アワノメイガなど）や鞘翅目害虫（ネクイハムシなど）などに，それぞれ特異的に作用する Bt 毒素タンパク質があり，他の昆虫や脊椎動物に対しては毒性を示さない．なお，Bt 毒素を産生する Bt 菌は，生物農薬として有機農法でも使用が認められている．問題点としては，一般的な殺虫剤を使用した場合と同様に，Bt 毒素に抵抗性を示す害虫の発生が予想され，実際に確認もされている．この対応として，害虫抵抗性作物栽培区に非害虫抵抗性作物栽培区を隣接させるなどの管理を行うことで，抵抗性害虫の発生を抑制する方法がとられている．

　このほかにも，栽培面積は少ないが実用化された遺伝子組換え植物がある．アメリカで開発された日もちをよくしたトマトは，世界で初めて商用栽培された遺伝子組換え作物である．アメリカのハワイ州で栽培されているウイルス抵抗性パパイヤ[*11]は，ウイルス抵抗性作物で最も成功した例である．パパイヤリングスポットウイルス（PRSV）病の蔓延により，一時はハワイ州のパパイヤ産業がほぼ壊滅したが，遺伝子組換えパパイヤの利用により回復している．日本では，従来育種には開発が困難であった青いカーネーションやバラが開発され，市場に流通している．

＊11　2011 年には日本でも輸入が可能となり，販売が開始された．

14.5　開発段階にある遺伝子組換え植物

　すでに実用化され流通している遺伝子組換え作物のほぼすべてが，除草剤耐性と害虫抵抗性の遺伝子組換え作物である．これらの栽培面積が年々増加していることからも，農業生産の現場において有益であることがわかる．このほかにも，まだ実用化はされていないが，さまざまな種類の遺伝子組換え植物が開発段階にある（表 14.1）．遺伝子組換え植物の開発において重要な目的の一つに，農業生産の効率化がある．世界人口の急激な増加が予想されるなか，食糧の安定供給を可能にするためには，単位面積あたりの生産性を上げることのほかに，農耕地面積を今以上に拡大することが重要である．そのような目的で，乾燥地や寒冷地，塩類土壌や酸性土壌などの農業生産には不向きな悪環境でも，栽培可能な遺伝子組換え植物が開発段階にある．環境ストレスに応答するために植物がもつさまざまなシステムについて遺伝子レベ

14.5 開発段階にある遺伝子組換え植物

ルでの理解が急速に進んでおり，得られた情報を利用して遺伝子組換え植物の作製が試みられている．これらは農業生産における利点に焦点を当てた遺伝子組換え植物である．一方，消費者に直接，利益を与えることを目的とした遺伝子組換え植物もある．たとえば，ビタミンやミネラルなどの栄養価を高めた植物や，疾病予防のための経口ワクチンを生産する植物などが開発段階にあるが，これらはとくに発展途上国で深刻な栄養・健康問題を軽減するための技術としても期待されている．近年注目されているバイオエネルギーの生産に適した遺伝子組換え植物や，バイオマスプラスチック原料を産生する遺伝子組換え植物などの開発も行われており，化石燃料に替わるエネルギーや資源として大きな可能性をもっている（15章参照）．

Column

発展途上国を救うゴールデンライス

　ビタミン A 欠乏症，鉄欠乏症，ヨウ素欠乏症，亜鉛欠乏症などの微量栄養素欠乏症が，アジアやアフリカの発展途上国を中心に深刻な問題となっている．これらは，貧困のために野菜や果物などを含めたバランスのよい食物を摂取できないことがおもな原因である．WHO によると，ビタミン A 欠乏症により毎年 25 万〜50 万人の子供が失明し，半数はその後 1 年以内に死亡している．アジアの貧困層はコメに栄養を依存しているが，コメの可食部（胚乳組織）には，ヒトの体内においてビタミン A に変換されるビタミン A 前駆体（β カロテンなど）がほとんど含まれていないことも欠乏症の原因の一つである．ビタミン A 欠乏症を軽減することを目的として，コメを利用してビタミン A 前駆体を供給するために，コメの胚乳組織にビタミン A 前駆体を合成・蓄積させた遺伝子組換えイネがポトリカス（I. Potrykus）博士（スイス連邦工科大学チューリヒ校）を中心とする研究グループにより開発された（図 14A）．この遺伝子組換えイネは，胚乳組織に β カロテンを蓄積するために，コメが黄色を帯びている．このためにゴールデンライスと呼ばれている（図 14B，カバー後ろ袖参照）．現在，環境や健康に与える影響など，さまざまな安全性試験を行いながら実用化への準備が進められている．実用化されれば，従来のイネと同様に栽培し，食生活を変えることなく栄養状態を改善することが可能になると考えられるため，ビタミン A 欠乏症の軽減に大きなインパクトを与えることが期待されている．

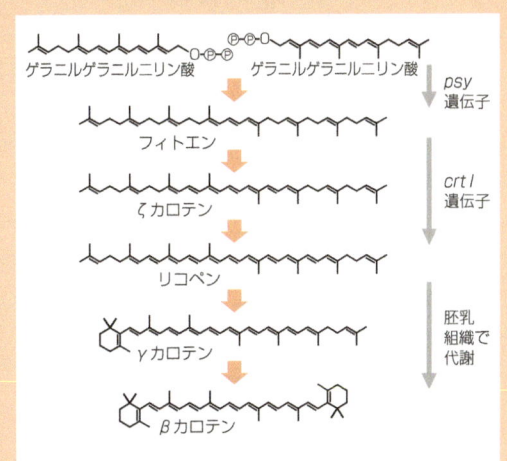

図 14A　β カロテン高蓄積米（ゴールデンライス）
コメの胚乳組織には β カロテンの前駆体であるゲラニルゲラニル二リン酸が蓄積している．胚乳組織において psy 遺伝子と crtI 遺伝子を発現させることにより，ゲラニルゲラニル二リン酸からリコペンまでの代謝反応を進める．合成されたリコペンは胚乳組織に存在する酵素により，さらに β カロテンなどへと代謝されると考えられる．

14章 植物バイオテクノロジー

表14.1 遺伝子組換え植物の開発例（開発中のものを含む）

方向性	利用の目的	特性
農業生産の効率化	生物的要因による生産性低下を回避する	害虫抵抗性，病原菌抵抗性，ウイルス抵抗性，除草剤耐性など
	耕作不適地での栽培を可能にする	乾燥耐性，塩耐性，低温耐性，アルカリ土壌耐性，酸性土壌耐性，鉄欠乏耐性，ホウ酸耐性など
	F_1種子生産を効率化する	雄性不稔化など
収穫物の高機能化	食糧・飼料を高栄養化する	高栄養含量（βカロテン，鉄，高栄養価タンパク質，γ-リノレン酸，オレイン酸，ステアリドン酸，カルシウム，ビタミンE，フラボノイド，アントシアニン，フラクタン，トリプトファン，リシンなど），高鉄吸収性など
	疾病予防を効率化する	経口ワクチン合成（B型肝炎，コレラ，スギ花粉症など），低アレルゲン性など
	収穫物の品質を安定化する	熟成阻害による日もち性の向上，カビ毒含量の低下など
	高付加価値の花卉を生産する	花の色・形・模様の改変など
環境負荷の軽減	環境を浄化する	重金属（水銀，カドミウムなど）の吸収蓄積，汚染物質の吸収分解など
	バイオ燃料を生産する	高油脂含量など
	低環境負荷に向けた工業原料を生産する	低アミロース・高アミロペクチン化（接着剤用の工業原料生産），耐熱性アミラーゼ生産（発酵のためのデンプン糖化）など

Column

カルタヘナ議定書とカルタヘナ法

遺伝子組換え作物が，周辺に自生している近縁野生種と交雑することにより，除草剤耐性や害虫抵抗性をもつ近縁野生種が生みだされ，それらが環境中に広がっていくのではないかと懸念する声がある．たとえば，ダイズの近縁野生種として日本にはツルマメが自生していることから，遺伝子組換えダイズからツルマメへ遺伝子が流動する可能性が考えられる．一方，遺伝子組換えダイズの栽培が盛んに行われている北米では，ダイズの野生種は自生しない．事情の異なる国の間で遺伝子組換え作物などを移動させる場合には，国際的なルールが必要であることがわかる．そこで，生物多様性に何らかの悪影響を及ぼす可能性のある遺伝子組換え生物等について，とくに国境を越える移動に関する手続きなどを定めた国際的な枠組みとして，「生物の多様性に関する条約のバイオセーフティに関するカルタヘナ議定書」（カルタヘナ議定書）が2003年に発効した．この名称は，これを話し合う会議が1999年にコロンビアのカルタヘナで開催されたことにちなんでいる（16章のコラム参照）．カルタヘナ議定書で対象とするのは，「現代のバイオテクノロジーにより改変された生物（living modified organism: LMO）」とされ，組換えDNA技術により作製された遺伝子組換え生物（genetically modified organism: GMO）に加え，異なる分類学上の科に属する生物の細胞の融合により改変された生物も含んでいる．
日本でも，これに対応するための国内法として，「遺伝子組換え生物等の使用等の規制による生物の多様性の確保に関する法律」（カルタヘナ法）が2003年に制定され，2004年に施行された．カルタヘナ法では，遺伝子組換え植物等が生物多様性に影響を及ぼすことのないように，事前の審査や取扱いについて高い安全性を確保する基準が定められている．

14.6 遺伝子組換え植物の展望

　古来より行われてきた植物の品種改良は，近年の遺伝子組換え技術の出現により新たな局面を迎えたといえる．遺伝子組換え技術の利用によって品種改良の可能性が大きく広がったと同時に，遺伝子組換え植物が自然生態系や農地生態系，ヒトの健康に与える影響など，さまざまな観点から安全性に関する評価が必要とされるようになった．そのため，日本では2003年に「遺伝子組換え生物等の使用等の規制による生物の多様性の確保に関する法律」（通称，カルタヘナ法）が制定されるなど，必要な施策が各国で講じられている．急速に発展する科学技術に対する不安感や，遺伝子操作に対する倫理的・道徳的な懸念もある．「安全」だけでなく「安心」の観点からも十分なコミュニケーションを通じて対策を講じることで，食糧問題や栄養・健康問題，環境問題など，人類が直面して永らく解決されていないさまざまな問題の解決に貢献することが期待される．

練習問題

1 植物の従来育種と遺伝子組換えを用いた育種の原理と相違点についてまとめなさい．
2 アグロバクテリウムを用いた遺伝子組換え植物の作製法についてまとめなさい．
3 実用化されている遺伝子組換え作物の特徴についてまとめなさい．

15章 バイオエネルギー，バイオ材料

　これまで石油化学は目覚ましい発展を遂げてきた．石油からつくられるガソリンや軽油，プラスチックや繊維は，今やわれわれの生活に必要不可欠である．しかし，石油などの化石燃料は有限な資源であり，このペースで使い続けていけば，いずれは枯渇してしまう．さらに化石資源の利用が増えるに伴い，二酸化炭素などの温室効果ガスの増加による地球温暖化といった環境問題も浮上した．

　そこで，環境に優しく再生可能であり，低炭素な代替資源・エネルギーに関する研究開発が，研究機関から企業にわたって精力的に行われている．なかでも，枯渇する化石資源の代替となる次世代資源の一つとして，バイオマスを原料とするバイオリファイナリー技術の研究開発・実用化に注目が集まっている．バイオマスからバイオ燃料，バイオ化成品など，われわれの生活になくてはならないさまざまな有用物質を生産する技術を**バイオリファイナリー**（biorefinery）[*1] という．化石資源に依存しているオイルリファイナリー社会から，再生可能な資源であるバイオリファイナリー社会への変革が世界的規模で求められている．

　バイオマス（biomass）とは，生物由来の有機性資源である．なかでも植物性バイオマスは地球上に豊富に存在する資源であり，その総エネルギー量は世界で現在使われている総エネルギー量の10倍あるといわれている．これらバイオマスは，再生可能な資源であることに加えて，大気中の二酸化炭素を増加させないカーボンニュートラルであること（図15.1），という優れた二つの特長をもつ．たとえば，草木などの植物バイオマスからつくられたバイオ燃料から発する二酸化炭素は，次に育つ植物の光合成によって吸収される．結果として，大気中の二酸化炭素の総量は増加せず，地球温暖化の問題を回

[*1] リファイナリーとは「精製所」を意味する．

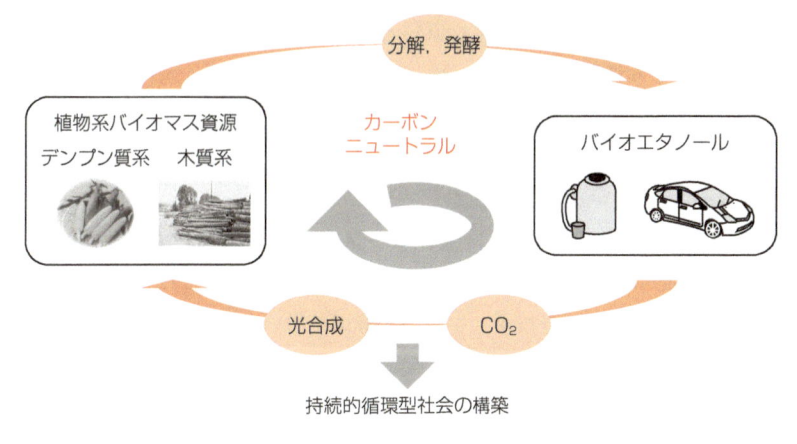

図 15.1　カーボンニュートラルとは

避できる．

　植物性バイオマスは，トウモロコシやサトウキビなどに代表されるデンプン質系バイオマス，そして稲わらや木材などのセルロース系バイオマスに大きく分けられる．これらバイオマスは，ヘキソース（炭素原子が 6 個で構成される単糖）およびペントース（炭素原子が 5 個で構成される単糖）という単糖がさまざまな結合様式で連結した高分子多糖である（図 15.2）．このバイオマスを構成成分である単糖にまで分解することで，微生物を用いた有用物質生産が可能になる．

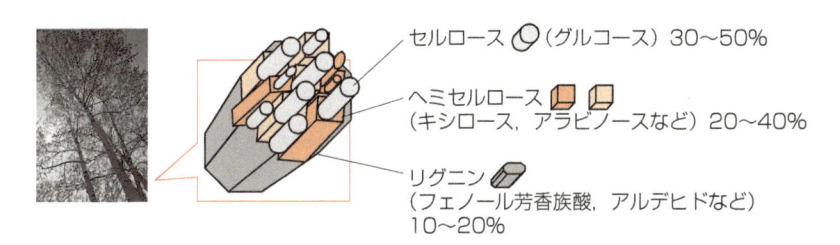

セルロース（グルコース）30〜50%
ヘミセルロース
（キシロース，アラビノースなど）20〜40%
リグニン
（フェノール芳香族酸，アルデヒドなど）
10〜20%

図 15.2　木質系バイオマスの構成

　この章では，バイオマスからのバイオ燃料・バイオ化成品生産技術の開発を通して，これまで学んできた遺伝子工学がどのように利用されているのか解説する．

15.1　バイオ燃料

15.1.1　バイオエタノール

　バイオマスを原料としてつくられる**バイオエタノール**（bioethanol）は，石油代替燃料として最も研究が進んでいる．ブラジルではサトウキビ，米国で

15章 バイオエネルギー，バイオ材料

はトウモロコシをそれぞれおもな原料として，バイオエタノールが生産されている．つくられたエタノールは，ガソリンに混合して[*2]燃料として用いられる．

15.1.2 バイオエタノール生産技術

これらバイオエタノールは，**グルコース**（glucose）などの糖を原料とし，おもに酵母を用いた発酵法でつくられている．わが国では昔から発酵産業がよく発達しており，醸造技術，すなわち酵母を用いたエタノール発酵において世界でトップクラスの技術を有している．なかでもパン酵母（*Saccharomyces cerevisiae*）は，数ある酵母の種類のなかでも高いエタノール発酵能をもち，エタノール生産に適している．

酵母 *S. cerevisiae* を用いてグルコースからエタノール発酵を行うと，ほぼ収率90％以上でエタノールを得ることができる[*3]．ただし，生成できるエタノール濃度は高くても16～20％ほどであり，それ以上になるとエタノールの毒性のため，酵母が死滅してしまう．そのため得られた発酵液を回収し，蒸留操作によりエタノールを濃縮精製することで，100％に近いバイオエタノールを生産できる．

15.1.3 バイオエタノール生産における課題

バイオエタノール生産技術の大きな課題は，そのコストにある．たとえ環境に優しい燃料であっても，その価格がガソリンなどの化石資源由来の燃料に比べて大幅に高ければ，普及は難しい．このコスト高のおもな原因と，遺伝子工学的アプローチを用いたその解決方法について，以下に紹介する．

(1) バイオマス糖化工程

バイオマスは，**グルコース**や**キシロース**（xylose）が連なった高分子多糖である．デンプンはグルコースが α-グリコシド結合によって重合した高分子であり，セルロースはグルコースが β-グリコシド結合によって重合した高分子である．これら高分子のままでは酵母が資化[*4]できないため，デンプンやセルロースを単糖であるグルコースにまで分解する必要がある．酸を用いる加水分解では，廃棄物処理や環境負荷の低減に関するコストが必須であり，低コスト化およびエネルギー変換効率に限界があるといわれている．一方，バイオマス分解酵素を用いた酵素糖化法は，廃棄物を出さずに温和な条件下で行えるため，環境に優しい方法として注目されている．

酵素法でバイオマスを分解させるには，複数の酵素が必要になる．デンプンを分解するにはアミラーゼおよびグルコアミラーゼという2種類の酵素が必要であり，セルロースを分解するには**セロビオハイドロラーゼ**（cellobiohydrolase），**エンドグルカナーゼ**（endoglucanase），**β-グルコシダー**

[*2] E10とはガソリンにエタノールを10％混合した燃料を示し，世界各国それぞれの規制に従ってさまざまな混合比率がある．ブラジルではE20が主であり，また米国などはE10を用いている．日本ではバイオエタノールからつくられるエチルターシャリーブチルエーテル（ETBE）をガソリンへの添加剤として用いるほか，E3の規格が採用されている．

[*3] 嫌気条件下において，酵母は解糖系を経てグルコースからピルビン酸を生成し，そのピルビン酸をさらに代謝してエタノールと二酸化炭素を生成する．最終的には1分子のグルコースから2分子のエタノールと二酸化炭素を生成する．これは1gのグルコースから0.51gのアルコールを生成することになり，理論的にこれが上限の値である．

[*4] 栄養源として利用すること．

15.1 バイオ燃料

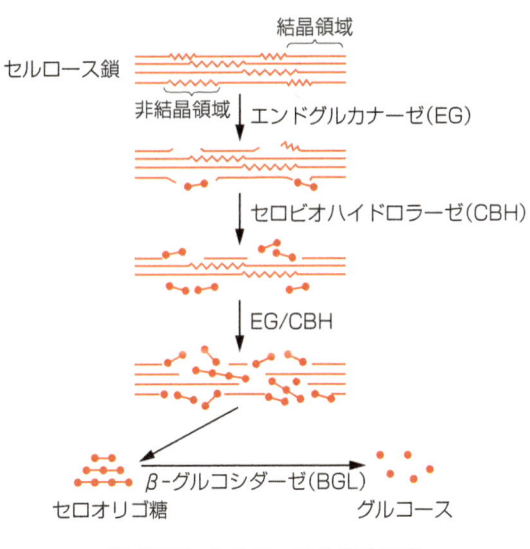

図 15.3 セルロース分解の機構

ゼ(β-glucosidase)の 3 種類の**セルラーゼ**(cellulase，酵素)*5 が必要である(図 15.3)．これらの酵素を原料バイオマスに添加してグルコースにまで分解する．そのグルコースを原料とし，酵母を用いて発酵することでエタノールが生成する．しかし，これら酵素自体が非常に高価であることが，バイオエタノールのコスト高の一因となっている．

この問題を解決するために，遺伝子工学を用いて酵母にバイオマス分解能を付与する研究開発が進められている．酵母それ自身が自らバイオマス分解酵素を分泌発現できるようになれば，外から酵素を加える必要がなくなり，バイオエタノール生産コストを大幅に低減できる(図 15.4)．たとえば，アミラーゼ*6 の遺伝子をクローニングし，酵母用の発現ベクターに組み込む．

*5 セルラーゼは，セルロースの非結晶領域をランダムに切断するエンドグルカナーゼ，セルロースの末端から切断していくセロビオヒドロラーゼ，そしてセロオリゴ糖をグルコースにまで分解するβ-グルコシダーゼが主である．これらの酵素が協同して働くことで，セルロースを効率よく分解できる．

*6 amylase. グリコシド結合を加水分解する酵素．α-アミラーゼ，β-アミラーゼ，グルコアミラーゼなどがあるが，この場合は α-アミラーゼが有用である．Streptococcus bovis 由来の α-アミラーゼは高活性のものとして知られている．

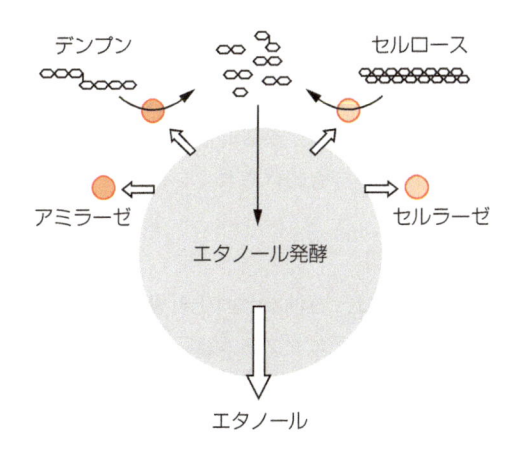

図 15.4 バイオマス資化能をもつ酵母の創製

15章　バイオエネルギー，バイオ材料

そのアミラーゼ発現ベクターを用いて酵母を形質転換することで，アミラーゼ発現酵母をつくりだすことができる．このアミラーゼ発現酵母を用いれば，外から酵素を加えることなく，デンプンから直接エタノールを生産できる．実際，セルラーゼを発現させる酵母もつくられ，セルロースから直接エタノールを生産できるようになっている．しかし，まだその酵素の活性や発現量が不十分であり，バイオマス分解効率を改善させる研究開発が今も続けられている．

(2) ヘミセルロース(ペントース)の利用

バイオマスには，グルコースで構成されるセルロースだけでなく，キシロースやアラビノース(arabinose)などの五炭糖で構成されるヘミセルロース(hemicellulose)も含まれている(図15.5)．その存在量はバイオマスの種類によって異なるが，セルロースがおよそ30〜50%含まれているのに対し，ヘミセルロースはおよそ20〜40%含まれている．これらキシロースやアラビノースからもエタノール発酵ができれば，エタノールの製造コストを大幅に低減できる．しかし酵母 S. cerevisiae は，これらペントースを資化することができない．

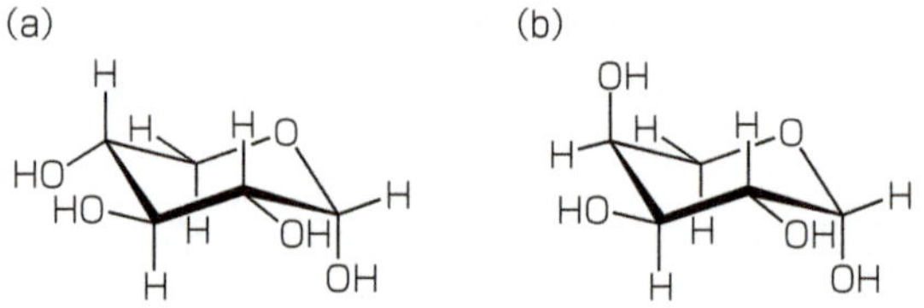

図15.5　キシロース(a)とアラビノース(b)

*7　酵母の一種，Pichia stipitis は，元々キシロースを資化できる経路をもっている(しかし，P. stipitis はエタノール発酵能が低い)．この P. stipitis では，キシロースが細胞内に取り込まれた後，キシロースレダクターゼ，キシリトールデヒドロゲナーゼ，キシルロースレダクターゼの3種類の酵素によって，キシロース5-リン酸へと変換される．キシルロース5-リン酸まで変換されてしまえば，後は解糖系に従って代謝される．

この問題を解決するために，遺伝子工学を用いて酵母にペントース資化能を付与する研究開発が進められている[*7]．実際にキシロース資化性遺伝子を導入した遺伝子組換え酵母 S.cerevisiae は，キシロースからもエタノール発酵を行うことができるようになった．しかし，キシロースに対するエタノールの収率が低いこと，また発酵にかかる時間が長いことなどが解決すべき課題として残っており，研究が今も続けられている．

15.1.4　次世代燃料

バイオエタノールだけでは，石油などの化石資源に依存する燃料をすべて置き換えることは難しい．またエタノールは，必ずしもすべての既存の石油燃料向けのインフラ(車両や工場での機械など)でそのまま利用できるとは限らない．さらに，エタノールは水分を吸収しやすく水と混ざりやすい，および腐食性が高いという欠点ももっている．

そこで，エタノールだけではなく，さまざまなアルコール類をバイオテクノロジーで生産しようという研究も世界中で進んでいる．**ブタノール**(butanol)はその代表的なものであり，バイオ燃料だけでなく化成品原料としても利用できる[*8]．このブタノールも，酵母や大腸菌など，遺伝子工学的に改変したさまざまな微生物を用いて生産する技術の研究開発が進んでおり，近い将来の実用化が期待される．

[*8] たとえばジェット燃料やゴム・プラスチックなどの原料になる．

15.1.5 バイオディーゼル

バイオディーゼル(biodiesel)は，植物油とアルコールのアルコリシス反応からできるアルキルエステルである（図15.6）．植物油（バイオマス）からつくられるために環境に優しい燃料であり，また排気ガス中に浮遊性微粒子を出さないクリーンなエネルギーである．おもに軽油の代替燃料となり，とくにヨーロッパにおいては広く用いられている．

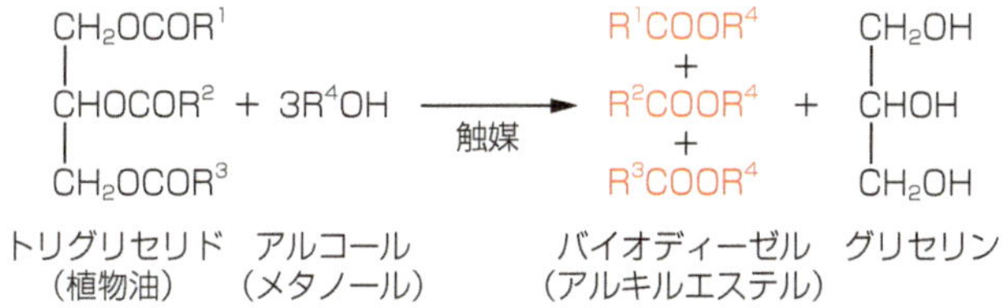

$$\begin{array}{c}CH_2OCOR^1\\|\\CHOCOR^2\\|\\CH_2OCOR^3\end{array} + 3R^4OH \xrightarrow{触媒} \begin{array}{c}R^1COOR^4\\+\\R^2COOR^4\\+\\R^3COOR^4\end{array} + \begin{array}{c}CH_2OH\\|\\CHOH\\|\\CH_2OH\end{array}$$

トリグリセリド　アルコール　　　　バイオディーゼル　　グリセリン
（植物油）　　（メタノール）　　　（アルキルエステル）

図 15.6　バイオディーゼルの生成反応

バイオディーゼル生産において，環境に優しいプロセスとして酵素触媒法が注目されている[*9]．油脂とアルコールのエステル交換反応を触媒するリパーゼという酵素を用いれば，温和な条件下で廃棄物を出すことなくバイオディーゼルを生産できる．しかし，バイオエタノール生産におけるセルラーゼと同様に酵素リパーゼが非常に高価であるという問題点を抱えている．

そこで，このリパーゼを生産する微生物である糸状菌を直接触媒として用いる固定化菌体触媒技術が開発されてきた．通常，酵素リパーゼは微生物を用いて生産し，その後精製した酵素剤として使用する．一方で，この固定化菌体触媒技術では，リパーゼを生産する糸状菌をそのままバイオディーゼル生産のための触媒として用いるため，リパーゼ精製工程が不用であり大幅なコストダウンが期待できる．この固定化菌体触媒技術のリパーゼ活性をさらに向上させるため，遺伝子組換え技術を用いてリパーゼを過剰発現する糸状菌が創製された．これは，強力なプロモーターをもつ発現ベクターにリパーゼ遺伝子を組み込み，糸状菌に導入することで得られた．このリパーゼ過剰発現糸状菌を用いることで，バイオディーゼル生産性が大きく向上した．現在では，さらなる生産性の向上に向けて研究開発が進められている．

[*9] 現在バイオディーゼルは，植物油とアルコールを混合し，そこへ水酸化ナトリウムなどの強アルカリを添加して加水分解を行う化学触媒法で生産されている．この化学触媒法は反応が非常に速い（1～2時間）という特長をもつが，エネルギー消費および環境への負荷が大きく，さらには反応後のアルカリが廃棄物となる欠点をもつ．

15.2 バイオプラスチック，バイオ繊維

生物は実に多種多様であり，同じバイオマスを原料としながら多種多様な物質をつくりだすことができる．そこへ遺伝子工学的改変を加えることで，われわれの生活に必要な有用物質を生産する微生物を新たに創製できる．以下では，バイオマスからつくられる有用物質としてバイオプラスチック，バイオ繊維について，遺伝子工学がどのように役立っているか，実例を通して概説する．

15.2.1 ポリ乳酸

ポリ乳酸(polylactic acid)は，その原料である乳酸が重合した高分子であり，現在最も実用化が進んでいる生分解性プラスチックである[*10]．しかし，このポリ乳酸の普及の足かせとなっているのは，原料となる乳酸の価格が高いことである．そのため，石油由来のプラスチックに比べてポリ乳酸は平均で3〜5倍ほど高価である．ここでは，この原料となる乳酸の生産工程において，遺伝子工学的アプローチを用いた解決策について述べる．

(1) バイオマス分解能の付与

乳酸を生産する微生物は，乳酸菌である．乳酸菌はこれまでもヨーグルトなどの乳製品製造に欠かせない微生物として，広く研究開発が行われてきた．乳酸菌には数多くの種類があり，L-乳酸のみを生産する乳酸菌，D-乳酸のみを生産する乳酸菌，そしてL-乳酸とD-乳酸の両方を生産する乳酸菌の三つに分けられる．ほぼすべての生物において使われているのはL-乳酸であり，L-乳酸生産技術は大きく発展してきた[*11]．しかし，性能のよいポリ乳酸生産のためには，L-乳酸のみならず，D-乳酸も高い光学純度かつ低コストで生産することが求められる．しかし，D-乳酸生産菌では，その菌に対する遺伝子操作技術がいまだに確立されていない．たとえ同じ乳酸菌の仲間であっても，その菌に対して遺伝子操作が可能とは限らない．そこで，遺伝子操作が可能なL, D-乳酸を両方生産できる乳酸菌を用いてこの問題の解決が試みられた．乳酸は糖の代謝経路において，乳酸デヒドロゲナーゼの作用でピルビン酸の変換により生成する．乳酸デヒドロゲナーゼには2種類あり，L-乳酸デヒドロゲナーゼが働くとL-乳酸が，D-乳酸デヒドロゲナーゼが働くとD-乳酸がそれぞれ生産される．L, D-乳酸を両方生産できる乳酸菌の1種である *Lactobacillus plantarum* は，この2種類をもっている．そこで，L-乳酸デヒドロゲナーゼ遺伝子 *ldhL* を破壊(欠損)することで，L-乳酸生産能力を失わせ，D-乳酸のみを生産させる菌が構築された(図15.7)．L-乳酸デヒドロゲナーゼ遺伝子の破壊には相同組換え法を用い，破壊された遺伝子はゲノムをPCRにかけることで確認できる．このL-乳酸デヒドロゲナーゼを破壊した乳酸菌 *L. plantrum* は，D-乳酸のみを生産し，生産されたD-乳

[*10] ポリ乳酸は数ある生分解性プラスチックのなかで，無色透明であるという利点をもつ．原料となる乳酸には，L体とD体という二つの光学異性体が存在する．この原料となるL-乳酸とD-乳酸の比率を制御することで，強度，融点，結晶性など，できるプラスチックの性質を自由に変えられるという特長ももつ．さらにはポリ乳酸製造過程において，ほかのプラスチックに比べてエネルギー使用量や二酸化炭素生成量が少なく，環境に優しいバイオプラスチックである．

[*11] L-乳酸生産菌 *Lactococcus lactis* などにバイオマス分解酵素であるアミラーゼ遺伝子を導入し，アミラーゼ発現乳酸菌が開発された．このアミラーゼ発現乳酸菌を用いることで，デンプン質系バイオマスから低コストでL-乳酸を生産できる技術が開発されつつある．

図 15.7 L-乳酸生産遺伝子の欠損による D-乳酸生産菌の創製

酸の光学純度は 99％と非常に高かった．以上のように，遺伝子組換えにより D-乳酸生産乳酸菌の構築が成功している．

さらに，この構築した D-乳酸生産菌にアミラーゼ遺伝子を導入することで，デンプン質系バイオマスから従来に比べて低コストで D-乳酸を生産できるようになった．また，セルラーゼを発現した乳酸菌についても研究が進められ，セルロースからの直接乳酸発酵も可能になりつつある．しかしバイオエタノールと同様に，その酵素の活性や発現量が不十分であり，バイオマス分解効率を改善させる研究開発が今も続けられている．

(2) 代謝経路改変による乳酸収率の向上

上述の *L. plantarum* は，元々アラビノースを資化できる優れた乳酸菌である．細胞内に取り込まれたアラビノースは，AraA，AraB，AraD という三つの酵素によりキシロース 5-リン酸に変換される．このキシロース 5-リン酸は，おもにホスホケトラーゼ経路（図 15.8）を通ることで，乳酸に加えて酢酸も生成するという問題点がある．そのため，原料であるアラビノースに対する乳酸の収率が低下してしまう．

この問題点を解決すべく，遺伝子工学を用いて乳酸菌の代謝経路の改変が行われた．乳酸菌には，上記のホスホケトラーゼ経路に加えて，**ペントースリン酸経路**（pentose phosphate cycle）ももっている菌が存在する（図 15.8）．このペントースリン酸経路は，酢酸をつくることなくキシロース 5-リン酸からピルビン酸を経て乳酸を生成できる．そこで，初めにキシロース 5-リン酸からホスホケトラーゼ経路に入る入り口の酵素，ホスホケトラーゼが欠損された．ホスホケトラーゼを欠損した乳酸菌は，キシロース 5-リン酸から酢酸をつくることはできない．続いて，ペントースリン酸経路の入り口に必要なトランスケトラーゼが，ホスホケトラーゼの代わりに導入され，これによりキシロース 5-リン酸はペントースリン酸経路へ入り，酢酸をつくることなくピルビン酸へと代謝され，結果として乳酸のみを生成するようになった．

これらの指針に従って改変した乳酸菌は，酢酸をつくることなく，アラビノースから乳酸のみを生産することが可能となっている．さらにこの乳酸菌に対し，キシロースを資化するための遺伝子を導入し，キシロースからも乳酸のみを生産できる改変乳酸菌を創製することに成功している．

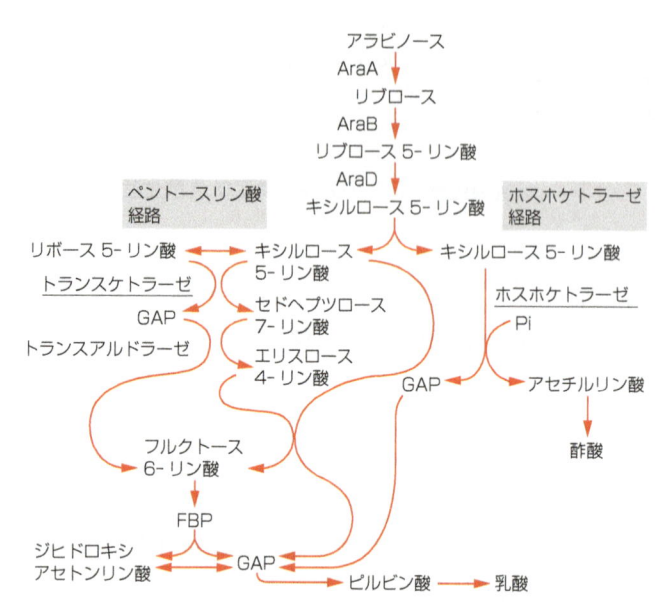

15章　バイオエネルギー，バイオ材料

図 15.8　ペントースリン酸経路ももつ乳酸菌による乳酸の生成

（3）さまざまな微生物を用いた乳酸生産技術

これまで乳酸菌を用いた乳酸生産技術の開発について述べてきた．しかし，乳酸菌はそれ自体の耐性が弱く，自分でつくりだした乳酸によるpHの低下で死滅するという問題点もある．そのため実際の発酵においては，炭酸カルシウムやアンモニアなど，アルカリを用いてpHを制御しながら発酵を行う必要がある．

そこで，別の微生物を用いて乳酸発酵を行う研究も進められている．バイオエタノール生産を行う酵母は酸などに対する耐性が強く，工業用の微生物として非常に優れている．しかし，酵母は乳酸ではなくエタノールを生成する．そこで，酵母のエタノール生産に関与している遺伝子を欠損させ，代わりに乳酸生産に関与している遺伝子を導入することで，乳酸を生産する酵母をつくりだすことができる．しかし，この改変酵母の乳酸生産能は乳酸菌と比べて十分ではなく，その生産能を向上させる研究開発が続けられている．

15.2.2　バイオナイロン

ナイロンとは，おもにジカルボン酸とジアミンの重合によってつくられるモノマーが，アミド結合で重合した高分子である．いずれの原料も石油などの化石資源からつくられており，できたナイロンはおもに繊維としてわれわれの身の回りに広く普及している．

バイオナイロン（bionylon）とは，原料となるモノマーを，石油ではなくバイオマスからつくりだしたナイロンである．とくに，微生物を用いたジアミ

ンの生産に関する研究開発が進んでいる．

　アミノ酸は食品として用いられるほかに，化成品原料の前駆体としても非常に有用である．たとえば，アミノ酸の一つであるリシンは，リシン脱炭酸酵素の働きによりカダベリンというジアミンへと変換される．このカダベリンは五つの炭素からなるジアミンであり，バイオナイロンの原料となる．

　そこで，リシン生産菌である C. glutamicum[*12] に，このリシン脱炭酸酵素を発現させ，カダベリンを生産する研究が進められている．C. glutamicum に対しリシン脱炭酸酵素の遺伝子を導入することで，菌体内で生産されたリシンが酵素の働きによりカダベリンへと変換され，結果的にカダベリンを生産する改変微生物の創製が成功している．さらに，前述と同様にアミラーゼの遺伝子も導入することで，デンプン質系バイオマスから直接，カダベリンを生産できるようになっている．現在では，その生産能を向上させる研究開発が続けられている．また，ジアミンだけでなく，ジカルボン酸の生産技術に関しても同様に研究開発が進められている．

*12　コリネバクテリウム (Corynebacterium) はアミノ酸生産菌として知られている．わが国では，このアミノ酸生産技術に関しても多くの研究がなされ，研究機関・企業ともに世界でトップクラスの実力をもつ．とくに Corynebacterium glutamicum は，グルタミン酸をはじめさまざまなアミノ酸の生産菌として知られ，工業的に非常に重要な微生物の一つである．

15.3　まとめ

　バイオマスからさまざまな有用物質をつくりだすバイオリファイナリー技術は，上述のほかにも多くの研究開発がなされている．そのいずれもが「目的の物質を生産できる」ことをすでに明らかにしている．しかし，その生産性，収率，コストの問題などを抱えており，「既存の製品と同等のコストになるように，いかにして生産性を上げるか」が今後の課題である．遺伝子工学を用いて微生物それ自体を改変することに加え，原料調達や全体のプロセ

Column

期待されるバイオ燃料電池

　バイオマスの有効利用といえば，やはりバイオエタノールやポリ乳酸が有名である．石油がなくなり，ガソリンや灯油がなくなったら困る．また，石油からはプラスチックや繊維もつくられており，やはりなくなっては困る．もう一つ，なくなっては困るものに電力がある．石油，石炭，天然ガスなど化石資源を用いた火力発電は，われわれの社会に必要な電力の一端を支えている．この電力をバイオマスからつくろう！という研究開発も進んでいる．微生物が行うエネルギー代謝，とくに酸化還元反応を利用して，バイオマスから直接，電流を取り出すことができる．同様に，グルコースオキシダーゼなどの酸化還元反応を行う酵素を用いれば，バイオマスから直接発電できるシステムをつくりだすことができる．すでにこの酵素電池は，ペースメーカーなどの医療機器として実用化が近い．バイオ燃料電池の利点は，燃やすことなく直接電気を取り出せること，また，原子力発電などと異なり，きわめて安全であることが挙げられる．現在では，小型のバイオ燃料電池に成功し，続いて大型化に向けた研究開発が進められている．将来的には「バイオマス発電所」ができるかもしれない．

15章 バイオエネルギー，バイオ材料

ス開発，社会の仕組みの変革など，さまざまな分野の人々が協力して実用化を押し進めることが必要である．

練習問題

1. 植物バイオマスの利点について述べなさい．
2. 50 g/L のグルコースと 50 g/L のキシロースの混合溶液がある．この溶液からエタノール発酵を行ったところ，エタノールが 35 g/L 生成し，キシロースが 10 g/L 残存していた．グルコースはすべて消費されていた．この発酵におけるエタノールの理論収率，および消費糖あたりのエタノール収率をそれぞれ求めなさい．
3. バイオエタノールに比べて，ブタノールなどの高級アルコールの生産技術は非常に難しい．また，乳酸などに比べ，PET（テレフタル酸ポリエチレン）などの原料となる芳香族化合物の生産技術も非常に難しい．その理由について，遺伝子工学，微生物培養の観点から考えなさい．

16章 遺伝子工学と未来社会

　遺伝子工学にかかわる利益と危険については，その黎明期から議論が重ねられてきた．この章では遺伝子工学にかかわるルールの成り立ちと変遷を追い，また最近の動向を交えつつ，近未来の遺伝子工学について考える．

16.1　生物多様性と遺伝子組換えをめぐる国際的ルール

　遺伝子工学によって生みだされる**組換え生物**（living modified organism: **LMO**）は，特定の遺伝子機能を増強，欠失，あるいは付加されており，天然に存在する生物種には通常備わりえない形質をもつ．現在では，人類を脅かすモンスターがつくりだされる可能性を声高に叫ぶヒステリックな論調は沈静化しているが，地球温暖化など環境問題への関心の高まりから，生物多様性に対する悪影響が大きくクローズアップされている．急速な環境変化に起因する年間の絶滅生物種は4万種にのぼるという概算があるほどに深刻であり，遺伝子工学がこれに拍車をかけるのではと懸念されている．すなわち，在来種よりも優れたLMOが在来種のニッチ[*1]を侵害して生存を脅かすという論点である．遺伝子工学の危険性についてどのような対応がとられてきたか，そのような懸念を払拭するためのルールがいかに考案されてきたか，歴史を振り返る．

16.1.1　初めてのルール

　1970年代，分子生物学は最先端の学術分野として注目され，その方法論として遺伝子組換え技術が誕生した．当時，LMOが起こしうる災害への備えや生物実験についてのルールはなかった．そこで1975年，米国カリフォ

[*1] 生物学で使われるニッチ（ニッチェとも）とは，生態学的地位をいう．ある生物種が生存するために占有する時間的，空間的，食物栄養的なすべての環境および資源を指す場合もある．したがって，同じニッチをもつ他種生物は存在しえない．

図 16.1　アシロマ会議に集まった科学者たち
左からシンガー（M. Singer），ジンダー（N. Zinder），ブレンナー（S. Brenner），バーグ（P. Berg）．Courtesy of National Library of Medicine.

ルニア州アシロマにて遺伝子組換えに関するルールについての史上初の会議を科学者らが自ら開催し（図 16.1，2 章のコラムも参照），特殊な培養条件以外では生存しえない宿主と，それ以外の細胞へは伝達しえないベクターだけを組み合わせて用いる**生物学的封じ込め**（biological containment）というルールを定めた．

各国は，この生物学的封じ込めに加えて，LMO を研究施設に封じ込める**物理的封じ込め**（physical containment）というルールを独自に追加した．わが国では 1979 年に初の**組換え DNA 実験指針**が取り決められ，危険性の度合いに応じて P1 から P4 までの 4 通りの管理レベルが設定された．最も緩やかな P1 レベルでは通常の生物学実験室とほぼ同じ程度の設備を（ただし LMO が漏出しないよう措置する），一段高い P2 レベルでは P1 条件に上乗せして同室内にオートクレーブと安全キャビネットを備える必要があった．さらに P3 レベルでは排気に精密沪過処理が必要で，実験区域区分には前室をつくり，実験区域内部の気圧を下げるように調節しなければならないとされた．最も厳しい P4 レベルでは P3 の要件に加えて，最上級の安全キャビネットの設置，排気のさらなる浄化，入退出シャワーなどが追加された．

16.1.2　カルタヘナ議定書

1992 年，**生物の多様性に関する条約**（Convention on Biological Diversity: CBD）が定められた．この条約は生物の多様性を生態系，種，遺伝子の三つのレベルで捉え，生物多様性の保全，生物多様性の構成要素の持続可能な利用，遺伝資源の利用から生じる利益の公正かつ公平な配分を目的とする．

16.1 生物多様性と遺伝子組換えをめぐる国際的ルール

　LMOは上記の遺伝子の規制に基づき取り扱われることとされ，いわゆる**カルタヘナ議定書**（Cartagena Protocol，バイオ安全議定書）が2003年に発効した．これは，LMOが生物多様性の保全および持続可能な利用に及ぼす可能性のある悪影響を防止するためのルールであり，CBD第19条3に基づく交渉において作成された．その名は南アメリカのコロンビアにあるカルタヘナで1999年にこの条約に関する初会議が開催されたことに由来する．反対派の米国，カナダ，オーストラリアなどのLMO輸出国側と，賛成派のEUおよび開発途上国側との意見の隔たりは大きく，カルタヘナでの採択は不調に終わり，その後の非公式会合協議を経て2000年にモントリオールで

Column

カルタヘナという街

　カルタヘナ議定書（バイオ安全議定書）命名の由来となったカルタヘナ（正式にはカルタヘナ・デ・インディアス）は，南米コロンビアのカリブ海に臨む都市である．年間を通じて18～30℃と温暖で風光明媚，1985年には「カルタヘナの港，要塞と建造物群」がユネスコの世界遺産に登録されるほど，スペイン植民地時代の歴史的建築物が数多く現存する観光地だ（図16A）．年間に130万トンを超える貨物が荷揚げされるコロンビア第2位の港湾都市でもある（実は，スペインにも同じカルタヘナの地名があり，こちらは地中海沿岸の海軍基地・港湾都市である）．

　スペインに征服される以前，カラマリ族が居住していたので，この土地はカラマールと呼ばれていた．スペインの侵略に対してカラマリ族は勇敢に抵抗したが，16世紀半ばに遂に征服されてしまった．その後に，現在のカルタヘナの原型が南米貿易の要となる港町として発達し，アメリカ大陸の産物をヨーロッパへ輸出するために，続いて南米北部の奴隷貿易の中心地として，17世紀から18世紀にかけて繁栄の絶頂期を迎えた．現存する遺跡の城塞教会および植民地街などは，この時代に建造されたものである．しかし，その富が災いしていわゆるカリブの海賊たちの略奪の的になってしまった．そして19世紀，海賊の横行とスペインの支配に我慢しきれなくなったカルタヘナは立ち上がり，長い戦いを経てようやく大コロンビアの下に独立を果たした．カルタヘナはこの戦歴によって「英雄都市」の称号をもって語られる．歴史の舞台として名高いカルタヘナは，20世紀末に生物多様性や遺伝子組換えをめぐる人類史上初の国際的取り決めの舞台として再び記憶されることとなった．

図16A　コロンビア・カルタヘナの要塞
http://humanandnatural.com/ より．

ようやく採択された．この事実は，前世紀の終わりにはLMOが国益を左右する産業にかかわる存在として定着し，遺伝子工学が新興技術の域を脱していたことを印象づける．その後は本議定書の認知が浸透し，国連加盟191カ国のうち，わが国を含む159の国と欧州連合（EU）が締結している（2010年11月現在）．しかし，米国とアンドラはCBD自体を批准せず，CBD批准国でもカナダやアルゼンチンなどは本議定書を未締結で，これを完全に万国共通化する努力は今も続いている．

16.1.3 わが国のルール

わが国では前述の組換えDNA実験指針についで，カルタヘナ議定書に対応する国内法として「遺伝子LMO等の使用等の規制による生物の多様性の確保に関する法律」（遺伝子LMO等規制法），通称**カルタヘナ法**が2004年に施行された．カルタヘナ法の施行によって，規制対象が核酸を移転または複製する能力をもち，自然界において個体として生育しうるものとされた．そこでウイルスなどは規制対象だが，動物の培養細胞などは規制外となった．先の指針の生物学的封じ込めと物理的封じ込めというルールは発展的に解消され，**拡散防止措置**(containment measure)という新しい概念で管理されるようになった．物理的封じ込めはある程度継承されつつ（P4レベルは特別枠として個別の大臣確認対象となった），実験対象の生物による区分が加えられ（微生物，植物，動物の別．植物の場合は末尾にPを，動物の場合はAをつけて実験条件を示す．たとえばP1PやP2Aなど），それぞれ特有の要件が付加された．

宿主とベクターについては，病原性や伝搬性の有無や程度に則して微生物などのクラス分けが4段階ある[*2]．LMOのクラス区分と実験の種類によって適合する拡散防止措置が義務づけられており，実験は諸条件が満足される設備にて実施される必要がある．培養容積が20L以上の場合は，LS1，LS2，LSCという規模に応じた区別管理がなされる．また，研究者には実験内容と結果を正確に報告する義務があり，生物多様性への影響が不明あるいは危険性が高い場合はとくに大臣確認実験として管理される．

以上のルールは，いずれも「第二種使用等」と呼ばれる範疇に属し，それに内包される「研究開発に係る使用等」という範疇のさらに「実験」対象のLMOの取扱いに関する規定である．第二種使用等かつ研究開発に係る使用等の範疇には，上記の実験のほかに「保管」や「運搬」に関する規則もある．さらに第二種使用等には「産業利用に係る使用等」という別範疇があり，実験動物の販売や酵素・医薬品の生産に関するルールが定められている．すべてに報告書，表示の掲示，点検シートなどの諸管理義務が付帯されている．加えて，現行法では基本的に文部科学大臣などの承認を得たうえで，環境への拡

[*2] クラス1～4．数字が大きいほど病原性や伝播性が高いとされる．また，宿主とベクターのクラスの高いほうが，当該LMOのクラス区分となる．

散を防止しないまま LMO を使用することが可能になっており，これは「第一種使用等」という別範疇になる．たとえば，GM（genetically modified）作物の圃場栽培，GM 作物を密閉しない容器に入れて運搬する等の行為がそれに相当する．

一方，研究を取り巻く環境は常に変化しており，直近では 2010 年 1 月 15 日に規制対象生物種リストの見直しが告知された．この後も引き続き改定が行われることは間違いない[*3]．

*3 http://www.lifescience.mext.go.jp/bioethics/anzen.html 参照．

16.1.4 最近の動向

2010 年に名古屋で開催された **COP-MOP5**（生物多様性条約に基づく「カルタヘナ議定書第 5 回締約国会議」）では，2004 年から交渉してきた「責任と救済」に関する補足である **名古屋・クアラルンプール補足議定書**（The Nagoya-Kuala Lumpur Supplementary Protocol）が採択された（図 16.2）．輸入された LMO が生態系に悪影響を与えた場合の補償にかかわるルールを定め，輸入国は LMO の被害の原因を担う事業者に原状回復などの対応を求めることができる権利や，補償させるための国内法を定めることを求める権利を認めている．ただし，被害の範疇は LMO 自体による生態系被害に限定されており，LMO を原料とした食品などの被害は除外される．なお，この議定書はまだ最初の一歩であり，生態系への悪影響の評価方法および補償方法など肝心な要件については今後の検討に委ねられる．

図 16.2　COP-MOP5 で名古屋・クアラルンプール補足議定書が採択された瞬間
2010 年 10 月 16 日午後 6 時 15 分．Convention on Biological Diversity のプレスリリースより．

16.2 遺伝子組換え微生物
16.2.1 加速する技術革新と産業化

　細胞の遺伝子システムへの理解は飛躍的に進展し，急激な技術革新も相まって，遺伝子組換えで細胞を合目的につくり替える遺伝子工学が実現した．とくに，微生物の遺伝子工学は産業界で不可欠な地位を確立するまでに成長し，さまざまな酵素や医薬品などが遺伝子工学的手法の応用によって生産されている．

　技術革新の最も重要な例は PCR である（3章参照）．特定の DNA を幾何級数的に増幅できるこの技術は，ただ単に DNA を増幅するだけでなく，人為的な変異を導入したり組換え遺伝子を作成したりという応用が可能で，遺伝子工学に「可塑性」を授けた．もう一つの技術革新は DNA 塩基配列の高速決定が可能となったことである．この技術革新は，1995 年にインフルエンザ菌の全ゲノム配列が解読されたことを皮切りに拡大の一途をたどる．メタゲノム（12章参照）と称される微生物集団そのままの混在ゲノム情報の解読まで可能となってきた．

　LMO の利用については，産業上の重要性と可能性，そして技術的な信頼性が高く，隔離使用の限りにおいてほぼ問題視されていない現状にある．ただし，食品への応用に対してはいまだ抵抗感があり，わずかな例を見るばかりである．たとえば，2010 年に遺伝子組換え微生物を利用して製造された L-グルタミン酸ナトリウムなどが内閣府・食品安全委員会によって安全と評価され，ついで厚生労働省により「組換え DNA 技術を応用した添加物に該当しないもの」と認定されて，食品添加物として国内での製造・販売・輸入が可能となった．しかし，LMO をそのまま製品に配合して環境へ拡散させることはいまだ許容されない．

16.2.2　セルファクトリーという概念と合成生物工学

　LMO で酵素を生産し，それを用いて化学反応を起こして物質生産を行うという生体触媒の利用は，すでに定着して久しい．昨今ではこれを前進させて，複数の人工的な機能を付与した LMO 細胞をデザインし，さまざまな有用物質をつくる**セルファクトリー**（cell factory，細胞工場）と呼ばれる新しい概念が普及してきた．この概念はバイオリファイナリー（15章参照）の決め手として注目され，公的機関でも企業でも積極的に LMO 利用が進められている．いまだコストや効率の面で克服すべき課題が残されてはいるが，活発かつ集約的な研究拠点が国際的にも多数組織されている．

　セルファクトリーを支える新たな学術分野として，自然界には存在しない合成的 LMO を設計図通りにつくりだす**合成生物工学**（synthetic biotechnology）が生まれた．現状はまだ可能性を試す，あるいは成功例を積

み上げる段階にある．しかし，従来の研究の次世代発展型として，この分野の発展は間違いなく急速であろう．深刻化がますます懸念される環境問題と資源問題を同時に解決する切り札ともなりうる最重要な研究分野である．

16.3 遺伝子組換え作物
16.3.1 モデル研究から作物へ

シロイヌナズナに関する研究は植物遺伝子システムの理解を牽引し，2000年末にはそのゲノム解読が完了して，植物の遺伝子工学も新たな時代を迎えた．ゲノム情報が手に入れば，耐塩性や耐乾燥性，高い生産性などの有用な形質を支配する原因遺伝子を見つけだす方法論が効率化される．さらに植物遺伝子工学の発展は，目的遺伝子に変異を入れたり発現を制御したりと，さまざまな合目的な遺伝子操作を施す方法を提供する．従来の交配に頼る作物育種は長い年月を要したが，遺伝子工学は一気にその所要時間を短縮する．

米国などのLMO先進国では，ダイズ，トウモロコシ，ワタ，ナタネなどの重要作物について，病気や害虫，除草剤などに強いGM作物がすでに作成され，一般に栽培が認可されている．大規模農業の盛んな国情のもと，農業従事者の労働を軽減させるとともに，農薬使用量の低減，農地の保全などの利点が評価されて順調に作付面積を増加させている．

16.3.2 GM作物をめぐる問題

いくつかのGM作物は実際に流通しており，慎重に安全性を考慮したものであるとされる．しかし，その安全基準自体を疑問視する意見や，GM作物が生態系に悪影響を与えることを危惧する意見は依然として根強い．したがって，GM作物の適切な管理が必要となるが，それは決して容易ではないことが明らかになってきた．

殺虫性細菌毒素の遺伝子が導入されたあるトウモロコシ品種は，米国で飼料用目的の一般作付けが認可されたGM作物である．組み込まれた殺虫性細菌毒素が人体にも悪影響を及ぼす可能性から，食用は認可されなかった．ところが，わが国で流通していた食用トウモロコシにGMトウモロコシが混入していたのである．GMトウモロコシを外見から見分けることは不可能で，一度混入すると，もはや分別は不可能である．この品種は10年以上も前から栽培されているため，通常交配によって組換え遺伝子が伝播した可能性もある．

GM作物は天然作物との実質的同等性を認められながらも，リスクが完全にゼロではないから警戒される．しかし慎重論が行き過ぎると，プラス面の可能性がすべて否定される懸念がある．問題点は，栽培認可の国際基準が統一されていないこと，食用・飼料用という分別の曖昧さ，自然交配による

LMO 遺伝子の拡散の可能性，少なくとも以上の3点だろう．GM 作物をめぐる諸問題を整理し，それを正確に検証して一般に受容される解決策を提案することこそ，当該技術を開発したわれわれ科学者自身が果たすべき使命だろう．

16.4　遺伝子組換えと医療
16.4.1　遺伝子治療と再生医療

遺伝子組換え技術を用いた分子生物学が，疾病発症メカニズムの詳細な理解を促進し，新しい治療方法の開発など，医療に多大な貢献を果たしつつある．LMO によるワクチンや医薬の生産など，すでに医療への応用例は多いが，とくに未来医療においては人体や組織の遺伝子を操作する可能性もあり，注視すべきは遺伝子治療や再生医療の分野だろう．

遺伝子治療(gene therapy)とは，異常遺伝子に由来する機能不全を正常な遺伝子の導入によって補うか，あるいは機能過剰な遺伝子を沈静化させることで細胞機能を修復・修正して病気を治療する手法である（10 章参照）．代表的なものでは，レトロウイルスに治療用の遺伝子情報を組み込んで異常遺伝子をもつ細胞内に侵入させる手法がある．有名な例としては，1990 年に米国で行われたアデノシンデアミナーゼ欠損症による重度免疫不全患者の治療で，同様の治療は 1995 年にわが国でも成功した．治療対象は次第に広がり，肝硬変，血管系の疾患，心臓病などにも試みられようとしている．ただし，DNA の投与方法や患部への選択的な輸送の方法などに技術的な改良の必要があり，遺伝子工学による今後の進展が大いに望まれるところである．

再生医療(regenerative medicine)の分野でも，遺伝子操作技術の果たす役割は大きい．再生医療のめざすものは，試験管内で培養した細胞を使って損傷や障害のある臓器や組織，あるいは細胞を拒絶反応なしに移植することである．移植に使用できる細胞として注目されるのが，ES 細胞や iPS 細胞と呼ばれる万能分化能と自己複製能をもつ細胞種である（9 章参照）．とくに後者は，体細胞へ数種類の遺伝子を人為導入する遺伝子操作により，2006 年世界で初めて山中伸弥らによって作成された．世界中が注目するこの分野であるが，いまだ克服すべき問題は多い．しかし，多くの研究者がこの研究分野に注力している現状を見るに，再生医療工学と呼ぶことができるテクノロジーとして発展することを期待したい．

16.4.2　遺伝子診断，個人情報と生命倫理

遺伝子工学の進歩によって，個人のゲノム情報は早晩 1000 ドル程度で決定できるようになるという．その情報から疾病罹患リスク，遺伝病因子の有無などがある程度の確度で診断できるようになる．これが**遺伝子診断**

（genetic diagnosis）である．とくに，たとえばがん化学療法に際しては，適正な抗がん剤の選択をゲノム情報に照らして行う，いわゆる医療のテーラーメード化をめざした取組みが始まっている．

しかし，上記のような個人のゲノム情報が悪用される可能性がある．ゲノム情報による遺伝子診断の多くは，ゲノム上の点変異と特定の疾病発症との間に相関があるという確率論に基づく．したがって，厳密には必ずその疾病を発症するとは言いがたいのだが，情報が先走ることによって植えつけられる先入観は差別の原因となりうる．臓器移植をめぐる問題を招くことも懸念される．

最近の医学および遺伝子工学の発達により，倫理的な判断を必要とする診断や治療が増加している．先端技術により生命操作が容易になることで，生命に対する畏敬の念が薄れる悪影響も懸念される．**生命倫理**（bioethics，**バイオエシックス**）とは，これらの懸念を払拭し新たな倫理観を構築しようとする動きであり，すでに社会科学の一分野としての歩みを始めている．生命倫理が扱う問題は医療関係のみならず，遺伝子工学全般を取り巻く諸問題すべてを包括するので，遺伝子工学に従事する者も積極的に生命倫理を学ぶべきかもしれない．

16.5　未来社会を担う諸君へ

本書をこの最終章に至るまで読み進めてきた読者諸君は，遺伝子工学の技術的な最重要ポイントを理解されたことと思う．研究者は技術的証拠を集め続け，自らの発見の有用性を広く発信して理解を勝ち得なければならないが，その一方でそれがもたらしうる危険性の存在を考慮し，それに備える周到さを忘れてはならない．それは，技術を行使する者が一般社会に対して担わねばならない責任である．本章の紙面ですべてを網羅することはできなかったが，少なくとも理性的かつ現実的な判断力を養うための鍵を汲みとっていただけたのなら，筆者としてそれに優る喜びはない．

参考図書

■ 1～3章:生化学, 物理化学など
1) T. McKee, J. R. McKee 著, 市川 厚監修, 福岡伸一監訳, 『マッキー生化学 第4版』, 化学同人(2010)
2) 江崎信芳, 藤田博美編著, 『生化学基礎の基礎』, 化学同人(2002)
3) P. W. Atkins, J. de Paula 著, 千原秀昭, 稲葉 章訳, 『アトキンス物理化学要論 第5版』, 東京化学同人(2012)
4) 中嶋暉躬ほか編, 『新基礎生化学実験法5 高次構造・状態分析』, 丸善(1989)
5) 日本生化学会編, 『新生化学実験講座 第1巻 タンパク質Ⅲ 高次構造』, 東京化学同人(1990)
6) 齋藤 肇, 安藤 勲, 内藤 晶著, 『NMR分光学』, 東京化学同人(2008)

■ 4～7章:遺伝子クローニング, タンパク質発現
1) J. D. Watson ほか著, 中村桂子監訳, 『ワトソン遺伝子の分子生物学 第6版』, 東京電機大学出版局(2010)
2) 佐々木博己編, 『バイオ実験の進めかた』, 羊土社(2007)
3) 田村隆明編, 『遺伝子工学実験ノート 上・下』, 羊土社(2010)
4) D. サダヴァほか著, 石崎泰樹, 丸山 敬監訳・訳, 『カラー図解アメリカ版大学生物学の教科書 第3巻 分子生物学』, 講談社ブルーバックス(2010)
5) 相沢益男, 山田秀徳編, 『バイオ機器分析入門』, 講談社サイエンティフィク(2000)
6) 植田充美, 近藤昭彦編, 『コンビナトリアル・バイオエンジニアリング』, 化学同人(2003)
7) 半田 宏編著, 『新しい遺伝子工学』, 昭晃堂(2006)
8) M. Ptashne 著, 堀越正美訳, 『図解 遺伝子の調節機構』, オーム社(2006)

■ 8～10章:医療, 医薬関連
1) 植田充美監修, 『抗体医薬の最前線』, シーエムシー出版(2007)
2) 谷口直之, 米田悦啓編, 『医学を学ぶための生物学 改訂第2版』, 南江堂(2004)
3) 香川靖雄編, 『生化学』, 東京化学同人(2000)
4) 中内啓光監修, 『フローサイトメトリー自由自在』, 秀潤社(2004)
5) B. Alberts ほか著, 中村桂子, 松原謙一監訳, 『細胞の分子生物学 第5版』, ニュートンプレス(2010)
6) 浅島 誠, 山村研一編, 『生命工学』, 共立出版(2002)

■ 11・12章:バイオ計測技術, バイオ情報工学
1) 植田充美監修, 『食のバイオ計測の最前線』, シーエムシー出版(2011)
2) G. N. ステファノポーラスほか著, 清水 浩, 塩谷捨明訳, 『代謝工学』, 東京電機大学出版局(2002)
3) D. W. マウント著, 岡崎康司, 坊農秀雄監訳, 『バイオインフォマティクス』, メディカル・サイエンス・インターナショナル(2005)
4) 村上康文, 古谷利夫編, 『バイオインフォマティクスの実際』, 講談社サイエンティフィク(2003)
5) 郷 通子, 高橋健一編, 『基礎と実習バイオインフォマティクス』, 共立出版(2004)

■ 13・15章：バイオプロダクション，バイオエネルギー
1) 相田 浩ほか編，『アミノ酸発酵』，学会出版センター(1986)
2) 栃倉辰六郎ほか監修，バイオインダストリー協会発酵と代謝研究会編，『発酵ハンドブック』，共立出版(2001)
3) 植田充美監修，『微生物によるものづくり』，シーエムシー出版(2008)
4) 北本勝ひこ監修，『発酵・醸造食品の最新技術と機能性Ⅱ』，シーエムシー出版(2011)
5) 小宮山 眞監修，『酵素利用技術大系』，エヌ・ティー・エス(2010)
6) 今中忠行監修，『微生物利用の大展開』，エヌ・ティー・エス(2002)
7) 近藤昭彦，植田充美監修，『セルロース系バイオエタノール製造技術』，エヌ・ティー・エス(2010)
8) 大聖泰弘，三井物産株式会社編，『バイオエタノール最前線』，工業調査会(2008)
9) 日本バイオプラスチック協会編，『バイオプラスチック材料のすべて』，日刊工業新聞社(2008)
10) I. Willner, E. Katz編，高木健次監訳，『バイオエレクトロニクス』，エヌ・ティー・エス(2008)

■ 14章：植物バイオテクノロジー
1) 松永和紀著，日本植物生理学会監修，『植物で未来をつくる』，化学同人(2008)
2) 三村徹郎，鶴見誠二編著，『植物生理学』，化学同人(2009)
3) L. テイツ，E. ザイガー編，西谷和彦，島崎研一郎監訳，『植物生理学』，培風館(2004)
4) 鵜飼保雄著，『植物育種学』，東京大学出版会(2003)

■ 16章：遺伝子工学と社会
1) 吉倉 廣監修，遺伝子組換え実験安全対策研究会編著，『よくわかる！研究者のためのカルタヘナ法解説』，ぎょうせい(2006)
2) 高橋隆雄編，『遺伝子の時代の倫理』，九州大学出版会(1999)

付　録

　本文で度々述べているように，遺伝子組換え実験は法規制を遵守して行われるべきものである．遺伝子組換え実験を行う場合は，所属機関が実施する講習会などに参加し，実験前には法律による所定の手続きをとる必要がある．ここでは「遺伝子組換え生物等の使用等の規制による生物の多様性の確保に関する法律」を掲載しているが，紙面の都合で割愛している箇所もあるので〔（省略）と表記〕，個々の状況や必要に応じて確認してほしい．また，この法律の解釈や運用に関しては，文部科学省研究振興局ライフサイエンス課発行の『研究開発段階における遺伝子組換え生物等の第二種使用等の手引き』を参照することができる．

遺伝子組換え生物等の使用等の規制による生物の多様性の確保に関する法律

（平成 15 年 6 月 18 日法律第 97 号）
最終改正：平成 19 年 3 月 30 日法律第 8 号

目次
第一章　総則（第一条〜第三条）
第二章　国内における遺伝子組換え生物等の使用等により生ずる生物多様性影響の防止に関する措置
　第一節　遺伝子組換え生物等の第一種使用等（第四条〜第十一条）
　第二節　遺伝子組換え生物等の第二種使用等（第十二条〜第十五条）
　第三節　生物検査（第十六条〜第二十四条）
　第四節　情報の提供（第二十五条，第二十六条）
第三章　輸出に関する措置（第二十七条〜第二十九条）
第四章　雑則（第三十条〜第三十七条）
第五章　罰則（第三十八条〜第四十八条）
附則

第一章　総則
（目的）
第一条　この法律は，国際的に協力して生物の多様性の確保を図るため，遺伝子組換え生物等の使用等の規制に関する措置を講ずることにより生物の多様性に関する条約のバイオセーフティに関するカルタヘナ議定書（以下「議定書」という．）の的確かつ円滑な実施を確保し，もって人類の福祉に貢献するとともに現在及び将来の国民の健康で文化的な生活の確保に寄与することを目的とする．

（定義）
第二条　この法律において「生物」とは，一の細胞（細胞群を構成しているものを除く．）又は細胞群であって核酸を移転し又は複製する能力を有するものとして主務省令で定めるもの，ウイルス及びウイロイドをいう．
2　この法律において「遺伝子組換え生物等」とは，次に掲げる技術の利用により得られた核酸又はその複製物を有する生物をいう．
　一　細胞外において核酸を加工する技術であって主務省令で定めるもの
　二　異なる分類学上の科に属する生物の細胞を融合する技術であって主務省令で定めるもの
3　この法律において「使用等」とは，食用，飼料用その他の用に供するための使用，栽培その他の育成，加工，保管，運搬及び廃棄並びにこれらに付随する行為をいう．
4　この法律において「生物の多様性」とは，生物の多様性に関する条約第二条に規定する生物の多様性をいう．
5　この法律において「第一種使用等」とは，次項に規定する措置を執らないで行う使用等をいう．
6　この法律において「第二種使用等」とは，施設，設備その他の構造物（以下「施設等」という．）の外の大気，水又は土壌中への遺伝子組換え生物等の拡散を防止する意図をもって行う使用等であって，そのことを明示する措置その他の主務省令で定める措置を執って行うものをいう．
7　この法律において「拡散防止措置」とは，遺伝子組換え生物等の使用等に当たって，施設等を用いることその他必要な方法により施設等の外の大気，水又は土壌中に当該遺伝子組換え生物等が拡散することを防止するために執る措置をいう．

（基本的事項の公表）
第三条　主務大臣は，議定書の的確かつ円滑な実施を図るため，次に掲げる事項（以下「基本的事項」という．）を定めて公表するものとする．これを変更したときも，同様とする．
　一　遺伝子組換え生物等の使用等により生ずる影響であって，生物の多様性を損なうおそれのあるもの（以下「生物多様性影響」という．）を防止するための施策の実施に関する基本的な事項
　二　遺伝子組換え生物等の使用等をする者がその行為を適正に行うために配慮しなければならない基本的な事項
　三　前二号に掲げるもののほか，遺伝子組換え生物等の使用等が適正に行われることを確保するための重要な事項

第二章 国内における遺伝子組換え生物等の使用等により生ずる生物多様性影響の防止に関する措置

第一節 遺伝子組換え生物等の第一種使用等

（遺伝子組換え生物等の第一種使用等に係る第一種使用規程の承認）

第四条　遺伝子組換え生物等を作成し又は輸入して第一種使用等をしようとする者その他の遺伝子組換え生物等の第一種使用等をしようとする者は，遺伝子組換え生物等の種類ごとにその第一種使用等に関する規程（以下「第一種使用規程」という．）を定め，これにつき主務大臣の承認を受けなければならない．ただし，その性状等からみて第一種使用等による生物多様性影響が生じないことが明らかな生物として主務大臣が指定する遺伝子組換え生物等（以下「特定遺伝子組換え生物等」という．）の第一種使用等をしようとする場合，この項又は第九条第一項の規定に基づき主務大臣の承認を受けた第一種使用規程（第七条第一項（第九条第四項において準用する場合を含む．）の規定に基づき主務大臣により変更された第一種使用規程については，その変更後のもの）に定める第一種使用等をしようとする場合その他主務省令で定める場合は，この限りでない．

2　前項の承認を受けようとする者は，遺伝子組換え生物等の種類ごとにその第一種使用等による生物多様性影響について主務大臣が定めるところにより評価を行い，その結果を記載した図書（以下「生物多様性影響評価書」という．）その他主務省令で定める書類とともに，次の事項を記載した申請書を主務大臣に提出しなければならない．

一　氏名及び住所（法人にあっては，その名称，代表者の氏名及び主たる事務所の所在地．第十三条第二項第一号及び第十八条第四項第二号において同じ．）

二　第一種使用規程

3　第一種使用規程は，主務省令で定めるところにより，次の事項について定めるものとする．

一　遺伝子組換え生物等の種類の名称

二　遺伝子組換え生物等の第一種使用等の内容及び方法

4　主務大臣は，第一項の承認の申請があった場合には，主務省令で定めるところにより，当該申請に係る第一種使用規程について，生物多様性影響に関し専門の学識経験を有する者（以下「学識経験者」という．）の意見を聴かなければならない．

5　主務大臣は，前項の規定により学識経験者から聴取した意見の内容及び基本的事項に照らし，第一項の承認の申請に係る第一種使用規程に従って第一種使用等をする場合に野生動植物の種又は個体群の維持に支障を及ぼすおそれがある影響その他の生物多様性影響が生ずるおそれがないと認めるときは，当該第一種使用規程の承認をしなければならない．

6　第四項の規定により意見を求められた学識経験者は，第一項の承認の申請に係る第一種使用規程及びその生物多様性影響評価書に関して知り得た秘密を漏らし，又は盗用してはならない．

7　前各項に規定するもののほか，第一項の承認に関して必要な事項は，主務省令で定める．

（第一種使用規程の修正等）

第五条　前条第一項の承認の申請に係る第一種使用規程に従って第一種使用等をする場合に生物多様性影響が生ずるおそれがあると認める場合には，主務大臣は，申請者に対し，主務省令で定めるところにより，当該第一種使用規程を修正すべきことを指示しなければならない．ただし，当該第一種使用規程に係る遺伝子組換え生物等の第一種使用等をすることが適当でないと認めるときは，この限りでない．

2　前項の規定による指示を受けた者が，主務大臣が定める期間内にその指示に基づき第一種使用規程の修正をしないときは，主務大臣は，その者の承認の申請を却下する．

3　第一項ただし書に規定する場合においては，主務大臣は，その承認を拒否しなければならない．

（承認取得者の義務等）

第六条　第四条第一項の承認を受けた者（次項において「承認取得者」という．）は，同条第二項第一号に掲げる事項中に変更を生じたときは，主務省令で定めるところにより，その理由を付してその旨を主務大臣に届け出なければならない．

2　主務大臣は，次条第一項の規定に基づく第一種使用規程の変更又は廃止を検討しようとするときその他当該第一種使用規程に関し情報を収集する必要があるときは，当該第一種使用規程に係る承認取得者に対し，必要な情報の提供を求めることができる．

（承認した第一種使用規程の変更等）

第七条　主務大臣は，第四条第一項の承認の時には予想することができなかった環境の変化又は同項の承認の日以降における科学的知見の充実により同項の承認を受けた第一種使用規程に従って遺伝子組換え生物等の第一種使用等がなされるとした場合においてもなお生物多様性影響が生ずるおそれがあると認められるに至った場合は，生物多様性影響を防止するため必要な限度において，当該第一種使用規程を変更し，又は廃止しなければならない．

2　主務大臣は，前項の規定による変更又は廃止については，主務省令で定めるところにより，あらかじめ，学識経験者の意見を聴くものとする．

3　前項の規定により意見を求められた学識経験者は，第一項の規定による変更又は廃止に係る第一種使用規程及びその生物多様性影響評価書に関して知り得た秘密を漏らし，又は盗用してはならない．

4　前三項に規定するもののほか，第一項の規定による変更又は廃止に関して必要な事項は，主務省令で定める．

（承認した第一種使用規程等の公表）

第八条　（省略）

2　（省略）

（本邦への輸出者等に係る第一種使用規程についての承認）

第九条　遺伝子組換え生物等を本邦に輸出して他の者に第

一種使用等をさせようとする者その他の遺伝子組換え生物等の第一種使用等を他の者にさせようとする者は，主務省令で定めるところにより，遺伝子組換え生物等の種類ごとに第一種使用規程を定め，これにつき主務大臣の承認を受けることができる．
2　（省略）
3　（省略）
4　（省略）

（第一種使用等に関する措置命令）
第十条　主務大臣は，第四条第一項の規定に違反して遺伝子組換え生物等の第一種使用等をした者，又はしている者に対し，生物多様性影響を防止するため必要な限度において，遺伝子組換え生物等の回収を図ることその他の必要な措置を執るべきことを命ずることができる．
2　主務大臣は，第七条第一項（前条第四項において準用する場合を含む．）に規定する場合その他特別の事情が生じた場合において，生物多様性影響を防止するため緊急の必要があると認めるとき（次条第一項に規定する場合を除く．）は，生物多様性影響を防止するため必要な限度において，遺伝子組換え生物等の第一種使用等をしている者，若しくはした者又はさせた者（特に緊急の必要があると認める場合においては，国内管理人を含む．）に対し，当該第一種使用等を中止することその他の必要な措置を執るべきことを命ずることができる．

（第一種使用等に関する事故時の措置）
第十一条　遺伝子組換え生物等の第一種使用等をしている者は，事故の発生により当該遺伝子組換え生物等について承認された第一種使用規程に従うことができない場合において，生物多様性影響が生ずるおそれのあるときは，直ちに，生物多様性影響を防止するための応急の措置を執るとともに，速やかにその事故の状況及び執った措置の概要を主務大臣に届け出なければならない．
2　主務大臣は，前項に規定する者が同項の応急の措置を執っていないと認めるときは，その者に対し，同項に規定する応急の措置を執るべきことを命ずることができる．

第二節　遺伝子組換え生物等の第二種使用等
（主務省令で定める拡散防止措置の実施）
第十二条　遺伝子組換え生物等の第二種使用等をする者は，当該第二種使用等に当たって執るべき拡散防止措置が主務省令により定められている場合には，その使用等をする間，当該拡散防止措置を執らなければならない．

（確認を受けた拡散防止措置の実施）
第十三条　遺伝子組換え生物等の第二種使用等をする者は，前条の主務省令により当該第二種使用等に当たって執るべき拡散防止措置が定められていない場合（特定遺伝子組換え生物等の第二種使用等をする場合その他主務省令で定める場合を除く．）には，その使用等をする間，あらかじめ主務大臣の確認を受けた拡散防止措置を執らなければならない．
2　前項の確認の申請は，次の事項を記載した申請書を提出して，これをしなければならない．
一　氏名及び住所
二　第二種使用等の対象となる遺伝子組換え生物等の特性
三　第二種使用等において執る拡散防止措置
四　前三号に掲げるもののほか，主務省令で定める事項
3　前二項に規定するもののほか，第一項の確認に関して必要な事項は，主務省令で定める．

（第二種使用等に関する措置命令）
第十四条　主務大臣は，第十二条又は前条第一項の規定に違反して第二種使用等をしている者，又はした者に対し，第十二条の主務省令で定める拡散防止措置を執ることその他の必要な措置を執るべきことを命ずることができる．
2　主務大臣は，第十二条の主務省令の制定又は前条第一項の確認の日以降における遺伝子組換え生物等に関する科学的知見の充実により施設等の外への遺伝子組換え生物等の拡散を防止するため緊急の必要があると認めるに至ったときは，第十二条の主務省令により定められている拡散防止措置を執って第二種使用等をしている者，若しくはした者又は前条第一項の確認を受けた者に対し，当該拡散防止措置を改善するための措置を執ることその他の必要な措置を執るべきことを命ずることができる．

（第二種使用等に関する事故時の措置）
第十五条　遺伝子組換え生物等の第二種使用等をしている者は，拡散防止措置に係る施設等において破損その他の事故が発生し，当該遺伝子組換え生物等について第十二条の主務省令で定める拡散防止措置又は第十三条第一項の確認を受けた拡散防止措置を執ることができないときは，直ちに，その事故について応急の措置を執るとともに，速やかにその事故の状況及び執った措置の概要を主務大臣に届け出なければならない．
2　主務大臣は，前項に規定する者が同項の応急の措置を執っていないと認めるときは，その者に対し，同項に規定する応急の措置を執るべきことを命ずることができる．

第三節　生物検査
（輸入の届出）
第十六条　生産地の事情その他の事情からみて，その使用等により生物多様性影響が生ずるおそれがないとはいえない遺伝子組換え生物等をこれに該当すると知らないで輸入するおそれが高い場合その他これに類する場合であって主務大臣が指定する場合に該当するときは，その指定に係る輸入をしようとする者は，主務省令で定めるところにより，その都度その旨を主務大臣に届け出なければならない．

（生物検査命令）
第十七条　主務大臣は，主務省令で定めるところにより，前条の規定による届出をした者に対し，その者が行う輸入に係る生物（第三項及び第五項において「検査対象生物」という．）につき，主務大臣又は主務大臣の登録を受けた者（以下「登録検査機関」という．）から，同条の指定

の理由となった遺伝子組換え生物等であるかどうかについての検査(以下「生物検査」という.)を受けるべきことを命ずることができる.
2　(省略)
3　(省略)
4　(省略)
5　(省略)

(登録検査機関)
第十八条　前条第一項の登録(以下この節において「登録」という.)は,生物検査を行おうとする者の申請により行う.
2　次の各号のいずれかに該当する者は,登録を受けることができない.
　一　この法律に規定する罪を犯して刑に処せられ,その執行を終わり,又はその執行を受けることがなくなった日から起算して二年を経過しない者であること.
　二　第二十一条第四項又は第五項の規定により登録を取り消され,その取消しの日から起算して二年を経過しない者であること.
　三　法人であって,その業務を行う役員のうちに前二号のいずれかに該当する者があること.
3　主務大臣は,登録の申請をした者(以下この項において「登録申請者」という.)が次の各号のいずれにも適合しているときは,その登録をしなければならない.この場合において,登録に関して必要な手続は,主務省令で定める.
　一　凍結乾燥器,粉砕機,天びん,遠心分離機,分光光度計,核酸増幅器及び電気泳動装置を有すること.
　二　次のいずれかに該当する者が生物検査を実施し,その人数が生物検査を行う事業所ごとに二名以上であること.
　　イ　学校教育法(昭和二十二年法律第二十六号)に基づく大学(短期大学を除く.),旧大学令(大正七年勅令第三百八十八号)に基づく大学又は旧専門学校令(明治三十六年勅令第六十一号)に基づく専門学校において医学,歯学,薬学,獣医学,畜産学,水産学,農芸化学,応用化学若しくは生物学の課程又はこれらに相当する課程を修めて卒業した後,一年以上分子生物学的検査の業務に従事した経験を有する者であること.
　　ロ　学校教育法に基づく短期大学又は高等専門学校において工業化学若しくは生物学の課程又はこれらに相当する課程を修めて卒業した後,三年以上分子生物学的検査の業務に従事した経験を有する者であること.
　　ハ　イ及びロに掲げる者と同等以上の知識経験を有する者であること.
　三　登録申請者が,業として遺伝子組換え生物等の使用等をし,又は遺伝子組換え生物等を譲渡し,若しくは提供している者(以下この号において「遺伝子組換え生物使用業者等」という.)に支配されているものとして次のいずれかに該当するものでないこと.
　　イ　登録申請者が株式会社である場合にあっては,遺伝子組換え生物使用業者等がその親法人(会社法(平成十七年法律第八十六号)第八百七十九条第一項に規定する親法人をいう.)であること.
　　ロ　登録申請者の役員(持分会社(会社法第五百七十五条第一項に規定する持分会社をいう.)にあっては,業務を執行する社員)に占める遺伝子組換え生物使用業者等の役員又は職員(過去二年間にその遺伝子組換え生物使用業者等の役員又は職員であった者を含む.)の割合が二分の一を超えていること.
　　ハ　登録申請者(法人にあっては,その代表権を有する役員)が,遺伝子組換え生物使用業者等の役員又は職員(過去二年間にその遺伝子組換え生物使用業者等の役員又は職員であった者を含む.)であること.
4　(省略)

(遵守事項等)
第十九条　(省略)

(秘密保持義務等)
第二十条　(省略)

(適合命令等)
第二十一条　(省略)

(報告徴収及び立入検査)
第二十二条　(省略)

(公示)
第二十三条　(省略)

(手数料)
第二十四条　(省略)

第四節　情報の提供
(適正使用情報)
第二十五条　主務大臣は,第四条第一項又は第九条第一項の承認を受けた第一種使用規程に係る遺伝子組換え生物等について,その第一種使用等がこの法律に従って適正に行われるようにするため,必要に応じ,当該遺伝子組換え生物等を譲渡し,若しくは提供し,若しくは委託してその第一種使用等をさせようとする者がその譲渡若しくは提供を受ける者若しくは委託を受けてその第一種使用等をする者に提供すべき情報(以下「適正使用情報」という.)を定め,又はこれを変更するものとする.
2　主務大臣は,前項の規定により適正使用情報を定め,又はこれを変更したときは,主務省令で定めるところにより,遅滞なく,その内容を公表しなければならない.
3　前項の規定による公表は,告示により行うものとする.

(情報の提供)
第二十六条　遺伝子組換え生物等を譲渡し,若しくは提供し,又は委託して使用等をさせようとする者は,主務省令で定めるところにより,その譲渡若しくは提供を受ける者又は委託を受けてその使用等をする者に対し,適正

使用情報その他の主務省令で定める事項に関する情報を文書の交付その他の主務省令で定める方法により提供しなければならない．
2 　主務大臣は，前項の規定に違反して遺伝子組換え生物等の譲渡若しくは提供又は委託による使用等がなされた場合において，生物多様性影響が生ずるおそれがあると認めるときは，生物多様性影響を防止するため必要な限度において，当該遺伝子組換え生物等を譲渡し，若しくは提供し，又は委託して使用等をさせた者に対し，遺伝子組換え生物等の回収を図ることその他の必要な措置を執るべきことを命ずることができる．

第三章　輸出に関する措置
(輸出の通告)
第二十七条　遺伝子組換え生物等を輸出しようとする者は，主務省令で定めるところにより，輸入国に対し，輸出しようとする遺伝子組換え生物等の種類の名称その他主務省令で定める事項を通告しなければならない．ただし，専ら動物のために使用されることが目的とされている医薬品(薬事法(昭和三十五年法律第百四十五号)第二条第一項の医薬品をいう．以下この条において同じ．)以外の医薬品を輸出する場合その他主務省令で定める場合は，この限りでない．

(輸出の際の表示)
第二十八条　遺伝子組換え生物等は，主務省令で定めるところにより，当該遺伝子組換え生物等又はその包装，容器若しくは送り状に当該遺伝子組換え生物等の使用等の態様その他主務省令で定める事項を表示したものでなければ，輸出してはならない．この場合において，前条ただし書の規定は，本条の規定による輸出について準用する．

(輸出に関する命令)
第二十九条　主務大臣は，前二条の規定に違反して遺伝子組換え生物等の輸出が行われた場合において，生物多様性影響が生ずるおそれがあると認めるときは，生物多様性影響を防止するため必要な限度において，当該遺伝子組換え生物等を輸出した者に対し，当該遺伝子組換え生物等の回収を図ることその他の必要な措置を執るべきことを命ずることができる．

第四章　雑則
(報告徴収)
第三十条　主務大臣は，この法律の施行に必要な限度において，遺伝子組換え生物等(遺伝子組換え生物等であることの疑いのある生物を含む．以下この条，次条第一項及び第三十二条第一項において同じ．)の使用等をしている者，又はした者，遺伝子組換え生物等を譲渡し，又は提供した者，国内管理人，遺伝子組換え生物等を輸出した者その他の関係者からその行為の実施状況その他必要な事項の報告を求めることができる．

(立入検査等)
第三十一条　主務大臣は，この法律の施行に必要な限度において，その職員に，遺伝子組換え生物等の使用等をしている者，又はした者，遺伝子組換え生物等を譲渡し，又は提供した者，国内管理人，遺伝子組換え生物等を輸出した者その他の関係者がその行為を行う場所その他の場所に立ち入らせ，関係者に質問させ，遺伝子組換え生物等，施設等その他の物件を検査させ，又は検査に必要な最少限度の分量に限り遺伝子組換え生物等を無償で収去させることができる．
2 　(省略)
3 　(省略)

(センター等による立入検査等)
第三十二条　(省略)

(センター等に対する命令)
第三十三条　(省略)

(科学的知見の充実のための措置)
第三十四条　国は，遺伝子組換え生物等及びその使用等により生ずる生物多様性影響に関する科学的知見の充実を図るため，これらに関する情報の収集，整理及び分析並びに研究の推進その他必要な措置を講ずるよう努めなければならない．

(国民の意見の聴取)
第三十五条　国は，この法律に基づく施策に国民の意見を反映し，関係者相互間の情報及び意見の交換の促進を図るため，生物多様性影響の評価に係る情報，前条の規定により収集し，整理し及び分析した情報その他の情報を公表し，広く国民の意見を求めるものとする．

(主務大臣等)
第三十六条　(省略)

(権限の委任)
第三十六条の二　(省略)

(経過措置)
第三十七条　(省略)

第五章　罰則
第三十八条　第十条第一項若しくは第二項，第十一条第二項，第十四条第一項若しくは第二項，第十五条第二項，第十七条第五項，第二十六条第二項又は第二十九条の規定による命令に違反した者は，一年以下の懲役若しくは百万円以下の罰金に処し，又はこれを併科する．

第三十九条　次の各号のいずれかに該当する者は，六月以下の懲役若しくは五十万円以下の罰金に処し，又はこれを併科する．
　一　第四条第一項の規定に違反して第一種使用等をした者

二　偽りその他不正の手段により第四条第一項又は第九条第一項の承認を受けた者

第四十条　次の各号のいずれかに該当する者は，六月以下の懲役又は五十万円以下の罰金に処する．
一　第四条第六項又は第七条第三項（これらの規定を第九条第四項において準用する場合を含む．）の規定に違反した者
二　第二十条第一項の規定に違反した者

第四十一条　第二十一条第五項の規定による生物検査の業務の停止の命令に違反したときは，その違反行為をした登録検査機関の役員又は職員は，六月以下の懲役又は五十万円以下の罰金に処する．

第四十二条　次の各号のいずれかに該当する者は，五十万円以下の罰金に処する．
一　第十三条第一項の規定に違反して確認を受けないで第二種使用等をした者
二　偽りその他不正の手段により第十三条第一項の確認を受けた者
三　第十六条の規定による届出をせず，又は虚偽の届出をして輸入した者
四　第二十六条第一項の規定による情報の提供をせず，又は虚偽の情報を提供して遺伝子組換え生物等を譲渡し，若しくは提供し，又は委託して使用等をさせた者
五　第二十七条の規定による通告をせず，又は虚偽の通告をして輸出した者
六　第二十八条の規定による表示をせず，又は虚偽の表示をして輸出した者

第四十三条　次の各号のいずれかに該当する者は，三十万円以下の罰金に処する．
一　第三十条に規定する報告をせず，又は虚偽の報告をした者
二　第三十一条第一項又は第三十二条第一項の規定による立入り，検査若しくは収去を拒み，妨げ，若しくは忌避し，又は質問に対して陳述をせず，若しくは虚偽の陳述をした者

第四十四条　次の各号のいずれかに該当するときは，その違反行為をした登録検査機関の役員又は職員は，三十万円以下の罰金に処する．
一　第十九条第七項の規定に違反して，同項に規定する事項の記載をせず，若しくは虚偽の記載をし，又は帳簿を保存しなかったとき．
二　第十九条第八項の許可を受けないで生物検査の業務の全部を廃止したとき．
三　第二十二条第一項に規定する報告をせず，若しくは虚偽の報告をし，又は同項の規定による立入り若しくは検査を拒み，妨げ，若しくは忌避し，若しくは質問に対して陳述をせず，若しくは虚偽の陳述をしたとき．

第四十五条　法人の代表者又は法人若しくは人の代理人，使用人その他の従業者が，その法人又は人の業務に関し，第三十八条，第三十九条，第四十二条又は第四十三条の違反行為をしたときは，行為者を罰するほか，その法人又は人に対しても，各本条の罰金刑を科する．

第四十六条　第六条第一項（第九条第四項において準用する場合を含む．）の規定による届出をせず，又は虚偽の届出をした者は，二十万円以下の過料に処する．

第四十七条　次の各号のいずれかに該当するときは，その違反行為をした登録検査機関の役員又は職員は，二十万円以下の過料に処する．
一　第十九条第五項の規定に違反して財務諸表等を備えて置かず，財務諸表等に記載すべき事項を記載せず，又は虚偽の記載をしたとき．
二　正当な理由がないのに第十九条第六項各号の規定による請求を拒んだとき．

第四十八条　第三十三条の規定による命令に違反した場合には，その違反行為をしたセンター等の役員は，二十万円以下の過料に処する．

附則　（省略）

索引

人名

アヴェリー, O. T.	56
池田菊苗	183
ウィルムット, I.	135
ウルマー, K. M.	114
エドワーズ, R. G.	133
エバンス, M.	131
ギルバート, W.	36
グラハム, F.	61
クリック, F. H. C.	3, 83
グリフィス, F.	55
カペッキ, M. R.	131
コーエン, S. N.	15, 83
コッホ, H. H. R.	182
ゴードン, J. W.	132
サンガー, F.	37
下村脩	109
シャルガフ, E.	3
シンガー, M.	218
ジンダー, N.	218
ステップトー, P.	133
ステファノポーラス, G.	180
スミシーズ, O.	131
田中耕一	106
チェイス, M.	58
利根川進	141
トムソン, J.	141
バーグ, P.	24, 218
ハーシー, A. D.	58
パスツール, L.	182
ハナハン, D.	59
パルソン, B.	180
ファイアー, A. Z.	138
ブレンナー, S.	218
ベルタニ, G.	59
ベルマン, R. E.	175
ボイヤー, H. W.	15, 83
ポトリカス, I.	203
ボリバル, F.	49
ポーリング, L. C.	118
マクサム, A.	36
マリス, K. B.	34
メロー, C. C.	138
ヤニッシュ, R.	132
山中伸弥	141, 224
ルリア, S. E.	59
レーウェンフック, A.	182
ロドリゲス, R. L.	49
ワトソン, J. D.	3, 40

数字・アルファベット

2 μm プラスミド	87
5'-キャップ付加	9
1000 ドルゲノムプロジェクト	164
II 型酵素	16
ADA 欠損症	149
AFM	112
AOX1	89
AOX1 プロモーター	89
ARS	55
ATZ-アミノ酸	106
a-アグルチニン	96
Bacillus thuringiensis	202
BAL31 ヌクレアーゼ	28
BL21(DE3)	85
Brevibacillus brevis	87
Bt 菌	202
Bt 毒素タンパク質	202
CaMV35S プロモーター	201
CBB 染色	104
CBD	218
CD	45, 123
cDNA	71, 77, 157
cDNA ライブラリー	77
CDR	125
CDR グラフティング	128
CE-MS	167
CEN	55
CFP	109
CFU	59
ChIP-on-chip	157
CHO 細胞	91
CMV プロモーター	90, 93
ColE1 プラスミド	49
COP-MOP5	221
Corynebacterium	215
Corynebacterium glutamicum	183, 215
cos 部位	76
Ct 値	101
Cy3	157
Cy5	157
Dam メチラーゼ	18, 66
Dcm メチラーゼ	18
ddNTP	26
DHFR	91
DNA 依存性 DNA ポリメラーゼ	23, 26
DNA 顕微注入法	132
DNA 鎖	3
DNA チップ	156
DNA フットプリンティング	27
DNA プローブ	72

DNA ポリメラーゼ	4
DNA ポリメラーゼ I	24
DNA マイクロアレイ	78, 102, 156, 171, 176
DNA マーカー	196
DNA マーカー育種	197
DNA メチラーゼ	17
DNA リガーゼ	20
DN アーゼ	27
DSC	124
EGFR	147
ELISA	124
EMS	63
Escherichia coli	83
ESI-MS	106
ES 細胞	131
ex vivo 遺伝子治療法	149
F_1 雑種	195
f1 ファージ	54
FCM	165
FK506	191
Flo1p	96
FRET	110
FSC	148
F_v	125
F 因子	48
F プラスミド	48
GFP	93, 108
GLP-1	154
GMO	204
GMP	190
GM トウモロコシ	223
GPCR	153, 160
GPI アンカー	95
GST 融合タンパク質	159
GTP 加水分解酵素	153
GUS	93
G タンパク質共役型受容体	153, 160
HAMA	127
HEK293 細胞	61
HGF	151
His6 タグ	86
HIV-1	150
HYP	187
H 鎖	125
IMAC	86
inclusion body	88
in situ	32
in vitro	18
iPS 細胞	131, 141
IPTG	76, 85
ITC	125

索引

KEGG	179	RT-PCR	101	λファージベクター	76
Lactobacillus plantarum	212	Rプラスミド	48	**あ**	
Lactococcus lactis	212	S1マッピング	28		
lacZ 遺伝子	50, 93	*Saccharomyces cerevisiae*	87, 208	アガロースゲル	31
lac オペレーター	85	*Schizosaccharomyces pombe*	56	アーキア	16
lac プロモーター	85	SDS	103	アクチンプロモーター	201
LB	59	SDS-PAGE	103, 178	アクリルアミドゲル	32
LC-MS	106, 167	SDS-ポリアクリルアミドゲル電気泳動	103, 178	アグロバクテリウム	197
LMO	204, 217			アグロバクテリウム法	197
LPS	90	SD配列	84	アシロマ会議	24, 218
LTR	60	SEAP	93	アダプター分子	10
Luc	93	siRNA	139, 154	アデノウイルスベクター	150
L-アミノ酸 α-リガーゼ	188	*Sir* 遺伝子	56	アデノウイルス法	60
L-グルタミン酸	182	SNP	147, 152, 157	アデノシンデアミナーゼ欠損症	149, 224
L鎖	125	SPM	112	アナログ	184
M13ファージ	54	SSC	148	アナログ耐性変異	184
MALDI-TOF MS	106	Star活性	16	アプタマー	160
Mascot 2.0	178	STM	112	アミノ酸配列	117
METACYC	179	*Streptomyces tsukubaensis*	191	アミラーゼ	209
miRNA	139, 154	SV40	90	アラビノース	210
MNNG	63	T4 DNAリガーゼ	20	アリル	36
mRNA	8	*T5* プロモーター	85	アルカリ法	62
mRNAディスプレイ技術	95	*T7* プロモーター	85	アルカリホスファターゼ	21
MTX	91	*tac* プロモーター	85	アルコリシス反応	211
NAD	21	Taq DNAポリメラーゼ	25	アルゴリズム	174
Native-PAGE	103	T-DNA領域	198	アルコールオキシダーゼ	89
NMR	43, 123	TdT活性	25	アレイ	156
N-メチル-*N'*-ニトロ-*N*-ニトロソグアニジン	63	Tiプラスミド	198	アロステリック効果	120
		TOFMS	73	アンチコドン	10
PAZ領域	139	tRNA	7, 10	アンチセンスRNA	150
pBluescript II	49	VDJ組換え	141	アンチセンス法	150
pBR322	49	VEGF	151	アンフィンセンのドグマ	118
PCR	23, 34	*vir* 遺伝子群	198	イオン交換クロマトグラフィー	123
PFU	59	Virタンパク質	198	鋳型	4
Pichia pastoris	89	X-gal	50	閾値	101
Pichia stipitis	210	XP	64	育種	195
PMF法	106	X線結晶構造解析	39, 123	一塩基多型	147, 157
polymerase chain reaction	23	Y2H	107	一細胞計測	165
PTH-アミノ酸	106	YFP	109	一次構造	11, 117
pUC19	49	YIpベクター	87	一代雑種	195
QTL	196	α-アグルチニン	96	遺伝暗号	9
refolding	88	α-アミノ酸	115	遺伝子組換え技術	186
RFLP	145	α位リン酸	23	遺伝子組換えダイズ	204
Rhizobium 属	197	α相補性	50	遺伝子工学	1
RISC	139	α-炭素	115	遺伝子座	196
RCA	166	αヘリックス	11, 118	遺伝子シャッフリング	121
RNAi	138	β-ガラクトシダーゼ	50, 93	遺伝子診断	143, 224
RNA依存性DNAポリメラーゼ	26	βカロテン	203	遺伝子ターゲッティング	137
RNA干渉	29, 138, 149	β-グルクロニダーゼ	93	遺伝子調節タンパク質	13
RNAスプライシング	9	β-グルコシダーゼ	208	遺伝子治療	149, 224
RNAプロセシング	9	βシート	11, 118	遺伝子のサイレンシング	139
RNAポリメラーゼ	8	γ位リン酸	22	遺伝子破壊法	63
RNアーゼ	29	γ-リン酸基	22	遺伝子病	143
rRNA	11	λファージ	51	遺伝子ライブラリー	71

索引

あ

遺伝病	143
陰イオン交換クロマトグラフィー	62
インスリン	192
インターカレーション	32
インターカレーター	102
インターフェロン	194
インテグラーゼ	52
イントロン	71
インバース PCR	75
インビトロパッケージング	76
インフルエンザ治療薬	42
ウェスタンブロット法	33, 104
ウエル	79
浮イネ	196
栄養外胚葉	135
エキソヌクレアーゼ	27
エキソヌクレアーゼ活性	6
エタノール沈殿	62
エチジウムブロミド	32
エチルメタンスルホン酸	63
エドマン分解	105
エドマン法	74, 123
エバネッセント波	108
エピジェネティクス	133
エフェクター細胞	151
エマルジョン PCR	162
エラープローン PCR	121
エリスロポエチン	194
エレクトロフェログラム	38
エレクトロポレーション	59, 197
塩化カルシウム $CaCl_2$ 法	59
塩化セシウム密度勾配遠心法	62
エンドグルカナーゼ	208
エンドトキシン	90
エンドヌクレアーゼ	27
円偏光	45
円偏光二色性	45, 123
オキシダーゼ	13
オパイン	198
オーファン受容体	153
オミクス	170
オミクス解析	176

か

開始コドン	10
回折像	42
階層構造	115
害虫抵抗性	202
改変型 GFP	109
解離温度	33
化学シフト	43
化学の変異原	63
核移植	134
核オーバーハウザー効果	44
核酸	2
核酸供与体	68
拡散防止措置	69, 220
核磁気共鳴	43
核磁気共鳴法	123
化合物アレイ	161
カノニカル構造	126
可変領域	125
カーボンニュートラル	206
鎌状赤血球症	144
カルス	198
カルタヘナ議定書	68, 204, 219
カルタヘナ法	204, 220
がん遺伝子	150
幹細胞	141
肝細胞増殖因子	151
ガンシクロビル	151
環状 DNA 増幅	166
がん抑制遺伝子	151
基質	13
基質特異性	13
キシルロース 5-リン酸	213
キシロース	208, 210
キナーゼ	13
機能獲得	131
機能欠失	131
機能ゲノム科学	171
キメラ化	121
キメラ抗体	128
キメラタンパク質	121
逆転写酵素	26, 77
逆平行 β シート	119
キャピラリー電気泳動	32
休止菌体反応系	189
共焦点レーザースキャン顕微鏡	111
協奏的なフィードバック阻害	184
協同性	120
虚血性疾患	151
銀染色	104
組換え DNA 実験指針	218
組換え生物	217
クラウンゴール	198
グラフティング	127
グラフ理論	176
グルカゴン様ポリペプチド	154
グルカナーゼ	59
グルコース	208
クレノウ酵素	25, 65
クレノウ断片	65
クローニング	68
クローニングベクター	49
クロマチン免疫沈降オンチップ	157
クロマトグラフィー	123
クローン	133
クローンコンティグ法	172
蛍光共鳴エネルギー移動	110
蛍光顕微鏡	110
形質転換	55
形質導入	59
系統解析	175
系統樹	176
血管新生	151
血管内皮増殖因子	151
ゲノミクス	170
ゲノム	170
ゲノムプロジェクト	171
ゲノムライブラリー	71, 76
ゲフィチニブ	147
ゲル濾過クロマトグラフィー	62
原核生物	1
原子間力顕微鏡	112
光学活性	115
抗原	13
交雑育種	195
洪水耐性	196
校正機能	5
合成生物学	1
合成生物工学	222
酵素	13
構造タンパク質	13
構造類似化合物	184
酵素法	189
抗体	13
抗体工学	125
抗体生産マウス	140
酵母	2
酵母ツーハイブリッド法	107
コスミドベクター	54, 76
個体ごとのゲノム差異の解析	171
固定化金属アフィニティークロマトグラフィー	86
コドン	9
コンカテマー	52
コンティグ	172
根頭がん腫病	198
コンピテントセル	58

さ

再生医療	224
最適アライメント	173
最適経路問題	175
細胞	1
細胞表層ディスプレイ技術	95
細胞マイクロアレイ	160
酢酸リチウム法	59
サザンブロット法	33
雑種強勢	195
殺虫性細菌毒素	223

索　引

サブトラクションライブラリー	78	
サブユニット	120	
サンガー法	26, 37	
残基	118	
三次構造	11, 119	
三胚葉	135	
紫外線	63	
色素性乾皮症	64	
シグナルペプチド	123	
始原生殖細胞	136	
ジゴキシゲニン	33	
自己複製能	141	
自己複製配列	55	
示差走査型熱量測定	124	
糸状菌	211	
システムズ・バイオロジー	171	
次世代シークエンサー	161, 171	
自然突然変異	195	
失活	11	
質量分析法	123	
ジデオキシ法	26, 37, 161	
ジデオキシリボヌクレオシド三リン酸	26	
ジペプチド	188	
シャイン・ダルガーノ配列	84	
シャトルベクター	54	
シャルガフの経験則	3	
終結因子	11	
終止コドン	10	
従来育種法	197	
宿主	48	
縮重	10	
縮重プライマー	74	
受精卵クローン技術	134	
出芽酵母	54, 56	
受容体タンパク質	13	
準同質遺伝子系統	197	
上皮成長因子受容体	147	
植物ホルモン	198	
除草剤耐性	201	
シロイヌナズナ	2	
真核生物	1	
人工染色体ベクター	77	
人工多能性幹細胞	131	
真正細菌	16	
スクリーニング	72	
スクリーニングロボット	81	
スピン	43	
スピン結合	43	
スフェロプラスト法	59	
スプライシング	72	
スモール RNA	154	
制限酵素	14, 16	
制限酵素断片長多型	145	
生存曲線	63	
生物学的封じ込め	218	
生物情報学	171	
生物製剤	90	
生物の多様性に関する条約	218	
生命倫理	225	
世代時間	192	
セルファクトリー	222	
セルフライゲーション	21	
セルラーゼ	209	
セルロース	208	
セルロース系バイオマス	207	
セロビオハイドロラーゼ	208	
全ゲノムショットガン法	172	
旋光性	45	
選択マーカー	50	
セントラルドグマ	7, 133	
セントロメア	55	
全能性	135	
前方散乱光	148	
走査型電子顕微鏡	112	
走査トンネル顕微鏡	112	
走査プローブ顕微鏡	112	
相同組換え	6, 137	
相同性	173	
挿入型ファージベクター	53	
相補性決定領域	125	
相補的 DNA	102, 157	
側方散乱光	148	
組織培養	196	
組織プラスミノーゲン活性化因子	194	

た

第一種使用	68, 221	
体外受精	133	
ダイクロイックミラー	111	
ダイサー	139	
体細胞クローン技術	134	
代謝工学	171, 180	
代謝調節変異株	183	
代謝フラックス	176	
代謝フラックス解析	181	
ダイターミネーター	38	
大腸菌	83	
対糖収率	187	
第二種使用	68, 220	
ダウン症	143	
楕円偏光	45	
タクロリムス	191	
多剤耐性	49	
多能性	136	
多分化能	141	
ターミネーター領域	8	
タンパク質	11	
タンパク質工学	114	
タンパク質マイクロアレイ	159	
置換型ファージベクター	53	
チミンダイマー	64	
チャンバー	167	
超遠心分離機	62	
超二次構造	119	
貯蔵タンパク質	13	
ツルマメ	204	
ディスプレイ(提示)技術	94	
ディファレンシャルハイブリダイゼーション	81	
低分子干渉 RNA	154	
デオキシリボヌクレアーゼ I	27	
デオキシリボヌクレオチド	2	
デヒドロ葉酸還元酵素	91	
テーラーメード医療	152	
電気泳動	31	
電子顕微鏡	111	
電子密度関数	42	
転写	7	
天然変性タンパク質	119	
テンペレートファージ	51	
等温滴定型熱量測定	125	
透過型電子顕微鏡	112	
等電点電気泳動	104	
糖尿病	192	
透明帯	133	
特異的オリゴヌクレオチド・ハイブリット法	145	
突然変異誘発	195	
ドットプロット法	173	
ドデシル硫酸ナトリウム	103	
ドメイン	119, 121	
トラスツズマブ	128	
トランスクリプトミクス	171, 176	
トランスクリプトーム	156	
トランスジェニック動物	131, 132	
トランスジェニックマウス	140	
トランスファーRNA	7, 10	
トランスポゾン	48, 196	
ドリー	135	

な

内毒素	90	
内部細胞塊	135	
ナイロンメンブレン	101	
名古屋・クアラルンプール補足議定書	221	
ニコチンアミドアデニンジヌクレオチド	21	
二次元 NMR	44	
二次元電気泳動	104, 178	
二次構造	11, 118	

索　引

二次代謝産物	190
二次電子	112
ニックトランスレーション	25
ニトロセルロースメンブレン	101
二面角	117
乳酸	212
ヌクレアーゼS1	28
ヌクレオチド	2
ネオマイシン(G418)耐性遺伝子	90
稔性因子	48
ノーザンブロット法	33, 100
ノックアウト	137, 138
ノックアウトマウス	138
ノックダウン	138
ノンコーディングRNA	154

は

肺炎双球菌	55
バイオ医薬品	190
バイオインフォマティクス	152
バイオエシックス	225
バイオエタノール	207
バイオ計測	156
バイオディーゼル	211
バイオナイロン	214
バイオ燃料電池	215
バイオマス	206
バイオリファイナリー	206, 222
ハイスループット技術	167
胚性幹細胞	131, 136
バイナリーベクター	198
胚盤胞	135
ハイブリダイゼーション	33
ハイブリッドベクター	54
ハイブリドーマ法	127
パイロシークエンス法	163
バキュロウイルス	91
バクテリオファージ	51
バチルスチューリンゲンシス	202
発酵転換	187
発酵天然物	190
パーティクルガン法	61, 197
パドロックプローブ	166
パルスフィールドゲル電気泳動	32
半保存的複製	4
非ウイルスベクター	150
光てこ方式	113
ピキア	89
ビタミンA欠乏症	203
ヒト化抗体	128
ヒトゲノム	152
ヒトゲノムプロジェクト	40
ヒト胎盤由来分泌型アルカリホスファターゼ	93
ヒト免疫グロブリン	140
ヒト免疫不全ウイルス1型	150
ヒドロキシプロリン	187
病原性遺伝子群	198
表面プラズモン共鳴法	108, 124
ビルレントファージ	51
ファージ	51
ファージ・バキュロウイルスディスプレイ技術	96
ファージミドベクター	54
部位特異的突然変異法	65
部位特異的の変異導入	120
フィードバック阻害	184
封入体	88
フェノミクス	176
フォスミドベクター	77
フォールディング経路	124
複製起点	50
ブタノール	211
付着末端	17, 52
物理的封じ込め	218
不溶性画分	88
プライマー	23, 34
プラーク	80
フラクソミクス	176, 179
プラスミド	48
プラスミドベクター	76
プラスミノーゲン	194
プラスミン	194
フラックス	179
フラックスバランス解析	179
ブラッグの反射条件	41
フローサイトメーター	165
フローサイトメトリー	148
ブロッキング	105
プロテアーゼ	29
プロテインA	95
プロテインキナーゼ	159
プロテインシークエンサー	105
プロテオミクス	171
プロテオーム解析	29
プロトプラスト	197
プロドラッグ療法	151
プローブ	22, 156
プロファージ	52
プロモーター	50, 85
プロモーター・オペレーター系	85
プロモーター領域	8
分子シャペロン	88
分子篩クロマトグラフィー	123
分裂酵母	56
平滑末端	16
平均化ライブラリー	78
平行βシート	119
平面偏光	45
ヘキソース	207
ベクター	48
ヘテロ接合体	138
ペプチジル基転移酵素	11
ペプチドマスフィンガープリンティング法	178
ヘミセルロース	210
変異育種	183
変異原	63
変異導入	121
変性剤	31
ペントース	207
ペントースリン酸経路	213
法医学	35
ホスホジエステル結合	5, 20
ホットスポット	129
ボツリヌストキシン	152
ホモロジー	173
ポリアデニル化	9
ポリエチレングリコール法	197
ポリ乳酸	212
翻訳	7
翻訳後修飾	192

ま

マイクロRNA	154
マイクロアレイ	156
マイクロインジェクション法	61, 132
マイクロキャビティアレイ	167
マイクロサテライト	147
マイクロタイタープレート	79
マイクロ流体技術	168
巻き戻し	88
マクサム・ギルバート法	36
マルチクローニング部位	50, 85
ミクロトーム	112
ミニサテライト	145
ミニプレップ	61
無根系統樹	176
無細胞タンパク質合成系	92
無作為変異導入	121
無性生殖	133
メタゲノミクス	171
メタゲノムライブラリー	76
メタボロミクス	171, 179
メッセンジャーRNA	8
メトトレキセート	91
免疫抑制剤	191
免疫療法	151
モータータンパク質	13
モチーフ	119, 121
『もやしもん』	86

索 引

や

薬理ゲノミクス	153
山中因子	141
優性遺伝病	144
有性生殖	133
輸送タンパク質	13
溶菌サイクル	52
溶原化サイクル	51
四次構造	11, 120

ら

ライゲーション	20
ラマチャンドランプロット	117
ランダムコイル	119
リアルタイム RT-PCR 法	101
リガンド	13
力価	59
リシン脱炭酸酵素	215
リシン生産菌	215
リゾチーム	52
リツキシマブ	128
リフォールディング	123
リボソーム	11
リボソーム	60
リボソーム RNA	11
リボソームディスプレイ技術	95
リポ多糖	90
リボヌクレオチド	2
リポフェクション法	60
量的形質	196
量的形質遺伝子座	196
緑色蛍光タンパク質	93
リンカー	19
リン酸カルシウム法	60
ルシフェラーゼ	7, 93
ルシフェリン	7
レセプター	13
レダクターゼ	13
劣性遺伝病	144
レトロウイルス	26, 60, 91
レトロウイルスベクター	149
レトロウイルス法	60
レプリカ法	63
レプリコン	49
レポーター遺伝子	50, 92, 107
レンチウイルス	91
ローリングサークル型複製	49

わ

ワトソン・クリック型塩基対	3

編著者略歴

近藤　昭彦（こんどう　あきひこ）

1959年　長野県生まれ
1988年　京都大学大学院工学研究科博士課程修了
現　在　神戸大学大学院科学技術イノベーション研究科教授
専　門　生物化学工学
工学博士

芝崎　誠司（しばさき　せいじ）

1973年　兵庫県生まれ
2001年　京都大学大学院工学研究科博士課程修了
現　在　東洋大学経済学部教授
専　門　分子生物工学，生化学
博士（工学）

基礎生物学テキストシリーズ10　**遺伝子工学**

| 第1版　第1刷　2012年3月20日 | 編　著　者　近藤　昭彦 |
| 第9刷　2024年9月10日 | 芝崎　誠司 |

発　行　者　曽根　良介
発　行　所　㈱化学同人

〒600-8074　京都市下京区仏光寺通柳馬場西入ル
編集部　TEL 075-352-3711　FAX 075-352-0371
企画販売　TEL 075-352-3373　FAX 075-351-8301
振　替　01010-7-5702
e-mail　webmaster@kagakudojin.co.jp
URL　http://www.kagakudojin.co.jp

印刷・製本　㈱ウイル・コーポレーション

検印廃止

JCOPY　〈出版者著作権管理機構委託出版物〉

本書の無断複写は著作権法上での例外を除き禁じられています．複写される場合は，そのつど事前に，出版者著作権管理機構（電話 03-5244-5088，FAX 03-5244-5089，e-mail: info@jcopy.or.jp）の許諾を得てください．

本書のコピー，スキャン，デジタル化などの無断複製は著作権法上での例外を除き禁じられています．本書を代行業者などの第三者に依頼してスキャンやデジタル化することは，たとえ個人や家庭内の利用でも著作権法違反です．

Printed in Japan　©A. Kondo, S. Shibasaki et al.　2012　無断転載・複製を禁ず　ISBN978-4-7598-1110-0
乱丁・落丁本は送料小社負担にてお取りかえいたします．